GRAVITARE 砯

[美]沙希利·浦洛基———— 著　李雯露　王梓诚————译

浦洛基作品集 II

ATOMS AND ASHES
A Global History of
Nuclear Disasters

原子与灰烬

核灾难的历史

SPM
南方传媒　广东人民出版社

·广州·

图书在版编目（CIP）数据

　　原子与灰烬：核灾难的历史 /（美）沙希利·浦洛基著；李雯露，王梓诚译. — 广州：广东人民出版社，2023.10
　　（万有引力书系）
　　书名原文：Atoms and Ashes
　　ISBN 978-7-218-16722-0

　　Ⅰ. ①原… Ⅱ. ①沙… ②李… ③王… Ⅲ. ①放射性事故—世界 Ⅳ. ①TL73

　　中国国家版本馆CIP数据核字（2023）第122885号

著作权合同登记号：图字19-2023-210号

YUANZI YU HUIJIN: HEZAINAN DE LISHI
原子与灰烬：核灾难的历史

[美] 沙希利·浦洛基 著 李雯露 王梓诚 译 　版权所有　翻印必究

出 版 人：肖风华

丛书策划：施　勇　钱　丰
责任编辑：陈　晔　梁欣彤
营销编辑：龚文豪　张静智　罗凯欣
责任技编：吴彦斌　周星奎
特约校对：刘小娟
装帧设计：董茹嘉

出版发行：广东人民出版社
地　　址：广州市越秀区大沙头四马路10号（邮政编码：510199）
电　　话：（020）85716809（总编室）
传　　真：（020）83289585
网　　址：http://www.gdpph.com
印　　刷：广州市岭美文化科技有限公司
开　　本：889毫米×1194毫米　1/32
印　　张：11.75　字　数：260千
版　　次：2023年10月第1版
印　　次：2023年10月第1次印刷
定　　价：88.00元

如发现印装质量问题，影响阅读，请与出版社（020-85716849）联系调换。
售书热线：（020）87716172

中文版序：五段旅程

这五本书是一个系列，探索并解释了漫长的 20 世纪的多重变革。它们探讨了强权的衰落和新的国家意识形态的兴起，揭示了不同思想、不同政体间的碰撞，并讨论了第二次世界大战、冷战和核时代给世界带来的挑战。这五本书通过创造叙事，换句话说就是通过讲述故事来实现上述目的。这些故事包含着对现在和未来的启示，具有更广泛的意义。

中国有句谚语："前事不忘，后事之师。"与之最接近的西方谚语是罗马政治家和学者马库斯·图利乌斯·西塞罗（Marcus Tullius Cicero）的名言："历史乃人生之师（Historia est magistra vitae）。"自这句话问世以来，历史的教化作用曾多次被怀疑，在过去几个世纪里，持怀疑态度的人远多于相信的人。但我个人相信，历史作为一门学科，不仅能够满足人们的好奇心，还可以作为借镜，但需要注意的是，我们只有努力将所研究的人、地点、事件和过程置于适当的历史情境中，才能理解过去。

英国小说家 L. P. 哈特利（L. P. Hartley）在 1953 年写道："过去是一个陌生的国度，那里的人做事的方式与众不同。"这句话很有见地，我也把我的每一本书都当作一次前往"陌生国度"的旅行，无论主题是外国的历史还是我自己民族的过去。虽然我的"旅程"的主题或"终点"各不相同，但它们的出发点、行程和目的地都与当下的关注点和感知密不可分。因此，我更愿意把我的研究看作一次往返之旅——我总是试图回到我出发的地方，带回一些身边的人还不知道的有用的东西，帮助读者理解现在，并更有信心地展望未来。

我对个人的思想、情感和行为非常感兴趣，但最重要的是发现和理解形成这些思想、情感和行为的政治、社会、文化环境，以及个人应对环境的方式。在我的书中，那些做决定的人、"塑造"历史的人不一定身居高位，他们可能是，而且往往只是碰巧出现在那个时间、那个地点，反映的是时代的光亮和悲歌。最后，我相信全球史，它将现在与过去联系在一起，无论我们今天信奉什么观点，无论我们现在身处哪个社会。因此，我的许多著作和论文都涉及不同社会政治制度、文化和世界观之间的碰撞。我认为我的任务之一就是揭示其中的多重纽带，而这些纽带把我们彼此，以及我们的前辈联系在了一起。

《愚蠢的核弹：古巴导弹危机新史》聚焦于1962年秋天的古巴导弹危机，审视了冷战时期最危险的时刻。在美国公众的记忆中，这场危机极富戏剧性。他们几乎完全聚焦于肯尼迪总统的决策和行动，他不仅是胜利者，还是让世界免于全球灾难的拯救者。而我的著作则将危机历史"国际化"。我扩展了叙事框架，纳入了其他的关键参与者，尤其是赫鲁晓夫，还有卡斯特罗。为了了解危机的起因、过程和结果，并吸取教训，我不仅要问自己他们为避免核战争做了哪些"努力"，还要问自己他们在将世界推向核对抗边缘时犯了哪些错。

我对后一个问题的回答是，肯尼迪和赫鲁晓夫犯下的许多错误不仅是由于缺乏准确的情报，也因为两位领导人无法理解对方的动机和能力。赫鲁晓夫之所以决定在古巴部署苏联导弹，是因为美国在土耳其部署的导弹让苏联人感觉受到了威胁，但肯尼迪并没有意识到这一点，还认为在美国本土附近选择一个新基地来平衡双方才公平。赫鲁晓夫也从未理解过美国的政治体制，在这种体制下，总统的权力受到国会的限制——肯尼迪并不像赫鲁晓夫那样拥有广泛的权力。国会所代表的美国公共舆论认为，古巴在地理、历史和文化上与美国的关系比土耳其与俄罗斯或苏联的关系要密切得多。

我对苏联方面史料的研究，包括在乌克兰档案中发现的克格勃军官的报告，使我能够透过苏联官兵的视角，从下层观察危机的历史。事实证明，这一视角对于全面了解两位领导人对军队的真实掌控力，以及实地指挥官在战争与和平问题上的决策自主性至关重要。苏联指挥官曾违抗莫斯科的明确命令，击落了古巴上空的一架美国 U-2 侦察机，差点使危机演变成一场真的战争。这是因为苏联指挥官误认为他们已经置身战争之中，必须保护自己。事件突发后，肯尼迪和赫鲁晓夫付出了极大的努力，才在局面完全失控之前结束了这场危机。核对抗带来的恐惧为两位领导人提供了一个共同的基础，使他们能够搁置政治和文化上的分歧，让世界免于核灾难。

《切尔诺贝利：一部悲剧史》的主题是一场真实发生的核事故。在这本书中，我集中描写了一些普通人——切尔诺贝利核电站的管理人员和操作人员——的思想、情感、行动和经历，他们是书中的主要人物。其中一些人的行为导致了灾难的发生，而另一些人致力于阻止事故对人类和环境造成更大的破坏。我再次试图理解他们的工作和生活环境对其动机的影响。在此过程中，我将重点放在苏联管理方式的一个关键特征上，即一种自上而下的模式，这种管理方式不鼓励主动性和独立行动，事实上"鼓励"了被动和责任的推卸。

导致灾难发生的另一个原因是苏联核工业的保密文化。考虑到切尔诺贝利核电站使用的石墨慢化沸水反应堆（RBMK）具有双重用途——既可以生产电力，又能生产核弹燃料，即使其操作人员也不知道它的弱点和设计缺陷。迫于高级管理层的压力，操作人员在1986年4月26日反应堆关闭期间匆忙进行测试。他们违反了规章制度，却没有充分认识到其行为的后果，因为他们对反应堆的一些关键特性一无所知。这次测试造成了一场灾难，而政府却试图向本国人民隐瞒这场灾难的全部后果。

"你认为掩盖切尔诺贝利事故只是苏联的故事，而我们的政府没有发生过类似行为吗？"当我在美国、欧洲和澳大利亚巡回演讲时，读者们一再向我提出这样的问题。我不知道答案，于是决定更深入地研究这个问题，而后我写了《原子与灰烬：核灾难的历史》。在这本书中，我讨论了包括切尔诺贝利核事故在内的六次重大核事故的历史。

其他五次事故包括：1954年，美国在"布拉沃城堡"试验中试爆了第一颗氢弹，试验结果超出设计者的预期，污染了太平洋的大部分地区；1957年，位于乌拉尔山脉附近的苏联克什特姆发生核事故，一罐放射性废料的爆炸导致大片地区长期无法居住；与克什特姆核事故相隔仅数周，急于为英国第一颗氢弹生产足够燃料的温茨凯尔核电站同样发生核泄漏，事故绵延影响了英国的大片海岸；1979年，美国三里岛核电站的核事故迫使超过14万人暂时离开家园；2011年，日本福岛第一核电站发生意外，其后果与切尔诺贝利核事故最为接近（我会在福岛核事故的前一章讨论切尔诺贝利核事故）。

我从政府官员、事件的普通参与者以及普通民众的视角来审视这些事故。我相信，《切尔诺贝利》的读者会认识到：所有政府，无论是什么体制，无一例外都不喜欢坏消息，而且大多数政府都考虑或执行了某种掩盖措施。但在苏联的体制之下，掩盖真相更容易实现，克什特姆核事故被隐瞒了下来，在长达 30 年的时间里，苏联社会和整个世界对此一无所知。

但是，正如切尔诺贝利核事故的历史所表明的那样，掩盖行为会带来巨大的代价。当戈尔巴乔夫提出"公开性"政策时，民众要求政府说出"切尔诺贝利的真相"，这一诉求在莫斯科、立陶宛维尔纽斯（立陶宛有伊格纳利纳核电站）以及乌克兰境内（乌克兰有切尔诺贝利核电站）发酵，进而催化出一系列的政治效应。1990 年 3 月，立陶宛成为第一个宣布脱离苏联独立的共和国；1991 年 8 月，乌克兰也宣布独立。短短几个月之内，苏联消失了，成为了切尔诺贝利核事故的又一个"受害者"，这里面的原因不在于事故灾难本身，而在于掩盖。

《被遗忘的倒霉蛋：苏联战场的美国空军与大同盟的瓦解》是我认为最值得研究和写作的，因为它让我有机会通过二战参与者的日常经历来研究更广泛的政治和文化现象，二战是世界历史上最戏剧性、最悲剧性的事件。该书讲述了在英国、美国和苏联组成反希特勒联盟——大同盟的背景下，美国飞行员在苏联空军基地的经历。

美国人向苏联人提出的计划背后有着地缘政治和军事上的充分

考量：从英国和意大利机场起飞的俗称"空中堡垒"的B-17轰炸机在完成对东欧的德占区的空袭后，降落到苏联境内，利用苏联基地补充燃料和弹药，并在返航时再次轰炸德军目标。这样的飞行安排可以使美国飞机深入德军后方，打击的目标更接近苏联的前线。美苏双方都能从这一安排获益。但苏联当局不愿意让美国人进行这种穿梭轰炸。事实证明，即使在获得批准后，苏联人仍想着尽快赶走其基地（恰好在乌克兰）里的美军人员。

苏联指挥官与基地上的美国飞行员之间的关系每况愈下。战争结束时，双方关系已经到了无法调和的地步。苏联人为什么反对这样一次"互惠互利"的军事行动？我试图通过查阅驻苏美国军官的报告和苏联情报部门关于美军人员的报告来回答这个问题。苏联方面的文献来自乌克兰的克格勃档案，其中的发现让我大吃一惊。我的假设是，斯大林不希望美国人在苏联领土上建立基地，而双方的争吵则主要出于意识形态和文化方面的原因。

事实证明，这一假设部分是对的，尤其是在涉及苏联领导层时。但关键问题实际上是历史问题，即外国势力武装干涉苏俄内战的记忆，以及文化因素。苏联人觉得自己不如美国人，因为美国人有着先进的军备。政治文化的差异比缺乏共同的语言和乡土文化的影响来得更大。在大萧条的艰困中，许多有左翼政治思想的美国军人开始同情苏联，但他们并不理解或接受苏联政治文化中有关个人自由、秘密情搜（他们是从苏联情报机构那里见识到的）等方面的内容。

正如我在书中所展示的那样，美国人见识了苏联情报部门的手法，尤其针对与美国人日常交往的苏联人，这使得美国军人中的许多"苏联迷"走向了苏维埃政权的对立面。一旦大同盟的地缘政治因素不复存在，两个超级大国之间基于政治文化差异积累起来的敌意加速了双方滑向冷战时期的对立。

《失落的王国：追寻俄罗斯民族的历程》一书在很大程度上源自苏联解体后凸显的政治和历史问题带来的思考。俄罗斯的起点和终点在哪里？俄罗斯的历史和领土由什么构成？这些问题因苏联解体和各加盟共和国的独立而浮上台面，随着2014年俄军进入克里米亚及2022年2月俄乌冲突爆发变得尤为紧迫。

苏联在许多方面都是俄罗斯帝国的延续，苏联解体后，俄罗斯面临着比欧洲大多数前帝国国家（如英国和法国）更大的挑战。英法等国的挑战在于不得不与各自的帝国脱钩，俄罗斯则发现自己不仅要处理去帝国化的问题，还要重新思考自己的民族叙事。这一叙事始于基辅罗斯，一个在本书中被称为"失落的王国"的中世纪国家。尽管俄罗斯后来的历史一波三折，但其起源仍被视作始于基辅——自1991年以来独立的邻国的首都。俄罗斯首都莫斯科直到12世纪中叶才见诸史册，比基辅要晚得多。

我在书中探索了俄罗斯对基辅罗斯的历史主张，并介绍了俄罗斯作为基辅的王朝、法律制度、文化和身份认同的继承者，在帝国时期、苏联时期及后苏联时期的自我转变。该书通过俄罗斯历史上重要人物的思想和行动，围绕"帝国"和"民族"这两个概念的关系，再现了俄罗斯思想上和政治上的历史进程。另一个重要主题是俄罗斯和乌克兰这两个新兴国家之间的关系，后者认为（现在仍然认为）自己的历史与基辅的过去联系更为紧密，这不仅体现在王朝或法律方面，也体现在民族方面。这本书讨论了俄乌冲突的历史和思想根源，这场战争已成为第二次世界大战以来欧洲乃至全世界最大规模的军事冲突。历史叙事对社会及其领导者有巨大的影响力，但双方都有责任作批判性的审视，反思过去，而不是试图将其变成自己的未来。这也是我在本书创作过程中汲取的教训之一。

本系列的五本书各有各的故事，各有各的启示。对每个读者来说，它们可能不尽相同——分析方式确有所不同。但我希望，这几本书在让我们面对过去进行恰当提问的同时，也能提供有价值的解释和回答。我祝愿每一位读者都能在过去的"陌生国度"中有一段收获丰富的愉悦旅程，并希望你们能从中找到值得带回家的东西——一个教训、一个警示或一个希望。

沙希利·浦洛基

2023 年 8 月

目　录

辐射影响和测量的注解

辐射是能量的释放与传递，有多种形式。核爆炸和核事故会产生大量电离辐射，所携带的能量足以使电子从原子和分子中分离出来。电离辐射包括电磁辐射和粒子辐射，其中电磁辐射包括 γ 射线和 X 射线，粒子辐射则包括 α 粒子、β 粒子和中子。

测量电离辐射有三种方式：测量放射性物体释放的辐射值、测量人体所吸收的辐射水平、评估吸收的辐射造成的生物受损程度。每种测量方式都有各自的计量单位，而所有的旧单位正逐渐被国际单位制中的新单位取代。放射性活度过去以居里（Ci）为单位，如今已被贝可勒尔（简称贝可，符号 Bq）取代，1 居里相当于 37 吉贝可勒尔（GBq）。旧的比授能吸收剂量单位拉德（rad）已被国际单位戈瑞（Gy）取代，1 戈瑞等于 100 拉德。原来测定生物受损程度的计量单位是雷姆（rem），现已被国际单位希沃特（Sv）取代。

雷姆代表的是"人体伦琴当量"（roentgen equivalent man），1 雷姆相当于 0.88 伦琴，伦琴是过去测量 X 射线和 γ 射线产生的电离辐射和电磁辐射的法定计量单位。最早的放射量测定器就以毫伦琴 / 秒为单位来测量辐射值。将旧单位转换为新的国际单位比较麻烦，但雷姆是受欢迎的例外：100 雷姆等于 1 希沃特；测量 γ 辐射和 β 辐射时，100 雷姆等于 1 戈瑞。雷姆既与伦琴紧密相关，又比较容易转化成希沃特，因此成为核事故发生时测量辐射对人体损害程度的最佳剂量单位。如今，西方国家一般将 10 雷姆（即 0.1 希沃特）定为核工业工人 5 年内能承受的生物受损的最大安全剂量值。

前言：盗火

在 1986 年切尔诺贝利核灾难发生的几年前，一座普罗米修斯雕像在切尔诺贝利核电站所在的普里皮亚季（Prypiat）落地建成。普罗米修斯这位希腊神话中的泰坦巨人，曾从众神手中盗走火种，赠给了人类。这座雕像震撼人心，普罗米修斯半裸着身子，半跪着，将狂舞的火舌散向空中，象征着人类战胜自然的力量，从众神手中夺走了宇宙创生和原子结构的秘密。

1986 年 4 月 26 日晚，切尔诺贝利核电站的一座反应堆发生爆炸，引发了毁灭性的灾难。这座高达 6 米的雕像幸存了下来，但后来被移到了另外一个位置，其象征意义也发生了变化。如今，这座雕像矗立在切尔诺贝利核电站办公区入口前的纪念建筑群内，而这个纪念建筑群所追思的，是那些在切尔诺贝利核事故中牺牲的核电站操作员、消防员和其他最早投入救援的人。事实证明，这尊普罗米修斯无法掌控自己释放的烈火，如今它所象征的已非人定胜天，而是人类的狂妄自大。[1]

雕像位置和象征意义的转变是一个悲伤的隐喻，真切地诠释了世界上许多地区对核能态度的变化。其中的一些地区经历了核事故，另一些地区则靠运气或谨慎避免了灾难发生。核武器，或者说"服务于战争的原子能"（atoms for war），于 1945 年 8 月在对广岛和长崎的轰炸中首次投入使用，从未得到世人的好评。

与此相反，核能本身，或者说"服务于和平的原子能"（atoms for peace）——美国总统德怀特·艾森豪威尔（Dwight Eisenhower）于 1953 年在联合国的一次著名演讲中首次提出了这个说法，则在 20 世纪 60—70 年代核工业进入巅峰期之时点燃了希望，在全世界赢得了美誉。

艾森豪威尔保证"从士兵手上取走核武器"，并把它"交给那些知道如何拆除其军事外壳，并使之适用于和平的人"。他的目的是让美国民众和世界人民对美国日益扩大的核武库的安全性放心，阻止核武器扩散，促进世界经济发展。美国原子能委员会主席刘易斯·斯特劳斯（Lewis Strauss）于 1954 年秋做出呼应，宣称：原子能会让电的价格便宜到犯不着查电表。许多人还相信，原子能可以被用来治疗疾病、挖掘隧道；家家户户将安装原子能取暖设备；它不但可以驱动潜艇和破冰船，还能为轮船和火车提供动力。[2]

核工业确实为我们的生活做出了巨大贡献，其中最突出的就是发电。在《服务于和平的原子能》演讲发表近 70 年后的今天，全世界约有 440 座在运核电机组，核能发电量约占全球总发电量的 10%。虽然这一比例相当可观，却仍未带来什么实质性的变化。"服务于和平的原子能"最开始的承诺之所以未能兑现，主要是经济原因。如今在北美洲和欧洲，如果把直接成本和间接成本都计算在内，核能的发电成本不仅高于包括煤炭、天然气在内的化石燃料，也高于诸如水能、风能和太阳能等可再生能源。

不过，出于经济原因而反对核电，主要不在于发电成本，而是建造核电站的成本。一座核电站的建造成本现在至少是每兆瓦 112 美元，而太阳能电站是每兆瓦 46 美元，燃气电站为每兆瓦 42 美元，风力发电站则为每兆瓦 30 美元。而且，建造核电站耗时可长达 10 年，收回成本更是需要数十年。因此，如果没有政府的补贴和担保，核能的开发是极其困难的，甚至可以说完全没有可能。20 世纪 50 年代是这样，今天依旧是这样。现有的核工业意味着永无止境的责任，因为还没有一座核电站完全退役（核电站无法直接"关闭"）。我们不知道退役过程一共会耗资多少，但完全有理由相信，这笔花费要比最初建站的费用更高。[3]

另外，核能也没有在核不扩散方面起到应有的作用。核电技术的共享未能阻止核武器的发展，有时甚至会帮助无核国家获得核武器。印度就是典型的例子。该国利用加拿大提供的反应堆生产出了第一批钚原料，并以"和平核爆"的名义进行了首次核试验。如今，很多人担心伊朗也会效仿印度的做法，通过铀浓缩计划进一步向核武器生产迈进。[4]

这是否意味着核能因成本太高、危险系数过大而无法持续发展了呢？核技术起源于 20 世纪中期，一度被人们寄予厚望，如今却未能实现当初的构想。它是否会被无法克服的经济障碍所压垮，自行消亡？核能的经济短板很明显，但此时宣告它出局还为时过早，武断否定其未来的发展潜能也有失公允。不论是出于经济、军事原因，还是为了竞争国际地位，各国发展核能的政治动力从未有丝毫减弱。现在，大多数国家尚未掌握核能技术，而一些地区的非核能源已经捉襟见肘。

然而，在过去 10 年左右的时间里，出现了一种强有力的支持使用核能的新论点，那就是气候变化。我们面临着前所未有的碳排放的威胁，对化石燃料的依赖程度又在以前所未有的速度增长。

1990 年，62% 的电能是通过燃烧化石燃料产生的；2017 年，这一比例升至近 65%；到了 2018 年，无论从绝对意义还是相对意义上讲，这一比例都高于前一年。如何解决这一难题？许多政客、产业界人士、普通公众都觉得低碳的核工业是解决当前问题的出路之一，甚至不少环保活动家也这么认为。为了应对气候变化，经济合作与发展组织（OECD）下属的国际能源署在《世界能源展望2019》报告中勾勒了"可持续发展情景"（Sustainable Development Scenario），呼吁将核能发电量提升67%，这意味着在2017—2040 年，核能的发电装机容量需要增长 46%。国际能源署代表着 31 个成员国，它不仅关注核能，也关注其他所有类型的能源，它提出的这一构想似乎合理且公允。为何不采纳呢？[5]

虽然核能发电在成本上无法与可再生能源一争高下，但风力发电和太阳能发电在全球电力生产中的比例仍然微不足道——2020 年，在美国的电力生产中，二者分别只占 8.4% 和 2.3%。尽管在2017—2020 年，风力发电和太阳能发电的比例翻了一番，而且太阳能发电成了增速最快的发电方式，但仍有观点认为，可再生能源在短期内无法取代化石燃料，即使可以取代，也需要有能稳定供应、相对清洁的电能作为后备，以确保在无阳光、无风的数日甚至数月中，电网输出能保持稳定。毕竟，研制可储存多余电能并在需要时放电的电池仍是一大科技难题。[6]

那么，为什么不发展核能呢？核能开发的支持者和反对者都认同这一点——影响核工业发展的一大因素，就是民众一直以来对反应堆安全性的担心，在某些国家，公众的紧张情绪甚至愈发强烈。这种担忧大幅延长了新反应堆建造的时间，增加了成本。在 20 世纪 50—70 年代赶上核能开发热潮的国家中，大部分国家的民众都担心堆芯熔毁事故和随之而来的放射性沉降物。不管各国政府对核能本身是支持还是反对，只要公众对核工业感到不安，政府就无法拿纳税人的钱来发展核能。

公众长久以来对核工业和推动核工业发展的政府缺乏信任，主要原因就是自 20 世纪 50 年代起发生的一系列军事和民用工业核事故。引发民用核工业领域"大地震"的三场重大事故分别为 1979 年的三里岛核事故、1986 年的切尔诺贝利核事故和 2011 年的福岛核事故。这些事故不仅引起了公众对反应堆安全性的深切忧虑，还意外地将核工业变成了一种"周期性"的行业——每次事故发生后，订购和投产的核反应堆数量就会下降，之后随时间推移再缓慢上升。[7]

虽然核工业呈周期性发展的背后还有其他因素——以经济因素为主，但与此同时，重大核事故和核工业衰退之间存在一定程度的关联，这一点也不容忽视。全球在建的反应堆数量在 1979 年，也就是发生三里岛核事故的那一年达到峰值；反应堆启动数量在 1985 年再次接近这一峰值，也就是切尔诺贝利核事故发生的前一年。2011 年的福岛核事故导致数十座反应堆立即关停，至少在一定程度上导致了新建核电站数量的下降，而这一颓势自 2011 年持续至今。[8]

无论是反对者还是支持者，都认为核事故是阻碍核能发展的主要原因。目前，对核能最强有力的支持声来自比尔·盖茨，他在自己所著的《气候经济与人类未来》（ *How to Avoid a Climate Disaster* ）一书中，承认核工业与核技术的"实际问题"导致了灾难发生，但同时也声称，放弃核能就像因为汽车会撞死人所以就放弃汽车一样。盖茨写道："死于核事故的人远比在车祸中丧生的人少得多。"他满怀信心地将数亿美元投入下一代核反应堆的研发中。[9]

要进一步讨论核能的安全性，我们就要重新审视核事故的历史，试着理解事故发生的原因和严重程度，思考我们能从中吸取什么教训、事故是否会重演。带着这个主要目标，本书分析了在全球最惨烈核灾难排行榜上位居前列的六大核事故，考察了一个被各国政府严格保密的国际产业——核工业。毕竟除此之外，还有哪个行业的"间谍"会被送上审判席，坐上电椅呢？

我将从"布拉沃城堡"（Castle Bravo）核试验讲起，这场核试验于 1954 年 3 月在马绍尔群岛进行，由于对氢弹威力和风向的预估有误，最终对人类健康和自然环境造成了严重损害，成为核时代的首次重大事故。随后，又有两起"服务于战争的原子能"的核工业事故在几天内相继发生。

第一起核事故发生在 1957 年 9 月底，事故地点是乌拉尔山脉克什特姆（Kyshtym）附近的一处制钚厂，那里的一个核废料罐发生爆炸，将数千万居里的辐射释放到大气之中。第二起事故发生在同年 10 月，事故地点是位于英格兰的温茨凯尔（Windscale）工厂，一个为制造原子弹和氢弹而生产钚和氚的反应堆起火，造成世界历史上首次重大核反应堆事故。之后，我还会讲述 1979 年 3 月发生的三里岛核事故、1986 年 4 月的切尔诺贝利核事故和 2011 年 3 月的福岛核事故，这三场事故均发生在"服务于和平的原子能"的核工业领域。屡次发生的核灾难，不断加深了人们内心的这样一种印象：核能在本质上就是极度危险的。

就像我选择的这几起事故一样，我并未将核工业的军事起源与其初期发展阶段和成熟发展阶段分割叙述，因为一旦分割，就会掩盖"服务于和平的原子能"与"服务于战争的原子能"本质贯通、一脉相承的事实，前者继承了后者的反应堆设计、技术骨干和产业文化，当然还有财力资助。因此，克什特姆、温茨凯尔的两起制钚工厂事故与三里岛、切尔诺贝利、福岛的三起核电站事故被认为是迄今为止最严重的核事故，这也在人们的意料之中。[10]

本书讲述的是一个全球性的故事。尽管各国政府竭尽全力保护本国的核机密，但核工业自诞生之初就是作为一个国际项目而发展起来的。核工业的科学家和从业者深知自己是国际协作中的一环，都在公开或秘密地关注着彼此的进展，他们站在同一条起跑线上，也有着相同的误解与过失。尽管全球目前有 440 座在运反应堆，但反应堆的基础型号还不到 12 种，均源自美国、苏联 / 俄罗斯、加拿大和中国的设计。核工业既是世界性的，也是地域性的，核事故也同样如此。要理解因依赖核能而可能造成的危险，最有效的方式就是仔细研究这些事故发生的原因，以及行业和政府的处理方式（包括利用或滥用信息、为处理事故后果而动用资源等）。

在此，我诚邀广大读者同我一起，对颇具戏剧色彩的核事故史进行一次探索。我不仅考察了那些事故责任人的所作所为和疏忽大意之处，还研究了导致事故发生的意识形态、政治、文化等因素。本书讨论的每起核事故发生后，政府都建立了委员会，用以调查事故原因、总结经验教训。核技术因此得到改进，而且每次事故后，安全程序和行业文化也得到了进一步完善。然而，核事故依旧反复上演。会不会有这样一种可能：我们忽略了导致核事故发生的政治、社会、文化因素，而这些因素在今天仍然伴随着我们？在解决这些问题之前，我们能对核工业的未来做出明智的判断吗？

第一章　白色尘埃：比基尼环礁

约翰·C.克拉克（John C. Clark）博士平日里都戴着眼镜，是一个看着像大学教授的中年男子。他因发起成立美国原子能委员会而名声远扬。他在职业生涯中所参与的核试验数量之多，在同行里无人能及，还两度在核弹起爆失败后负责惊心动魄的拆弹工作。

克拉克博士的朋友都叫他杰克。此前，杰克已经指导了几十场核试验，他并不觉得这场定于 1954 年 3 月 1 日进行的试验会有什么不同，一切都在按计划推进。但是，领导引爆小组的克拉克深知他必须万分小心。这次核试验代号为"布拉沃城堡"，不仅是"城堡行动"（Operation Castle）系列试验的首次试爆，也是全球首次尝试引爆氢弹。这枚核弹体积较小，但威力巨大。不过，它的真正威力尚无人知晓，这次核试验的目的就是找出答案。[1]

名为"城堡行动"的系列核试验将在比基尼环礁的太平洋试验场展开，比基尼环礁地处中太平洋的马绍尔群岛。克拉克和他的队员驻扎在距试验地点 32 公里左右的恩尤岛（Enyu Island）。试验点在一个人工小岛上，这个小岛坐落于环礁西北角纳姆岛（Namu

Island）附近的礁脉。与爆心投影点（ground zero）^①相距 32 公里是相当不错的安全距离，但是克拉克和他的上司们不想冒任何风险。在恩尤岛上，工程师为试验控制中心和引爆小组浇筑了坚固的钢筋混凝土掩体，并在掩体上覆盖了多层珊瑚沙。这样的设计可以抵御核爆产生的冲击波，而且就算爆炸激起的巨浪将岛屿淹没，掩体也可以凭借良好的隔水性能来抵挡海水的侵袭。²

2 月 28 日，即"布拉沃城堡"试验日期的前一天，试验准备工作的规格再度升级。往年这时候的气温通常在 27 摄氏度左右，而这一年直逼 32 摄氏度。中午 12 点的钟声敲响后不久，克拉克和他的队员们打着赤膊，穿着短裤，戴着帽子，登上海军直升机，越过白色岛礁和较大岛屿上郁郁葱葱的棕榈树，向北飞去。克拉克注意到最后几艘船正驶离岛屿以躲避核爆。直升机着陆后，克拉克等人一路检查沿途的记录设备。下午 2 点，他们已到达爆心投影点。

装配这枚小氢弹本来无需很长时间，但此时却出了点状况：有一个光学仪器正在泄漏氦气。如果现在装配氢弹，那么等到试爆开始时，氦气就已经漏完了。如果卸掉光学仪器，试爆将毫无意义，所以他们不得不做出选择。最终，他们决定推迟氢弹装配：如果推迟的时间够久，那么还能有足够的氦气维持到试爆。临近晚上 11点，克拉克打开了氦气罐，这比原计划迟了近 9 个小时。倒计时开始了，他们必须在氦气耗尽前引爆核弹。

小氢弹是个铝制的圆筒，看上去颇像一只大的丙烷罐，它被放置在人工小岛上的一栋小楼中。克拉克带着两名工程师来到这里。

---

① 又称地面爆炸点、原爆点，是指爆炸中心在地面上的垂直投影坐标。

克拉克完成了最后的连接，准备引爆核弹。两名工程师观察着他的一举一动，他们不能有任何疏忽。一切准备就绪后，三人登上直升机，沿着白色的珊瑚礁海岸线飞回掩体，海岸线在夜里依旧清晰可见。[3]

克拉克和他的队员们返回加固掩体时，既定的试验日期，也就是1954年3月1日，已经到了。凌晨3点，阿尔文·格雷夫斯（Alvin Graves）博士与克拉克取得了联系。格雷夫斯博士是本次核试验的科学主管，也是克拉克在洛斯阿拉莫斯国家实验室（Los Alamos National Laboratory）的上级。该实验室是美国主要的核科学组织，这枚小氢弹就是在这里研发出来的。格雷夫斯身在远离试验地点的美国"埃斯特斯号"（Estes）指挥舰上，克拉克和他的队员们则在掩体中。格雷夫斯对克拉克说："我们刚刚收到了气象简报，现在我批准继续试验。"这意味着倒计时即将开始。克拉克的一名队员通报说："现在距离引爆还剩两小时。"他们开始了最后的准备工作，包括封闭掩体。

氢弹引爆前15分钟，他们拨开了脉冲分配器的开关：引爆的准备工作自此进入自动模式。克拉克回忆道："控制室里的最后几分钟总是惊心动魄。"一位盯着控制台的工程师数道："四、三、二、一、零。"数到"零"时，控制台上的灯光全部熄灭了。虽然他们什么都听不到、看不到、感觉不到，但灯光熄灭说明氢弹已经引爆了。现在是当地时间早上6点45分。克拉克通过无线电问格雷夫斯："阿尔文，试验进展如何？"得到的回答是："很顺利。"[4]

在接下来的几秒钟，克拉克和他的队员们便体会到了这次核爆有多么"顺利"。他们本以为会有地面震动，没想到迎来的是地动山摇。"倒数到零后不到 20 秒，整个掩体开始以一种难以名状的方式缓慢摇晃，"克拉克说，"我抓着控制台的一边撑住身体。有些人则直接坐在了地上。我以前经历过地震，但从没见过这番景象。震动仅持续了几秒，但还没等我们缓过气，就又来了一波相同起伏的震动。"

紧接着到来的是空气冲击波，这同样是克拉克从未经历过的。他后来回忆道："整个混凝土掩体都在嘎吱作响。"幸运的是，掩体经受住了核爆产生的超压和低压。但随后发生了大家完全没想到的事：卫生间的马桶突然爆裂，马桶水和全部污物直接喷向空中。与此同时，掩体混凝土墙体内的水管和电缆管道开始涌出水来。克拉克惊慌失措地用无线电联系格雷夫斯，但他的上级同样不知所措，也解释不清这一系列反常的现象。他们本以为核爆很快会激起海水潮波，但实际上，潮波一直没有到来。

核爆 15 分钟后，控制中心里的人终于走出了掩体。不寻常的地震冲击、混凝土掩体的嘎吱作响、从马桶中喷出来的水都无法解释。克拉克回想道："外面风平浪静……爆炸云已经散开，是很干净的白色，好看极了。"直到看到自己的盖革计数器，他才意识到有些不对劲。计数器的读数在很短的时间内从 8 毫伦琴 / 小时升至 40 毫伦琴 / 小时——考虑到掩体与试爆地点之间的距离，现在并不需要太过担心，但这个辐射水平还是十分反常。

克拉克根本没预料到掩体外会有辐射，他本以为控制中心即使有少量辐射，自然风也会将放射性沉降物吹走。他和队员们回到掩体，关上防水大门。此时，门附近的辐射读数是 1 伦琴 / 小时。克拉克用无线电呼叫了格雷夫斯，但格雷夫斯也无法解释当前的状况。克拉克等人意识到，在这么高的辐射水平之下（这时他们只能想象掩体外发生了什么），指挥舰是无法派人来救援他们的——这样的行动对直升机机组人员来说风险太大；而且一旦离开掩体，克拉克和他的队员们也将面临同样的风险。不管接下来发生什么，掩体都是他们唯一的生存希望。

但是，在掩体内多停留一分钟，危险程度便会增加一分。在距离大门更远的控制室内，辐射水平已达到 100 毫伦琴 / 小时。他们测量了掩体内的其他区域，发现数据室的辐射读数为 10 毫伦琴 / 小时。于是，所有人都挤进了这个小房间。如果辐射水平不再增加，他们待在这里就是安全的，但是没人知道接下来会发生什么。在指挥舰上，格雷夫斯同克拉克一样措手不及、有苦难言。在控制中心，克拉克等人涌入数据室一小时后，收到了格雷夫斯发来的消息，声称他的军舰也意外地受到了核辐射的污染，不得不驶离受影响的海域。

军舰被迫驶离环礁后，克拉克就无法与格雷夫斯沟通了。从那一刻起，克拉克等人可以收到格雷夫斯发来的消息，但是格雷夫斯收不到克拉克他们的消息。克拉克回忆道："我们坐在掩体内那间远离大门的小房间里，大家挤成一团，难受得要死。我们被迫关掉了空调，因为它会把外面的放射性沉降物吸进来。很快，整个掩体变得闷热潮湿。"最糟的是，发电机坏了，他们身处一片黑暗之中。这一天开始时还平淡无奇，接下来却是在距离爆心投影点 32 公里处的漫长等待、彻底无眠的长夜和次日惊悚骇人的清晨。掩体外某处还放着克拉克和队员们原本为庆祝试验成功准备的牛排，现在它们大概已经被"烤焦"了吧。克拉克对这一切束手无策，只能默默祈祷、静观其变。[5]

几十公里外，在"埃斯特斯号"军舰上，这次行动的科学主管、克拉克在洛斯阿拉莫斯国家实验室的领导格雷夫斯正在苦苦思索，试图搞清楚这场本应非常完美的核试验到底出了什么问题。作为美国核项目的资深人士，格雷夫斯一生中经历过大大小小的意外，但"布拉沃城堡"核试验的爆炸威力着实出乎他的意料。

格雷夫斯是毕业于芝加哥大学的物理学博士。1942 年 1 月，时年 33 岁、在得克萨斯大学任教的格雷夫斯受邀回到芝加哥，与一批学者一起研制世界上首个核反应堆——芝加哥 1 号反应堆（Chicago Pile-1）。

这就是"曼哈顿计划"的开端，这个计划使得美国成功研制出了全世界第一枚原子弹。计划的发起者中很多都是为躲避纳粹统治而从欧洲逃来的难民，他们认为投身原子弹事业就是参加一场与纳粹德国的生死竞赛。1934 年，匈牙利难民利奥·西拉德（Leo Szilard）申请到了核裂变反应堆的理论专利，但于 1938 年 12 月首次实现核裂变的却是德国人。至此，很多人相信德国人很快就能造出原子弹。西拉德联合包括阿尔伯特·爱因斯坦在内的几位科学家一起警示美国政府：德国可能很快就会研制出原子弹。美国总统富兰克林·罗斯福也支持芝加哥 1 号反应堆的研制计划，他筹集了项目的启动资金，还成功将该计划列为国家机密。[6]

在芝加哥，格雷夫斯加入了由恩里科·费米（Enrico Fermi）指导的学者小组。费米来自意大利，为逃离墨索里尼的统治而加入了美国国籍。1942 年，费米和西拉德合作建造了首个石墨反应堆，也就是利用石墨减缓中子运动速度的反应堆，并首次实现了受控自持链式反应（self-sustaining nuclear chain reaction）。该反应堆于同年 12 月开始运行。世界上绝大部分的铀都以铀 –238 的形式存在，但链式反应的维持需要铀 –235 和钚 –239。铀 –235 和钚 –239 都是制造原子弹所需的原料。芝加哥 1 号反应堆是一次试验：科学家希望实现一次链式反应，但又担心反应失控。格雷夫斯和另外两名工程师准备了很多瓶亚硫酸镉，一旦反应失控，他们就把瓶子丢进反应堆里。所幸这次链式反应并没有失控。实验后，费米打开一瓶贝多力牌基安蒂酒来庆祝。在酒瓶包装纸上签名的实验参与者共有 49 人，格雷夫斯也在其中。[7]

芝加哥 1 号反应堆是世界上首个核反应堆。随后，美国田纳西州橡树岭国家实验室（Oak Ridge National Laboratory）建造了可生产铀 –235 的 X–10 石墨反应堆，华盛顿州汉福德场区（Hanford Site）建造了生产钚的反应堆。1943 年，格雷夫斯和妻子伊丽莎白·里德尔（Elizabeth Riddle）搬到了位于新墨西哥州的洛斯阿拉莫斯国家实验室，里德尔同样是拥有芝加哥大学博士学位的物理学家。在罗伯特·奥本海默（Robert Oppenheimer）的领导下，实验室的科学家们全力投入原子弹的研制，将橡树岭国家实验室和汉福德场区生产的裂变原料转变为一种恐怖的毁灭性武器。

科学家们昼夜不停地工作。这是一场与时间的赛跑，也是与纳粹德国的赛跑，但没有人意识到这条赛道上已经只剩下美国科学家以及与他们合作的英国同行。德国人走错了方向，选择使用重水而非石墨来减缓反应。如果重水的供应不足，他们建造的反应堆就无法运行。1945 年 7 月，第一个核爆炸装置在约尔纳达·德尔·穆尔托沙漠（Jornada del Muerto Desert）试爆成功，当时纳粹德国已经覆灭。于是，原子弹的投放目标转向日本。1945 年 8 月 6 日，装有铀 –235 的"小男孩"原子弹投向了广岛。3 天后，装有钚的"胖子"投向了长崎。[8]

核时代已然拉开帷幕。《星期六文学评论》（*Saturday Review of Literature*）的主编诺曼·卡曾斯（Norman Cousins）曾发表过一篇名为《现代人已经过时了》（"Modern Man is Obsolete"）的社论，谈到了现代科学蕴藏的毁灭性危险。格雷夫斯的许多同事也持有相似的观点。借助在洛斯阿拉莫斯国家实验室设计的两枚原子弹，欧洲和太平洋的战事宣告结束。许多科学家离开了洛斯阿拉莫斯——他们之中有的人认为反法西斯斗争的使命已经完成，有的人则是对不顾世界未来、滥用核武器的政客感到失望。格雷夫斯选择了留下。几年后，这位经常去教堂做礼拜的新教徒表示："我从事原子工作，不是因为我喜欢制造杀人武器。我深信，如今世界之所以没有陷入第三次世界大战，就是因为美国在原子能方面所做的工作。增加核储备是我们保障世界未来的最好措施。"[9]

1947 年，格雷夫斯升任洛斯阿拉莫斯国家实验室 J 部门的负责人，负责新型核设备的测试工作。他的"战争"还没有结束，现在到了最关键的阶段；对他而言，此时也是最危险的时刻。1946 年 5 月 21 日，格雷夫斯成为历史上首次核事故的受害者。当时，他正在洛斯阿拉莫斯的一幢大楼里，站在物理学家路易斯·斯洛廷（Louis Slotin）的身边，斯洛廷正在做一个演示实验，实验设计与投向长崎的"胖子"原子弹的设计原理相同，即让两个钚半球紧密结合在一起，达到足够的临界质量，以产生爆炸所需的核反应。在实验观察人员面前的桌子上，就放了两个这样的钚半球。正当斯洛廷操作螺丝刀让两个半球分离时，螺丝刀突然从他的手中滑落，两个钚半球刹那间又合在了一起，耀眼的蓝光瞬间点亮了实验室，钚球释放出大量的辐射，足以杀死实验室内的所有人。

斯洛廷徒手将两个钚半球分离，这才救下了其他人，但他本人则于 1946 年 5 月 30 日死于急性放射病。站在一旁的格雷夫斯虽有斯洛廷遮挡，但还是受到了高达 390 伦琴的辐射，这个辐射量足以致人死亡。格雷夫斯住院后，成为最早接受医生密切观察的核辐射受害者。他的白细胞数量低得惊人，医生看到结果时甚至都不敢相信。医护人员也拿不出什么可以治疗辐射受害者的办法。格雷夫斯开始呕吐、发烧，左半边的头发也脱落了——事故发生时，他的左脸正朝着钚半球。幸运的是，他的头发最终都长了回来。

经历了半年的病痛折磨后，格雷夫斯回到了工作岗位。1951 年，一名记者采访他后写道，格雷夫斯长着少年般的面庞，一头金发，已不能生育。然而，几年后，格雷夫斯和妻子幸运地有了他们的第二个孩子。虽然格雷夫斯受到的辐射量足以致死，但医生为了鼓舞他、不让他心灰意冷，并没有跟他讲实话。医生告诉格雷夫斯，他受到的辐射量为 200 伦琴——受到这个剂量的辐射，生存下来的概率要大得多。格雷夫斯确实活了下来，还重返实验室继续核试验的研究。有人猜测，这番经历让格雷夫斯低估了核辐射对自己和其他人的危害。媒体也向公众宣传，辐射暴露对人的身体健康几乎没什么威胁。1952 年春，《星期六晚邮报》（Saturday Evening Post）就刊登了一篇专题报道，记者采访格雷夫斯后写道："核辐射只不过给他留下了几道比较深的伤疤。"[10]

报道刊发时，格雷夫斯正在新建的内华达试验场进行一系列试验。内华达试验场此前是拉斯维加斯轰炸和火炮靶场的一部分，这一系列核试验 1951 年就在这里启动了。格雷夫斯的"引爆人"（triggerman），或者说引爆小组组长，正是约翰·克拉克。直到 1992 年内华达试验场关闭，这里一共进行了 928 场试爆。最初的大部分试验均由格雷夫斯监督。哪怕身处 160 公里以外的居民区，都可以看到核爆产生的蘑菇云。在距离试验场 100 多公里的拉斯维加斯，爆炸产生的如地震般的冲击令市民们惊恐不安，游客们倒是颇为享受辐射云的壮观景象。美国原子能委员会不得不面对公众们的强烈抗议：这种原本用来对付苏联的武器如今正在伤害美国民众。要知道，当初杜鲁门总统之所以创办美国原子能委员会，就是为了将核武器的控制权从军队手中拿走，将其置于公众的监督之下。

一些内华达试验场释放出来的放射性沉降物飘到了遥远的纽约州。阿尔文·格雷夫斯在安排试爆时已竭尽所能，以避免核爆产生的放射性沉降物飘到居民区，但说起来容易做起来难。有两个因素是核试验策划者很难准确预测的：一是爆炸威力，一旦威力超出预期，会产生诸多问题；二是风向，海拔不同，风速不同，风向也常常不同。即使不考虑海拔，风向也有可能在试验万事俱备之时突然发生改变。

放射性沉降物出现得越来越频繁，格雷夫斯只好亲自出马，试图消除民众对于放射性危害的恐惧。他的演说颇具成效，毕竟他本人的出现便可以证明关于辐射有害影响的说法有夸张的成分。他高大帅气，一头金发已全部长出。1953 年 4 月 25 日，一枚 4.3 万吨当量的核弹试爆，威力远超预期，几乎相当于投向广岛的原子弹的3倍。参观者中有一些人被爆炸的冲击波当场震倒。格雷夫斯率先站出来安抚出席的贵宾。来参观这场核试验的访客之中有14名国会议员，以及因在二战期间支持拘禁日裔美国人而闻名的洛杉矶市市长弗莱彻·鲍伦（Fletcher Bowron）。这些参观者们别无选择，只能相信格雷夫斯给他们的保证：一切尽在掌握之中。

这次事故发生几个月后，格雷夫斯在犹他州议会发表了讲话，他与该州的300位公民领袖会面并向他们保证，这一年影响犹他州的放射性沉降物对大众无害。内华达试验场的公关总监理查德·G.艾略特（Richard G. Elliott）谈到当天格雷夫斯在活动中的表现时写道："这一次经历有力回应了意见领袖们的种种忧虑和问题。"他还补充说："医护人员对放射性沉降物表现得'气定神闲'。"于是，格雷夫斯成了核工业的宣传代表。他告诉一名记者："我投身核领域，是因为我相信它对和平事业的贡献最大。"[11]

到了1953年，内华达已不再是格雷夫斯唯一可用的试验场，主要的核试验活动转移到了太平洋地区。美国政府规定：在内华达试爆的核弹，其当量不得超过100万吨。这个限制对原子弹还算勉强适用，但对于20世纪50年代初横空出世的那种大威力核弹来说，就有些捉襟见肘了。

这种核弹叫作热核弹，或称氢弹，其爆炸威力并不来自核裂变，而是核聚变——原子核合并形成一个或多个原子核。1949年，苏联成功研制出原子弹，这让杜鲁门确信应加紧研制新型超级炸弹。科学家们再一次出现分歧。包括罗伯特·奥本海默在内的一些科学家反对该项目，认为政客们根本没有能力控制氢弹的恐怖破坏力。但格雷夫斯从未质疑过这个项目的正当性，也未曾怀疑过他所做之事的道德性。在这场永无止境的新型武器竞赛中，他在马绍尔群岛开辟了一条新的战线。1946 年夏，美国首次在那里开始了核试验，以评估新型核武器对海军目标的打击效果。[12]

1952 年秋，美国在马绍尔群岛首次试爆氢弹装置。这次任务由珀西·W. 克拉克森（Percy W. Clarkson）少将指挥，第 132 联合特遣部队执行。克拉克森是得克萨斯州人，也是历经两次世界大战的老兵，于 1950 年被任命为美国太平洋集团军副司令，1953 年成为第 7 联合特遣部队司令，负责执行"城堡行动"系列核试验。格雷夫斯担任他的副手，兼任这次氢弹装置试爆行动的科学主管。这次行动的代号为"常春藤麦克"（Ivy Mike），试验过程中一切军事、科学、民事等方面的重大决定均由二人做出。[13]

"常春藤麦克"可谓前无古人后无来者。在埃尼威托克环礁的伊鲁吉拉伯岛（Elugelab Island）上，重达 82 吨的热核装置被安装在一幢二层小楼内，热核装置连接着制冷设备，以便将液态氚（重氢）的温度保持在零下 249 摄氏度。1952 年 11 月 1 日，放置热核装置的建筑被引爆。裂变反应使液态氚增压，引发聚变反应，激发了 4.5 吨天然铀的另一次裂变反应——这成为核爆主要的能量来源。这次核爆的威力极其惊人：1040 万吨当量，其威力之大史无前例。伊鲁吉拉伯岛从地球上消失了，取而代之的是一个直径近 2 公里、深 50 米的大坑。邻近一个岛屿上植被尽毁，核爆摧毁珊瑚所产生的放射性沉降物甚至落到了几十公里外的船只上。[14]

爱德华·泰勒（Edward Teller）是氢弹的主要设计者，和西拉德一样，他也是来自匈牙利的难民。当时，他身在美国加利福尼亚伯克利，没有参加这次试验。他在加州测量了爆炸产生的冲击波后，意识到试验已大获成功，便给洛斯阿拉莫斯国家实验室拍了一封喜气洋洋的电报："是个男孩！"这封电报发给了格雷夫斯的妻子伊丽莎白，洛斯阿拉莫斯国家实验室的项目组便是由她负责的。这是伊丽莎白第一次得知这次试验进展顺利。马绍尔群岛核试验的消息经过安全人员的层层审核和筛查，在几小时之后才到达。[15]

"常春藤麦克"在很多方面都可谓成功。这次试验不仅实现了创纪录的 1040 万吨爆炸当量，而且试爆几乎没有产生放射性沉降物。放射性沉降物会对军方和平民造成严重危害，并且极有可能引发公关危机。在内华达试验场的经历，已经让格雷夫斯和洛斯阿拉莫斯国家实验室的其他科学家非常清楚这一点。因此，放射性沉降物是核试验策划者重点考虑的因素。1954 年 4 月 1 日，一部记录了这次核试验的准备和执行工作的纪录影片经过审查后，在美国的一家全国性电视台上映，影片表明克拉克森将军和格雷夫斯博士都很关心核爆之后的影响。正如影片旁白所言，核爆试验对生活在试爆地区的大约两万名居民构成了潜在的威胁。影片中，气象部门的官员向指挥官保证，试爆时的风正往远离居民区的方向吹，试验条件绝佳。

每次核爆后，风都会把放射性粒子吹至几千公里之外。在太平洋试验场，被影响的不是陆地，而是大片的海域，但放射性云飘移的距离和方向是很难预测的。这次，美国政府很幸运，因为所有人担忧的放射性沉降物并未出现。克拉克森和格雷夫斯报告称："虽然我们竭尽全力记录'麦克'所产生的放射性沉降物，但能查明的放射性残渣仅占总量的 5% 左右。"联合特遣部队的气象官埃尔伯特·W. 佩特（Elbert W. Pate）在提交给克拉克森将军的报告中解释了原因。他写道："所有证据都表明，'麦克'爆炸后，云柱最高冲到了约 12.5 万英尺的高空，绝大部分残渣被带入了平流层。"[16]

美国原子能委员会的专家认为这次试验十分完美。他们相信，平流层可能被用作放射性沉降物的垃圾场。但是"常春藤麦克"试爆的不是普通的炸弹，而是一枚氢弹。这枚氢弹与其说是杀人武器，不如说更像是自杀武器，因为没有哪个敌人会允许对手在己方领土上建造一个核装置再引爆它。军队需要的是能用飞机装载的炸弹，以便在敌方领空投掷。1953 年，洛斯阿拉莫斯国家实验室的科学家和工程师制造了各种可运载炸弹——第一种被称作"小虾"（Shrimp）。"麦克"的重量超过了 80 吨，而小虾仅重 10.7 吨，长 456 厘米，直径 137 厘米，可以通过舱门装载到美式轰炸机上。"小虾"没有再用液态氘，而是换成了氘化锂——这是一种无色固体化合物，无需制冷设备即可发挥作用。[17]

设计"小虾"和同系列的核弹并非易事。"'城堡行动'原计划在 1953 年秋展开，最早在 9 月即可开始，但直到 1954 年 1 月还没做好准备，该行动显然要推迟 6 个月。"克拉克森将军在有关"城堡行动"的报告中写道。行动之所以推迟，一开始是因为要"改变'城堡行动'所用武器和设备的设计标准"，后来是因为格雷夫斯和其他工作人员忙着在内华达试验场进行其他试验。1953 年 10 月，他们终于达成一致，要在太平洋试验场进行 7 场核试验。第一场就是"布拉沃城堡"，试验日期定于 1954 年 3 月 1 日，预计当量为 600 万吨。第二场在 3 月 11 日，当量为三四百万吨。按照计划，这一系列试爆将于 1954 年 4 月 22 日全部结束。[18]

　　"城堡行动"试验地点的选择也不简单。"常春藤麦克"试验是在埃尼威托克环礁进行的，负责试验的特遣部队的大本营也驻扎在此。但是，"城堡行动"包含了一系列威力强、大当量的试验，埃尼威托克环礁并不是理想的试验地点。"如果未来我们只选择在埃尼威托克环礁引爆大当量核弹，那么就必须将工作人员和很多重要设备全部撤走，"克拉克森将军在行动报告中写道，"'常春藤麦克'就很典型，实际撤离过程中，需要特遣部队在紧要关头投入大量精力和成本。"[19]

　　在跟霍姆斯·纳维建筑公司（Holmes and Narver, Inc.）的专家商议后，格雷夫斯提议将比基尼环礁作为"城堡行动"的试验场。正如后来克拉克森所写的："因为在 1946 年'十字路口行动'（Operation Crossroads）时已经疏散了当地民众，所以此次行动无须再进行疏散工作。"克拉克森所说的"十字路口行动"是指 1946 年 7 月在比基尼环礁进行的两场核试验。1946 年 3 月，167 名原住民从环礁迁出，集体搬到了朗格里克环礁（Rongerik Atoll）上一处由海军建造的"模范村"中。美国政府以 10 美元的价格获得了比基尼环礁"无限期"的独家占据权和使用权。但实际上，按照当地的文化传统，有决定权的长者无法拒绝强势一方提出的要求，而且，原住民们也对刚刚力挫日本的强大美军心存忌惮。1947 年，一场大火烧毁了椰子林，原住民们陷入了饥荒，认为这里已被恶灵占据。1948 年 11 月，他们又迁到了一座名为"基利"（Kili）的小岛，不愉快的旅程终于结束了。[20]

　　在马绍尔人（马绍尔群岛的原住民）离开后不久，美国海军就对比基尼环礁失去了兴趣，因为环礁的面积太小，无法容纳核试验所需的大量人员和设备。于是，试验行动转移到了面积更大的埃尼威托克环礁。而如今，氢弹的出现让比基尼环礁重新成为焦点。虽然没人打算在这里长期停留，但在进行一系列"城堡行动"试验之前，环礁上还有大量建设工作要进行，包括建造能承载重型四引擎飞机的简易跑道、共计 2000 名军事人员和建筑工人居住的住房，以及恩尤岛上为引爆小组建造的加固混凝土掩体。小氢弹"小虾"将装配在一个人工小岛的一座独立建筑中，因此他们还需要从纳姆岛建一条近 1.1 公里长的堤道，一直接到这个小岛。最后，他们还需要建造一条真空观测管道，让纳姆岛上的记录设备连接到试爆地点。[21]

　　1953 年 8 月，施工作业正如火如荼。工人浇筑的混凝土达到 1101 立方米，是上一个月浇筑量的 3 倍多；11 月浇筑的混凝土更是高达 3058 立方米。当时，总共有 2350 名工程师和建筑工人在比基尼环礁施工。可以说，比基尼岛上的居民还从没见到过这么多人。1954 年 1 月，比基尼环礁上最关键的角色由建筑工人转为科学家和军人。第 7 联合特遣部队的指挥部设在了埃尼威托克环礁的佩里岛上，克拉克森将军来到该岛指挥此次行动，他麾下有 12945 人，舰艇 24 艘（包括两栖指挥舰"埃斯特斯号"）、驳船加汽艇 129 艘、飞机 67 架。[22]

　　所有的人员和装备都是在绝密条件下集结的，而且，比基尼环礁将进行的研究也是绝密的。比基尼环礁周围均被设成了特殊的"危险区域"（danger zone）。据克拉克森将军的报告，这样做的目的是"避免敌国得知有关试验装置当量的信息"。整个区域的范围在"东经160° 35' 到166° 1.6' 之间、北纬10° 15' 到12° 45' 之间"。此地有重兵把守，包括由4艘护航驱逐舰、2艘沿海巡逻船、12架洛克希德P–2海王星（Lockheed P-2 Neptune）巡逻机加反潜巡逻机组成的飞行中队，还有3架沃特F4U"海盗"战斗机。由于设定危险区域的主要目的是阻止敌舰和敌军潜艇靠近，因此海军接到了这样的命令：如果入侵者无视劝阻和警告，可直接发起攻击。[23]

　　负责行动内部安全的军官面临一个艰巨的任务。"向试验前线频繁调动大量人员，这几乎是无法隐瞒的。"克拉克森将军写道。他们主要担忧的并非苏联窃取情报，而是"媒体会纷纷猜测原子能委员会和特遣部队正在进行的活动"。每个分配到特遣部队的军官和士兵都必须"参加一场开卷考试"，考试的题目为"基本安全责任"，需要"基于第7联合特遣部队2号安全备忘录作答"。处理机密材料的人还须额外参加一场测试。不同类型的工作人员配发了不同的通行证和勋章，只能根据授权进入特定的区域和建筑。遍布整个试验区域的保密指示、影片和海报都时刻提醒军人们要守口如瓶，在家书中不得提及任何与任务有关的内容。[24]

　　2月20日，"小虾"被运至试验场。它的各部分组件首先经陆路从洛斯阿拉莫斯国家实验室运至洛杉矶，随后被装载到船上，在军舰的护送下运至艾因曼岛（Einman Island），在岛上完成组装后再送往比基尼环礁。1954年2月23日进行了一场模拟演习，参与试验的地面部队和舰队全体参加，一切都按计划进行，进展顺利。截至2月27日，工程师已完成了"小虾"的组装工作，检查并连接好了所有的记录设备——若没有这些记录设备，试验也就没什么意义了。现在可谓万事俱备，只欠"北"风，等到天气合适，风往环礁人员驻扎地的反方向吹时，核试验即可进行。[25]

在核武器试验这门"艺术"中，风向预报与核反应物理学和爆炸工程学同等重要，而风向预报很难做什么特殊的准备。气象和风向总是瞬息万变，稍有偏差，大片区域便将笼罩在辐射之下。根据克拉克森将军的报告，气象预报"在每次引爆前48小时和38小时发布，包括试验场从地面到9万英尺高空内每1万英尺高度的风力实况"。随着引爆时刻逐渐临近，预报频率不断增加，"引爆前24小时、13小时、8小时、4小时均发布一次气象预报"。

辐射安全报告称，2月28日，也就是引爆预定日前一天的上午，"无论是预测还是实际观测，风场类型都十分有利，但观测到的合成风①类型趋势不太乐观，或者说处于不利的边缘"。当晚6点，克拉克森将军和格雷夫斯出席了在"埃斯特斯号"军舰上召开的情况通报会，会上讨论了气象和风向。虽然有人担心风向问题和可能产生的放射性沉降物，会议"依旧决定，继续按原计划执行引爆，但要在午夜时分观察整体气象和辐射安全的情况"。[26]

在晚10点的气象情况通报会上，在美国海军辐射防护实验室任职的36岁工程师沃默·斯特罗普（Walmer Strope）提出了对风向变化的担忧。后来，他回忆称："风矢量从东向北弯曲，总风向线向东偏移得更多。"他格外担忧的是比基尼环礁东侧的朗格拉普环礁（Rongelap Atoll）可能遭受放射性沉降物的影响。"我觉得风

---

① 合成风指某地一定厚度气层内同一时次不同高度的风，或一定时段内同一高度不同时次的风，经矢量合成后求得的平均风。前者称厚度（或垂直）合成风，常用于计算核爆炸放射性粒子沉降，航空兵轰炸、伞降和炮兵射击修正等；后者称水平合成风，主要用于绘制平均流场等。

向北移动时肯定避不开这些环礁，如果风向在夜间继续向东偏移，这种可能性就更大了。"然而，联合特遣部队的气象官员并不认同斯特罗普的担忧。"空军的气象学专家对我们的分析不屑一顾，决定继续按原计划引爆。"斯特罗普回忆道。最终，他们决定在定于午夜进行的指挥部会议上再次讨论这一问题。[27]

午夜时分，气象状况不断恶化。气象预报显示，在较低高度（3000—7600 米），气象条件不太有利。"城堡行动"的辐射安全报告称："据气象预报，2 万英尺高度上的整体风向朝向朗格拉普环礁和朗格里克环礁。"朗格拉普环礁位于比基尼环礁东南方向157 公里处；朗格里克环礁距离比基尼环礁 228 公里，位于朗格拉普环礁东侧更远处。附近另有乌杰朗环礁（Ujelang Atoll），位于比基尼环礁西南方向 520 公里处。与在主导风向上的乌杰朗环礁不同，朗格拉普环礁和朗格里克环礁从未被划为危险区域，因此没有准备疏散当地居民的应急计划。[28]

联合特遣部队的气象官员、负责监督气象预报工作的埃尔伯特·佩特并没有太多担忧。16 个月前，他曾任"常春藤麦克"任务的首席气象官，与斯特罗普相比要更有经验。"常春藤麦克"几乎没有产生任何放射性沉降物，因此佩特相信，考虑到热核弹爆炸的巨大威力，试爆产生的大部分放射性沉降物都将被释放到平流层。而在它们进入对流层并最终落到地面之前，放射性粒子早就失去放射性了。最近研究"布拉沃城堡"试验的历史学家发现，"关于放射性沉降物可能进入平流层的讨论就这样更多被视作学术问题，而非安全问题"。由于马绍尔群岛各个高度上的风向北吹的时间仅有短短几天，佩特及其部下更愿意利用"热核弹沉降物"理论带给他们的容错性。[29]

  听了气象预报小组的报告后，克拉克森和格雷夫斯决定按原计划继续试验。后来的一份报告称，当时的结论是"到目前为止，风的速度和高度并不能得出会产生大量放射性碎片的结论"。不过，考虑到风向的变化，联合特遣部队决定扩大辐射安全区域，搜寻比基尼环礁周围约 833 公里和爆炸云预计方位周围约 1200 公里范围内的舰船。那天上午晚些时候，一架洛克希德 P-2 海王星巡逻机在爆炸云预计方位周围约 700 公里范围内搜寻了一番，除了一艘联合特遣小组的舰艇外，未发现其他船只。预定引爆日的前两天，联合特遣部队对约 370 公里宽、约 1480 公里长的区域进行空中地毯式搜索，均未发现非法逗留的船只。[30]

  午夜，指挥部会议决定继续按计划行动，但需在凌晨 4 点 30 分再次观测气象条件。这意味着引爆也将按计划执行，除非天气状况发生剧烈变化。凌晨 3 点左右，约翰·克拉克和引爆小组还在恩尤岛的掩体内，格雷夫斯就命令他们开始倒计时。他提到，指挥部已经讨论了天气状况，决定继续执行引爆。辐射安全报告记录道："在凌晨 4 点 30 分的情况通报会上，没有观测到明显的天气变化。"然而，气象人员在较低高度观测到西北风有加强的趋势。[31]

  克拉克森将军下令，所有的小型和速度较慢的船只应行驶至试验场 80 公里以外，仅留大型舰船在最初的 48 公里半径范围内，以便维持与引爆小组的无线电通信。同时，这些大型舰船距离比基尼环礁较近，如果在试爆后引爆小组需要任何帮助，也可安排这些舰船迅速派出直升机救援。克拉克森将军对西北风还是有所顾虑的，因此他命令部分舰船转移，但指挥部还是认为风力不算强，不会危及环礁上的居民。辐射安全报告写道："吹向朗格里克环礁和朗格拉普环礁的合成风较为柔和，不会将大量放射性碎片吹至这些环礁。"试验不会推迟。[32]

"小虾"于1954年3月1日上午6点45分在纳姆岛引爆，与计划分秒不差。核爆将数千吨的水、沙以及被炸成灰的珊瑚送至大气层，随后带到平流层，留下了一个深76米、直径近2000米的大坑。

约翰·克拉克和引爆小组躲在恩尤岛的混凝土掩体内，大门紧闭，既看不到爆炸，也听不到爆炸声，但距比基尼环礁48公里处，在克拉克森将军和格雷夫斯所处的"埃斯特斯号"指挥舰上，可以清楚地看到爆炸。"整个爆炸云呈漏斗状，下方尘柱的直径约有10英里，"一名辐射安全官随后报告称，"可见微粒形成的'雨雾'扩散开来，沿'漏斗'的侧边向上升腾，形成了一个直径约50英里的爆炸区。"[33]

当时，物理学家马歇尔·N.罗森布鲁斯（Marshall N. Rosenbluth）在大约48公里外观测到了爆炸，他回忆称："在我看来，可以把爆炸云想象成一个发生了病变的大脑。"冲击波把80公里范围内的舰船都震得左右摇晃。当爆炸波冲击美军水上飞机母舰"柯蒂斯号"（Curtiss）时，一名海军陆战队员对同伴说："感觉我们完蛋了。"比基尼环礁东南方约400公里处的夸贾林岛（Kwajalein Island）是美国海军基地的所在地之一。在这里，士兵们看到"天空亮起耀眼的橙色"，紧跟着冲击波到来的是声波。"我们听到了雷鸣般的隆隆声，"一名士兵写道，"随后，就像发生了地震一样，整座营房开始晃动，接着就是一阵狂风。"[34]

"试验圆满成功。"克拉克森将军签署的"城堡行动"报告中这样写道。当约翰·克拉克把自己和引爆小组关在混凝土掩体中时，格雷夫斯也通过无线电对他说："试验很顺利！"格雷夫斯第一次意识到事情不对劲是在上午7点零7分。那时，克拉克通过无线电告诉他，掩体外的辐射水平正在不断攀升，接着又报告说掩体内的辐射也有所增强。格雷夫斯和克拉克森将军都无法给出解释。

截至上午8点，"埃斯特斯号"军舰和试验场周围约92公里范围内其他舰船的甲板上，均显示辐射水平在不断上升。在美军"菲利普号"（Philip）驱逐舰上，辐射水平高达2万毫伦琴/小时；在"拜罗科号"（Bairoko）护航航空母舰上，辐射读数高达2.5万毫伦琴/小时。这片区域内的所有舰船得到命令，要以最快速度驶离核爆海域。舰长接到这样的指令——"启动洗消系统，采取最大程度的止损措施"。放射性云吞噬了船只，直至上午11点，辐射水平才开始减弱。克拉克森在报告中写道："爆炸当量远远大于预期，造成了某些始料不及的影响。"[35]

约翰·克拉克回忆，下午3点左右，他与格雷夫斯重新取得了联系。三架直升机从指挥舰上起飞，向比基尼环礁飞去，前去救援引爆小组；机上搭载着一支救援队。克拉克等人从掩体中走出来，他们携带的盖革计数器上的读数已经高达20伦琴/小时。工程师们身裹床单，坐上吉普车，赶往约800米外的直升机起降坪。克拉克回忆称："我们离开掩体时，直升机还在空中盘旋，等我们抵达起降坪时，飞机降落了。"一钻进直升机，他们就取掉了身上的床单，登船后，他们火速去淋浴。"第二天，我们才发现自己有多幸运，"克拉克回忆道，"据估算，我们所在的掩体外，放射性沉降物的辐射强度有几百伦琴。"[36]

氢弹"小虾"俨然成了巨型热核"龙虾"，吞噬了沿途的一切。"布拉沃城堡"预估当量为 600 万吨，而实际当量超出了预估值的 2 倍以上，达到了 1500 万吨。3 月 2 日，当人们乘舰船回到比基尼环礁的潟湖时，才发现建筑物和仪器站已经严重受损，满目疮痍。简易跑道虽然没受到破坏，但仍受到了严重的核污染，根据克拉克森将军的报告，跑道直至 3 月 10 日才被清理干净，恢复运行；即便如此，也只是"部分恢复"。[37]

尽管爆炸当量远超预期，比基尼环礁区域内也弥漫着放射性沉降物，但对克拉克森将军和格雷夫斯来说，并无证据表明太平洋其他地区将蒙受辐射污染之害。不到下午 4 点，他们在"埃斯特斯号"军舰上收到一份报告，从这份报告来看，他们前一晚对于风向转变的顾虑实属多余。当时看来，大部分辐射如人们期望的那样被风吹向了比基尼环礁以东、朗格拉普环礁和朗格里克环礁以北的地区。一架负责在云层中追踪辐射的 B–29 重型轰炸机"威尔逊 2 号"（Wilson-2），并未在朗格里克环礁区域上空探测到辐射。[38]

"布拉沃城堡"试验似乎是"常春藤麦克"的重演——放射性沉降物同样被留在了平流层中。"威尔逊 2 号"刚刚向指挥舰提交了令人宽慰的报告，几分钟后，下午 4 点，联络官阿尔·布雷斯林（Al Breslin）就收到了准尉 J. A. 卡普拉尔（J. A. Kapral）的报告。布雷斯林一直在"埃斯特斯号"军舰上，隶属于联合特遣部队辐射安全办公室，卡普拉尔则在朗格里克环礁，掌管着特遣部队的气象站。气象站配备有健康安全实验室① 提供的一台自动伽马射线监测器，监测器的读数显示，从下午 1 点起，岛上的辐射水平开始上升；到下午 2 点 50 分，辐射检测上限为 100 毫伦琴 / 小时的监测器已经爆表。作为这个 28 人气象分队的负责人，卡普拉尔发出了警示。现在是下午 4 点，辐射水平丝毫没有减弱。[39]

阿尔·布雷斯林没有采取什么措施。他确信是卡普拉尔准尉反应过度了。健康安全实验室的监测器一向不准，而且极易发生故障，此前也经常因为工作人员操作不当而失灵。"威尔逊 2 号"在朗格里克环礁上空未探测到任何辐射，那肯定是实验室的监测器又失灵了。布雷斯林不知道的是，实际上健康安全实验室的监测器运转正常，出错的是飞机所提供的信息。"因为出现误解，空中作战指挥中心的调度出现延迟，'威尔逊 2 号'在等待降落时在空中盘旋时间过久，"一份辐射安全报告中写道，"这严重推迟了'威尔逊 2 号'从爆心投影点开始逆风探测的时间，导致探测主要向北进行，避开了受马绍尔群岛放射性沉降物污染的主要区域。"[40]

晚上 9 点左右，心神不宁的卡普拉尔又向指挥舰发送了一则消息，声称下午一开始，辐射监测器的指针就超出了最大刻度。他想确认指挥舰是否收到了他之前发送的消息。这次，他的报告得到了些许重视。另一架追踪云层辐射的 B-29 飞机"威尔逊 3 号"在朗格里克环礁上空记录的辐射水平高达 100 毫伦琴 / 小时。这一数据

---

① 健康安全实验室的前身为美国原子能委员会的医学部门，原名为健康安全实验部，1953 年更名为健康安全实验室，主要关注核武器试验的放射性沉降物。后来并入美国能源部，更名为环境测量实验室（Environmental Measurements Laboratory，简称 EML）。

看似很高，但并不让人感到意外，毕竟下午早些时候，比基尼环礁区域内的舰船曾暴露在放射性沉降物之中，"拜罗科号"军舰上的辐射值达 500 毫伦琴 / 小时。似乎朗格里克环礁也受到了同等程度的放射性沉降物的影响。辐射安全报告中写道："由于特遣部队舰船上的辐射读数也超过了 100 毫伦琴 / 小时，这份探测器读数爆表的报告未得到过多关注。"

晚上 10 点，指挥部起草了一封电报，命令朗格里克环礁上的卡普拉尔和其余气象员也应像船员一样进入室内。电报称，如果他们采取了这样的防范措施，辐射便不会对他们的健康造成实质性威胁。当时天已经黑了，这封电报未被当作优先处理的事项。3 月 2 日上午 5 点，他们才将这封电报拍发至朗格里克环礁。指挥部还安排两架飞机前往朗格里克环礁探测，但动作依然不紧不慢。命令书在"埃斯特斯号"军舰的无线电室中搁置了几个小时之后，才被不慌不忙地发给空军指挥部。[41]

直到 3 月 2 日下午早些时候，克拉克森将军和格雷夫斯才了解到，朗格里克环礁的情况与他们之前的判断大相径庭。特遣部队的辐射监测员路易斯·B. 克雷斯滕森（Louis B. Chrestensen）上尉被派去检查朗格里克环礁辐射监测器"数值超过 100"的读数报告。上午 9 点 45 分左右，克雷斯滕森抵达朗格里克环礁。他的辐射计数器显示，海拔 76.2 米处的辐射水平达到了 350 毫伦琴 / 小时。气象站营房外的地面辐射读数从 1800 毫伦琴 / 小时上升至 2400 毫伦琴 / 小时。卡普拉尔准尉等人过夜的寝室中，辐射水平也高达 1200 毫伦琴 / 小时。上午 11 点 30 分，忧心忡忡的克雷斯滕森上尉连忙命令这 28 名气象员撤离该岛。把克雷斯滕森带至朗格里克环礁的马丁 PBM "水手"（Martin PBM Mariner）水上巡逻机承担了撤离工作，海军气象员们分成两批撤离环礁。下午 2 点前，第一批气象员离开环礁；之后飞机返回该岛，于下午 4 点 45 分再搭载第二批气象员离开。[42]

下午 2 点，朗格里克环礁的疏散工作正在进行之时，克雷斯滕森上尉通过无线电联络空军指挥部，建议"立即调查朗格拉普环礁上有人居住的岛屿。极有可能必须立即采取行动，疏散当地居民"。朗格里克环礁是特遣部队气象站所在地，除了气象站外无人居住。在 1946 年 3 月到 1948 年 3 月的两年中，这里一直是比基尼环礁居民的临时安置点，他们离开祖祖辈辈生活的群岛，为 1946 年 7 月的"十字路口行动"让路。后来他们被重新安置到比基尼环礁的基利岛，幸运地躲过了辐射。但距离朗格里克环礁约 70 公里的朗格拉普环礁就没这么幸运了，环礁上是有原住民居住的，克雷斯滕森上尉希望疏散的正是这些居民。

克雷斯滕森上尉提交的有关疏散朗格拉普居民的请示落到了克拉克森将军的桌上。收到克雷斯滕森从朗格里克环礁发来的第一份报告以后，克拉克森将军就与联合特遣部队的主要官员召开了会议，评估当前局势并制定行动计划。现在可以明确的是，他们的试验所依据的气象预报有误。后来，克拉克森在有关"城堡行动"的纪录影片中承认，风向预测偏离了大约 10 度。这个误差在允许范围内，但事实证明，主风向比预期更接近朗格里克环礁和有人居住的朗格拉普环礁。

晚上 8 点 30 分之后，飞机在朗格拉普环礁区域采集的空气样本显示，辐射水平约为 1400 毫伦琴/小时，克拉克森随即下令疏散该环礁上的全部居民。"菲利普号"驱逐舰原本的任务是守卫危险区域，现在则接到了前往朗格拉普环礁的命令，并于晚上9点45分动身。另一艘驱逐舰"蓝萧号"（Renshaw）紧随其后。克雷斯滕森上尉下令在黎明时分，即引爆48小时后开始疏散工作。[43]

1954年3月1日，朗格拉普环礁上有82名马绍尔人，包括成年男女和儿童。马绍尔人的总人口数约为1.5万人。约3000年前，马绍尔人的祖先从东南亚来到太平洋的这一地区。到了20世纪中期，大部分马绍尔人住在群岛上的两个中心城市，即马朱罗（Majuro）和埃贝耶（Ebeye），但仍有不少人分散居住在1000多个大大小小的岛屿上。[44]

朗格拉普环礁上的居民就属于上面说的分散居住的人口。朗格拉普环礁由61个岛屿组成，环绕着一个面积为2890平方公里的潟湖。这里的居民世代都是渔民，很多人习惯早起，有些人甚至在那天上午6点45分看到了环礁以西157公里外发生的爆炸。"爆炸发生的早上，我刚醒，正在喝咖啡，"朗格拉普环礁的治安法官约翰·安贾因（John Anjain）回忆道，"我几乎以为自己看到了日出，但方向却是在西面。当时的景象可谓五光十色、摄人心魄——红、绿、黄，令我惊叹不已。过了一会儿，真正的太阳从东方升起了。"随后到来的是烟雾、强风和巨响。安贾因回忆道："几小时后，开始有粉末落在朗格拉普环礁的大地上。"[45]

上午10点之后，由受辐射的珊瑚灰烬构成的放射性沉降物纷纷落到地面。在当地学校，上午11点30分左右，教师比利耶·埃德蒙（Billiet Edmond）让学生们下课休息。据他回忆，当他走出教室时，"粉末状粒子落向地面，扑面而来"。村庄里没有出现恐慌情绪。有的人曾经去过日本，他们将放射性沉降物比作雪。埃德蒙回忆道："我们聊着天、喝着咖啡时，雪状物源源不断地落下来，而且越下越大。"很快，"雪"让绿叶变成了白色。那天晚些时候，原本一片祥和的小岛到处是人间疾苦。"一度无毒无害的尘埃突然之间令岛民痛不欲生，"埃德蒙回忆说，"一种异常刺激的瘙痒把岛民们折磨得死去活来。成年人虽然不会为此掉眼泪，但孩子们在身上四处抓挠，哭得撕心裂肺，只能踢打、扭动，甚至打起滚来，但我们什么也做不了。"[46]

14 岁的女学生兰姆约·阿波（Lemyo Abo）就是当晚因辐射遭受折磨的其中一人。她回忆说，虽然奇怪的粉末从天而降，但村庄里的生活一切如常。下午，她和几个表亲一起去摘新长出来的椰子。回来的路上，他们淋了雨。树上的叶子突然多了一层神秘物质，还变黄了。兰姆约回到家，父母问她："你的头发是怎么回事？"她答不上来。兰姆约回忆说："头发看起来就像抹了肥皂粉。"她继续说道："那天晚上我们根本睡不着，皮肤特别痒。我们的脚上全是烫伤，看起来像是用热水烫的。我们互相看看，笑了起来——你秃了，你看起来像个老头。但实际上，我们非常害怕，也很悲伤。"[47]

"布拉沃城堡"引爆结束后，在朗格拉普环礁，没有从外界传来任何消息，岛民们也不知道他们在经历着什么。马绍尔人看到的那些不寻常的光影、声响、疾风和雪状微粒依旧是"未解之谜"。有人怀疑这一切来自那天他们看到的那些飞机。第二天是 3 月 2 日，依旧没有任何消息或任何解释。大约下午 5 点，两名美国军官带着辐射计数器在该岛降落。他们在岛民屋内测得的读数极为惊人，达到 1.4 伦琴 / 小时。截至军官测出读数时，朗格拉普环礁上的岛民们已经在辐射区待了两天一夜。据当时的规定，美国军人的安全辐射剂量上限是每次行动或每季度 3.9 伦琴。而村民们吸收的辐射量已经达到了这个上限的几倍。[48]

离开该岛之前，军官命令当地居民洗掉身上的放射性沉降物，并且待在室内。他们被禁止饮用井水或贮水箱中的水，但岛上并没有其他可饮用的水源。次日（3 月 3 日）上午 7 点 30 分，疏散工作启动了，批准并协助疏散工作的是一名联邦政府的代表，他还带了一名来自夸贾林环礁的口译员一同来到朗格拉普环礁。曾将"布拉沃城堡"核爆当成日出西方的治安法官约翰·安贾因担任负责人。他挑选出第一组等待撤离的民众，包括 15 名孕妇，还有一些病人和老人，并安排他们登上了运载官员和口译员前来的飞机。约上午 11 点，第一批撤离的民众抵达了夸贾林环礁，他们在这里冲澡，并接受放射性去污。

半小时后，捕鲸船载着其余 48 人登上了"菲利普号"军舰。根据后来的辐射安全报告所述，疏散工作进展如此迅速，正是因为"所有住宅区以外的当地人都回到家中，讨论反常的可见光、巨响和冲击波现象"。只有一拨渔民不见踪影。他们共有 17 人（克拉克森将军的报告说是 18 人），去了邻近的艾林吉纳埃环礁（Ailinginae Atoll）捕鱼。"菲利普号"军舰驶向艾林吉纳埃环礁，将渔民们接了回来。海军军官统计出了总人数："有 17 名成年男性、20 名成年女性、15 名男童和 14 名女童。他们在舰上洗了澡，吃了饭。"晚上 8 点 30 分，他们抵达了夸贾林环礁。对他们来说，一天的旅程结束了，但与辐射的斗争才刚刚开始。[49]

3 月 3 日，朗格拉普环礁上的居民撤离到安全地带之时，联合特遣部队的辐射监测员注意到，放射性污染同样威胁着乌蒂里克环礁（Utirik Atoll）上的居民。乌蒂里克环礁距离比基尼环礁约 480 公里，在朗格拉普环礁以东更远的地方。那里测得的辐射水平达到 160 毫伦琴／小时。据估测，如果当地人不撤离该岛，吸收的辐射将累计达到 58 伦琴——是当时规定的 3.9 伦琴辐射上限的 15 倍之多。3 月 4 日，"蓝萧号"驱逐舰上的船员开始疏散乌蒂里克环礁的居民。比起前一天朗格拉普环礁的疏散工作，此次任务更具挑战性。因为航道太浅，驱逐舰无法驶进潟湖；同时这里的礁石很多，小船也无法从环礁海岸那一侧靠近岛屿。

耗费了两小时后，共有 154 人（47 名成年男性、55 名成年女性、26 名男童和 26 名女童）登上了"蓝萧号"军舰。一开始，当地人乘坐充气筏登上了距海滩约 46 米的船只，然后由这些船将他们送上军舰。不到下午 1 点，即核爆发生 78 小时后，乌蒂里克环礁的居民脱离了险境。此时，他们体内的辐射读数从 50 毫伦琴／秒降至 7 毫伦琴／秒。体检显示，他们的头发和头皮受辐射影响最为严重。马绍尔人有在头发上涂椰子油的习惯，这后来被证明是吸收并保留放射性粒子的理想方法。在军舰上，受害者们吃了饭，洗了澡。次日一早，他们到达了夸贾林环礁，与从朗格拉普环礁撤离的居民会合。[50]

从乌蒂里克环礁撤离的民众没有出现辐射病症状，但从朗格拉普环礁撤离的民众则有十分明显的症状。超过四分之一的人（66 人中的 18 人）都表示有恶心、皮肤和眼睛发痒的症状，但这只是开始。在 2—4 周的时间里，他们在核爆发生时未被衣物覆盖的身体部位出现烧伤。克拉克森将军报告称有"暂时性全血细胞减少，多人有暂时性毛发脱落和皮肤损伤的情况"。据他所说，有2%—3%的人脱发，5%的人有内出血，10%的人出现口疮。"从血常规分析来看，对比广岛、长崎核爆发生时距核爆点2.4公里的日本人，朗格拉普环礁的居民呈现出与其高度一致的症状。"[51]

二者的不同之处在于，马绍尔人暴露在辐射中时，与核爆中心的距离超过了160公里。对于3月3日至4日才进入夸贾林环礁安全地带的辐射受害者来说，其所在地到比基尼环礁的距离和风向在很大程度上影响着他们的健康状况。据估计，从乌蒂里克环礁疏散的民众吸收了约17伦琴的辐射，相当于安全剂量上限的4倍。美军从艾林吉纳埃环礁接回的朗格拉普环礁渔民吸收了80伦琴的辐射，而爆炸发生时，那些被困在朗格拉普环礁的民众吸收的辐射高达130伦琴，是安全辐射剂量上限的33倍有余。[52]

3月5日晚，朗格拉普环礁和乌蒂里克环礁的民众疏散工作正式结束，其他岛屿和环礁被认为不会受放射性沉降物的影响，克拉克森将军和格雷夫斯都迫不及待地想要在已经风雨飘摇的"城堡行动"中力挽狂澜。"城堡行动"还剩下6次试验，下一次定于3月11日在比基尼群岛进行，预计爆炸当量介于300万—400万吨之间。

3月2日就有舰船回到了比基尼环礁的潟湖，但直至3月10日，空军人员才完成比基尼环礁飞机跑道的辐射污染清理工作。产生这些后勤问题的原因除了辐射水平较高以外，还因为"布拉沃城堡"造成了破坏性的影响。克拉克森手下约有1400人，他没有将他们派回比基尼环礁准备下一次引爆，因为安置他们的营房已经在核爆中被毁了。他将部下们安置在停泊于潟湖上的舰船中。3月11日，克拉克森和格雷夫斯进行了原定为第六次的试验。为防止核弹对环礁造成更大的破坏，他们将装有新核弹"闹钟"（Alarm Clock）的驳船置于"布拉沃城堡"炸出的大坑中。"闹钟"的试爆成功了，当量在 300 万—400 万吨之间，并且没有产生放射性沉降物。[53]

对于克拉克森将军和格雷夫斯博士来说，似乎一切都回到了正轨。试验项目可继续进行，并在 4 月底之前按计划完成全部试验。然而，颇具讽刺意味的是，3 月 11 日，克拉克森按计划成功执行了"城堡行动"系列第二次也是最具挑战性的试验，就在同一天，"布拉沃城堡"的政治余波也开始显现。美国原子能委员会发布了新闻稿，承认将受放射性沉降物影响的美国军人和马绍尔人撤出了环礁。委员会还承认有 28 名美国军人和 236 名当地居民暴露在辐射之中，但同时向公众保证他们没有受到任何伤害。"他们没有烧伤症状。所有人都很健康。"新闻稿声称，3 月 1 日的核爆只是一次"常规核试验"。[54]

这是一次采取止损措施的预演。几天前，一家辛辛那提市的报纸刊登了一封来信，作者是驻扎在夸贾林岛上的唐·惠特克（Don Whitaker）下士，他在信中描述了自己目睹的核爆场面。很快，同一家报纸刊登了惠特克的另一封信，描述了疏散民众到夸贾林岛的情形。接着，美联社也转载了相关报道。然而，这些信件严重违反了保密协议。正如克拉克森在他的报告中所指出的，"驻地指挥官曾告知夸贾林环礁上的所有人员，疏散工作是机密"。这些信件引发了公众的强烈抗议，国会也由此展开调查。[55]

美国原子能委员会介入到这场论战之中，试图向公众保证并没有发生异常情况。一些支持核试验的记者也在其中推波助澜，其中一位为美联社撰稿的记者更是大胆放言，表示所谓的放射性沉降物的危害完全是危言耸听。他复述了那些在内华达见证了核试验的记者们的报道，声称虽然"仪器显示他们受到了些许辐射，但辐射并未造成任何不良影响"。文章称在40多场核试验中无一人受伤，"唯一的例外是一名男子捡到了一些有放射性的石头，导致手指有轻微的烧伤"。他的文章被《纽约时报》转载，继而传遍世界各地。美联社掩饰的不仅是放射性沉降物对健康的影响，甚至还有核爆的性质。文章写道："我们讨论的这次试爆并不是氢弹试爆。"[56]

冷战正在如火如荼地进行。美国媒体不仅压制真相、使用误导性描述，甚至还公然撒谎。3月16日，其他国家的媒体曝光了真相，谎言才被戳破。两天前，即3月14日，一艘名为"第五福龙丸号"（*Daigo Fukuryu Maru*）的日本鲔鱼船回到了母港烧津港，船长25米，重140吨。烧津港位于日本最大岛屿本州岛的太平洋沿岸。23名船员已经离港一个多月，一直在马绍尔群岛附近的海域捕鱼。如果不是因为身体有些不适，他们会很高兴看到家乡的海岸。他们捕鱼的收获不大，但却有不少见闻可以讲。[57]

事实证明，"第五福龙丸号"从一开始就不太走运。年轻的船长筒井久吉只有22岁，虽然捕鱼的经验不足，但雄心却一点不少。渔船的捕鱼网因与礁石缠绕而损失大半，捕到的鱼少得可怜，筒井不愿就这么灰溜溜地回家，便率船脱离了捕鱼船队，带着几个人冒险前往马绍尔群岛。其他人都不愿意去马绍尔群岛，因为那里并不是个捕鱼的好地方，但筒井觉得试一下也无妨，反正结果也不会更差了。结果他还是没有太多收获，饮用水和干粮也快耗尽了。3月1日，"第五福龙丸号"已在海上度过了漫长的几周，船长决定最后再碰碰运气，将渔网丢入水中。船员们在等着将渔网拉出水面的时候，看到西面的天空突然之间宛如白昼。[58]

时年21岁的渔民大石又七在一本书中描述了自己的经历，书名十分生动，就叫《太阳从西方升起的那一天》（*The Day the Sun Rose in the West*）。大石在描述那天早晨和一同捕鱼的同伴见到的壮观景象时写道："光亮持续了三四分钟，或许更久。……光线颜色开始变化，淡黄、暖黄、橙色、红色和紫色，再慢慢变淡，最后平静的海面又重新变得漆黑一片。"不过，一阵隆隆声很快打破了宁静，接着又袭来一波巨浪，他们都以为海底发生了爆炸。一切再次重回平静，几个小时后，白色的尘埃突然出现，从天而降，覆盖了"第五福龙丸号"的甲板，渔民都一头雾水。后来，日本媒体将这些白尘称为"死之灰"。[59]

"第五福龙丸号"距爆心投影点超过112公里，距离美国海军巡逻的危险区域差不多有40公里。试爆前，美国军机巡逻该区域时没有侦察到这艘船。试爆后，飞机为监控辐射而采集空气样本时，同样没有发现该船。试爆时，这些渔民在比基尼环礁以东、朗格拉普岛以北约45公里处，朗格拉普环礁受到了放射性沉降物的影响，而"第五福龙丸号"所受影响的程度也差不了太多。两者的主要区别在于，3月2日，朗格拉普岛的马绍尔人接到了不得用水的警告，还必须待在室内，次日他们便从岛上撤离了；而"第五福龙丸号"上的渔民在回到日本前，对自己暴露在辐射中的状况一无所知。[60]

在母港烧津港，由于"第五福龙丸号"周围30米处检测出了辐射，船长便奉命将船开到码头的偏僻处。随后，辐射检查显示该船的 γ 射线水平达到45毫伦琴 / 小时。根据后来的报告，直到

1954 年 4 月中旬，甲板上的辐射水平仍达到 100 毫伦琴 / 小时。据估计，每位渔民至少吸收了 100 伦琴的辐射，相当于年辐射剂量上限的 20 倍有余。（如今，美国的辐射职业接触限值为 5 雷姆，相当于吸收 4.4 伦琴的辐射。）这一数值参考了朗格拉普环礁上那些居民的辐射症状，而且如果爆炸发生后立即测量"第五福龙丸号"上的辐射水平，其数字显然要远高于 45 毫伦琴 / 小时，可以推断出渔民所受的辐射恐怕要高得多。[61]

日本经历过广岛和长崎核爆，曾治疗过核爆幸存者的日本医生识别出了相似的症状。这些渔民出现了恶心、头痛、发烧、眼睛发痒、烧伤、肿胀等症状，他们的牙龈流血不止，白细胞和红细胞数量偏低且在不断减少。他们的甲状腺中放射性碘的含量居高不下，这说明他们曾吃过受到核污染的食物。他们的造血器官、肾脏和肝脏也同样受到了影响。"第五福龙丸号"和船员均被隔离。船员们在远离城市的一家医院里接受观察，并得到了包括输血在内的积极治疗。在这座港口小镇，随着消息进一步扩散，所有与这些渔民接触过的人都感觉到了危险。最先来找医生的是几名妓女——渔船刚一到港，她们就接待了这几位归乡的渔民。[62]

渔民在船上所吃的受到核污染的食物，就是他们捕到的一部分鱼。烧津人很快意识到，"第五福龙丸号"此次出海那点可怜的收获均已遭到核污染。于是，市民在当地市场买鱼时，都会先拿盖革计数器检测一番。然而，渔船捕回的两条大鲔鱼不仅被卖掉，而且已经成了盘中餐。接着，人们发现了更可怕的事。市场上受到核污染的鱼并非只有"第五福龙丸号"一个来源，还有其他从太平洋返回的船只。到 1954 年年底，有多达 75 吨的鲔鱼被销毁，不过未受污染的"洁净"鲔鱼并没有因此涨价，因为根本没人买鲔鱼了。这个在饮食上极其依赖鱼类和其他海鲜的国家一下子陷入了恐慌。几乎人人都认为辐射是能传染的，不论携带辐射的是人还是食物。[63]

这次美国政府要应对的是一个国际丑闻，它不仅对马绍尔群岛的试验项目产生了威胁，也影响了美国的国家形象。1953 年 12 月，也就是"布拉沃城堡"核试验的 3 个月前，美国总统德怀特·艾森豪威尔参加联合国大会，发表了《服务于和平的原子能》演讲，承诺美国将致力于核能的和平发展。再看看现在这档子事！和 1945 年一样，日本人再一次成了受害者。3 月 17 日，即日本媒体曝光"第五福龙丸号"事件的第二天，美国国会议员兼美国国会原子能联合委员会（US Congressional Joint Committee on Atomic Energy）主席威廉·斯特林·科尔（William Sterling Cole）宣布，国会将对"布拉沃城堡"展开调查。同时他还声称，"第五福龙丸号"曾进入禁区执行间谍任务。这则声明于事无补，既没有平息日本媒体的抗议，也未能阻止国际方面的审查。[64]

3 月 24 日，艾森豪威尔总统不得不亲自出面解决这一问题。他承诺将和刘易斯·斯特劳斯一起调查此事——斯特劳斯是美国原子能委员会的主席，也是氢弹项目的早期支持者。一周后，3 月 31 日，斯特劳斯在白宫召开的通报会上向媒体发表了讲话。此时他刚从太平洋试验场回来，并在试验场亲眼见证了"城堡行动"的一次试爆。在这次讲话中，他不再坚持委员会当月早些时候的说法，即此次试验只是常规试验。相反，他声明，他在太平洋之行中所见的是热核武器试验。谈到"布拉沃城堡"时，他承认当量"大约是预估值的两倍"，但他拒绝承认媒体所暗示的试验失控。"核爆威力巨大，但试验并未失控。"斯特劳斯称。

斯特劳斯承认有放射性沉降物存在，也承认试验策划者有一定过失。他表示"实际风向与预报风向相比有所偏离"，风向向南偏转，将沉降物吹至朗格拉普、朗格里克和乌蒂里克这几处环礁。他"欣喜"地表示，从朗格拉普环礁撤离的美军没有受到烧伤，而236名当地居民"在我看来都健康快乐"。当地居民中只有两名病人，都是老人，一男一女，一位患有糖尿病，另一位患有关节炎。有人认为将放射性沉降物吹至有人居住的岛屿是核试验计划的一部分，斯特劳斯对此回应称："对于投身于这项爱国事业的人来说，这个说法荒谬至极、不负责任、极其不公。"

至于"第五福龙丸号"，斯特劳斯说，在危险区域内并未发现这艘"日本拖网渔船"，但"渔船肯定进入了危险区域"。他竭尽所能打消人们对渔民健康的担忧。斯特劳斯称，渔民身上出现的皮肤损伤是由于珊瑚灰烬造成的化学作用，而非辐射的影响。对于受核污染的鱼，他采取了同样的说法——只有拖网渔船露天货舱中的鱼受到了影响。斯特劳斯承诺，美国将赔偿日本蒙受的经济损失，具体金额将在与美国驻日大使馆协商后确定。斯特劳斯援引美国食品和药物管理局的一份声明后表示，美国从太平洋捕获的鱼是绝对安全的。[65]

斯特劳斯竭尽全力安抚日本民众和美国公众的情绪。他向日本人承诺不会有放射性的海浪冲上日本的海滩，并向美国人保证，美国领土上不会有热核试验产生的放射性沉降物。然而，这场新闻发布会不仅没能安抚美国人，反而让他们惊骇不已。答记者问时，斯特劳斯表示，一枚氢弹可以夷平一整座城市。又有记者问纽约是否也能被氢弹毁灭，斯特劳斯给予了肯定的回答，还补充说他的意思就是"大都会地区"。这番即兴发言成了震撼新闻界的一枚重磅炸弹。《纽约时报》头条写道："斯特劳斯在核试验后报告称，氢弹可夷平任何城市。"至少在美国，公众的注意力从"布拉沃城堡"的放射性沉降物转向了氢弹的毁灭性力量。"城堡行动"得以按计划继续推进。[66]

然而，美国原子能委员会主席声称，"第五福龙丸号"是因为进入危险区域才受到放射性沉降物的影响，同时国会议员科尔断言该船在从事监视美国的间谍活动。这些说法遭到了日本政府的抗议。1954 年 4 月 12 日，日本驻美大使馆发布声明，驳斥斯特劳斯关于"第五福龙丸号"进入危险区域的说法。日本医生和美国医生展开了激烈的争论：关于谁来诊治受害者以及治疗的最佳方案，双方各执一词。加上美国拒绝透露放射性沉降物的同位素构成，以免其他国家从中推断出氢弹的基础设计，这都使得"布拉沃城堡"事件在接下来的几年中始终是热门议题。[67]

1952 年秋，在为"常春藤麦克"氢弹试验拍摄的纪录影片中，一开场，克拉克森将军就将这一行动称作"丰功伟绩"，在有关"城堡行动"的纪录影片中，他提到"既有成功也有过失"，并强调了行动中发生的"思维转变"。他不满于"日本对于（第五福龙丸号）事件的广泛报道，其中大部分都是断章取义、错误百出，给美国政府带来了诸多麻烦"。[68]

"布拉沃城堡"试验直接影响了整个行动的进一步执行。克拉克森在报告中写道："事实证明，大当量地表核试爆可以在超过

120 英里的距离内造成极其严重的放射性污染，在大约 250 英里的距离内造成严重的污染。"危险区域的范围也由此大大扩展，半径达到了 260 公里。同时，"危险区域"这一术语的意义也有所变化。如果说一开始该术语与"安保区域"（安保力量控制的区域）类似，那么如今则变成了与"安全区域"完全相对的概念。另外，核试验策划者还对气象及风力风向预报的流程作了重大修改。"新标准的严格性，"克拉克森写道，"对于'城堡行动'所有后续试验有深远的影响，其重要性再怎么强调也不为过。"从扩展危险区域到制定气象预报的新标准，克拉克森报告中的这一系列措施能够避免更进一步的意外放射性沉降物，及其对人类、生态及公众造成的多重灾难。[69]

格雷夫斯自己也需要吸取教训。"布拉沃城堡"释放的爆炸力展现了固体氘核弹爆炸的致命威力。"常春藤麦克"中使用的液态氘已经被停用了，"城堡行动"中原本计划的液态氘核弹试验也被取消。但"布拉沃城堡"的当量还说明了一个问题：洛斯阿拉莫斯国家实验室在预测固体氘核弹当量方面存在很大误差。3 月 27 日，"罗密欧城堡"（Castle Romeo）进行了试爆，美国原子能委员会主席刘易斯·斯特劳斯也在场。试爆当量达到了 1100 万吨，几乎是洛斯阿拉莫斯国家实验室核弹设计者最初预测的 3 倍。核弹引爆之前，他们将预测当量由 400 万吨提高到 800 万吨，但仍低于实际当量。5 月 5 日，"扬基 2 号"核弹的当量达到了 1350 万吨，远高于最初预测的 800 万吨以及调整后的 950 万吨。[70]

洛斯阿拉莫斯国家实验室的科学家们不得不从头来过。他们很快就发现了最初计算模型中的问题。原来，他们未能准确理解锂 -7

的反应性质，而锂-7这种锂的同位素占核弹用锂总量的60%。科学家们认为锂-7将保持惰性，不参与氚氘聚变反应。事实却不是这样。在聚变反应产生的高能中子的轰击下，锂衰变为氚和氦。氚量显著增加，促进了裂变反应的发生，而裂变反应正是核弹当量的主要影响因素。只要理解了锂-7的反应性质，氢弹当量预测将变得更加准确可靠。眼前的问题便可迎刃而解。[71]

"布拉沃城堡"产生的放射性沉降物就跟它的巨大爆炸力一样，是未来重振旗鼓的覆车之鉴。这场试验既有好消息，也有坏消息。克拉克森将军在报告中写道，事实证明，在朗格拉普环礁为气象站建造的轻型建筑，可以大幅减少驻扎美军受到的辐射。坏消息则是，据测算，美军气象员受到的伽马辐射量高达78伦琴，几乎是美军安全辐射剂量上限3.9伦琴的20倍。对此，克拉克森辩解称："这些辐射标准是为常规实验室或工业用途制定的，在核试验中严格遵守这些标准是不切实际的。"他请求指挥官特事特办，并得到了授权，可以突破"不切实际"的上限，从而完成行动任务。[72]

这是医生和军队高层第一次有条件接触大批的辐射受害者。在此之前，辐射医学专家不得不依赖于对广岛和长崎辐射受害者观察的结果。如今，他们可以研究距离辐射中心几百公里但仍受到辐射的人。克拉克森将军创建了一个新的科研计划"项目4.1"，研究主题为"高当量武器放射性沉降物导致人体受β与γ射线辐射的反应研究"。该项目的主要目的并非治疗受到高剂量辐射的马绍尔人，而是了解辐射暴露的影响。[73]

项目组由来自华盛顿美国海军医学研究所的医生牵头组建。1954年3月8日，即核试验后一周，项目组在夸贾林岛上的美国海军基地展开研究工作。"他们高频次、周期性地进行血细胞计数和尿液分析，同时还有许多其他观察。"克拉克森报告说。受辐射岛民的血液检测样本形成实验组，而在朗格拉普环礁约 643 公里以外生活的 115 名岛民的血液样本则形成对照组进行比较。他们还使用了一种帮助检测同位素的化学试剂。美国能源部的专家总结道："这些研究在治疗方面几乎没什么价值，因此它们的主要目标似乎是基于科研目的来评估辐射暴露对人体的影响。"[74]

医生观察了从朗格里克环礁回来的美国军人，记录了过度暴露于辐射中会引起的明显症状，包括皮肤损伤、脱发、白细胞计数偏低，以及由 β 射线烧伤引起的皮肤刺激。医生建议将患者们送往位于华盛顿的沃尔特·里德国家军事医学中心（Walter Reed Army Medical Center）接受进一步的治疗。然而，患者们最终被送到了檀香山，因为海军不希望他们在"城堡行动"完成之前离开太平洋战区。行动已见诸报端，保密自然是重中之重。1954 年 5 月，随着"城堡行动"结束，该项目的研究工作也告一段落。"到了 5 月初，"克拉克森报告称，"很明显，所有暴露在辐射中的当地人和美军都会完全康复，不会留有任何严重后果。"[75]

到 1954 年 6 月，美国原子能委员会的刘易斯·斯特劳斯也急切想摆脱"布拉沃城堡"的余波。委员会的多名官员和美国海军司令部一起，开始准备将岛民们送回家。他们在朗格拉普环礁和乌蒂里克环礁进行了放射性检测，发现乌蒂里克环礁的条件不错，可以让岛民们返回这里。同月，这些被转移到夸贾林岛的岛民们便被送回了乌蒂里克环礁。后来，人们才发现，他们返回乌蒂里克环礁后受辐射影响的程度可能反而增加了。如果说最初他们受到的辐射只是朗格拉普环礁上那些岛民的十分之一，那么在他们回到乌蒂里克环礁后，据估计，这一比例提高到了三分之一。[76]

朗格拉普环礁所受核污染的程度要比乌蒂里克环礁更严重。"布拉沃城堡"试验后约一周，在朗格拉普环礁进行的放射性检测显示，土壤中的辐射值高达 2.2 伦琴 / 小时，水中辐射值达到 400 毫伦琴 / 小时。因此，要让当地人立即返回朗格拉普环礁几乎是不可能的，必须另找地方安置他们。1954 年 4 月初，那些来自朗格拉普环礁的患者的身体开始好转：他们的血细胞计数开始上升。到 6 月，医生认为他们已经完全恢复健康，可以离开夸贾林岛了。然而，这些居民并没有返回朗格拉普环礁，而是被送到了马朱罗环礁——克拉克森将军和联合特遣部队出资为他们在那里建了一座村庄。虽然"项目 4.1"的医生们建议岛民们在至少 12 年内都不得暴露于强辐射之中，但美国还是计划于 1955 年 5 月将他们送回朗格拉普环礁。1957 年 6 月，岛民们被送回朗格拉普环礁，而这一地区的核试验一直持续到 1958 年。[77]

马绍尔人不愿仅仅作为放射性沉降物的受害者，一些人决定反击。1954 年 5 月 6 日，"城堡行动"仍在进行之时，一批岛民便向联合国托管事会（UN Trusteeship Council）提交了一封请愿书，称核试验违反了美国的托管义务。他们担心核试验的危险性会使"被迫离开家园的人越来越多"，要求停止核试验。作为美国在核军备竞赛中的主要竞争对手，苏联支持了马绍尔人的请求，从而使得请愿书没有被淹没在联合国的繁文缛节之中。1954 年夏天，联合国就马绍尔人的请愿召开了听证会，美国政府颜面尽失。美国代表依旧坚称岛民们已经完全康复了，没有什么值得担心的。[78]

联合国内外的许多人对这一说法嗤之以鼻。去殖民化浪潮席卷亚洲和非洲，"布拉沃城堡"事件成为帝国主义和殖民主义的象征。1955年2月，亚洲法律工作者会议在加尔各答召开，日本代表发表了一份报告，提及了广岛、长崎和比基尼环礁。苏联《真理报》（Pravda）评论这份报告时指出，美国是在其领土之外进行核试验，除非从此禁止一切与原子弹和氢弹相关的试验，否则对受害者的任何补偿都是空谈。那时，苏联还没有制造出能与"布拉沃城堡"的威力相匹敌的氢弹。[79]

1955年4月，在印度尼西亚万隆（Bandung），印度总理贾瓦哈拉尔·尼赫鲁（Jawaharlal Nehru）和印度尼西亚总统苏加诺（Sukarno）在亚非会议（这次会议为后来的"不结盟运动"奠定了基础）上呼吁美国和苏联停止核试验。大约在同一时间，一场席卷西欧和美国的反核运动也颇具声势。这场运动萌芽于1954年11月和1955年2月发表在《原子科学家公报》（Bulletin of the Atomic Scientists）上的两篇文章，作者是曾参与曼哈顿计划的美国物理学家拉尔夫·拉普（Ralph Lapp）。他表示，根据"布拉沃城堡"放射性沉降物的情况，氢弹产生的放射性沉降物不是地域性的，而是全球性的。在太平洋而非内华达州进行核试验并不能确保美国人的安全。拉普的结论得到了一份报告的证实，报告的发布者不是别人，正是美国原子能委员会。[80]

1955年7月，一批知名的公众人物共同签署了一封公开信，对核战争的自杀性质发出疾呼。这些公众人物包括核弹早期支持者阿尔伯特·爱因斯坦和英国数学家、哲学家伯特兰·罗素（Bertrand

Russell）。"布拉沃城堡"核试验在这封后来被称作"罗素－爱因斯坦宣言"的信中被放在了显著位置。"特别是在比基尼试验之后，我们现在知道，核弹的破坏范围将逐渐扩大，远超人们的预想。"信中写道，"根据非常权威可信的说法，现在可制造的核弹威力相当于广岛原子弹的 2500 倍。这种炸弹一旦在地表或水下爆炸，会将放射性粒子释放到高空，这些粒子逐渐下沉，以致命的灰尘或雨水的形式到达地球表面。正是这些灰尘使日本渔民和他们捕到的鱼受到了辐射。"[81]

1957 年，也就是朗格拉普环礁的居民们重返家园的那年，"城堡行动"的科学主管阿尔文·格雷夫斯出现在美国国会原子能联合委员会的面前，就放射性沉降物的危险性做证。当被问及辐射诱发的癌症时，他回答说："辐射的危险性并不是说会直接导致癌症，而是说你会有更高的患癌概率。或许增加的概率也不是特别夸张，但终究是有所增加。"格雷夫斯并没有死于癌症，但在 8 年后，曾无数次暴露于辐射中的他终究难逃厄运。1965 年 7 月，格雷夫斯去世，享年 55 岁。后来，一份医学报告写道，他的"扁桃体萎缩到了难以辨认的程度"。[82]

1954 年 9 月 23 日，第一个直接归因于"布拉沃城堡"放射性沉降物的死亡案例出现。死者是"第五福龙丸号"的无线电操作员久保山爱吉，年仅 40 岁。他的直接死因是肝硬化，但日本和美国的医生对他的根本死因存在争议。日本医生声称，肝硬化可能是由他体内的辐射导致的。而美国医生则认为，久保山爱吉和其他很多受到核辐射的渔民一样，是因为日本医生多余且有害的输血而感染了肝炎。肝炎对住院的渔民们来说确实是一个威胁，不过，除了久保山爱吉外，其他人都在这场磨难中幸存了下来。接受治疗后，他们回归了普通人的生活。由于日本社会对辐射心存恐惧，加上20世纪50年代和60年代对辐射的污名化，有关这些受害者健康状况和寿命的数据很少。[83]

比尔·克林顿（Bill Clinton）于1994年创立的美国人体辐射实验咨询委员会（Advisory Committee on Human Radiation Experiments，简称ACHRE）曾得出这样的结论：有关马绍尔人受辐射影响的研究首先有益于这些马绍尔人。然而，越来越多的证据表明事实并非如此。就像马绍尔人所说的那样，在这场旨在评估核战争中辐射所产生的影响的人体辐射实验中，他们只是被用以研究的"小白鼠"。朗格拉普岛民返回环礁后，美国还在继续收集有关低剂量辐射影响人体的数据。美国政府把这些数据雪藏了几十年，这不仅是为了提防苏联，也是为了避免马绍尔人为保护自身权益而起诉美国。[84]

研究朗格拉普岛民的科学家有许多秘密发现，其中之一就是，事故发生后很长一段时间内，岛民们因食用受核污染的食物而持续受到辐射。另一个秘密发现和儿童有关：几乎每个曾暴露于"布拉沃城堡"放射性沉降物中的10岁以下儿童，最终都会出现甲状腺问题，从甲状腺功能减退一直到最严重的甲状腺肿瘤。这些当地人中，77%的人患有甲状腺肿瘤，而在未遭受辐射的人群中，这一比例仅为2.6%。这些甲状腺问题减缓了儿童的生长发育，核爆发生时尚在母亲子宫中的胎儿也受到了影响。核弹试爆后不久，共有三名新生儿出生，其中两名有明显异常：一名患有小头症，另一名则患有甲状腺肿瘤。[85]

勒科·安贾因（Lekoj Anjain）是朗格拉普治安法官约翰·安贾因的儿子。遭遇放射性沉降物时，他只有 1 岁。12 岁时，他被诊断出患有甲状腺肿瘤。相关手术很成功，但几年后，他又患上了急性白血病，在美国接受治疗时去世，年仅 19 岁。一项研究显示，马绍尔岛民中，有 21% 的甲状腺癌病例可能与核试验有关。而在朗格拉普环礁和乌蒂里克环礁，这一比例要高得多，分别为 93% 和 71%。对于受"布拉沃城堡"放射性沉降物影响的大部分人来说，辐射并未直接导致癌症，但这些沉降物明显增加了他们患癌的概率，降低了存活的概率。[86]

包括朗格拉普治安法官约翰·安贾因在内的许多岛民都认为，当时的放射性沉降物是美军有意为之，他们成了美国原子能委员会实验室中的"小白鼠"。数十年来，美国政府一直试图通过贿赂来摆脱尴尬局面。此前，联合国将一部分领土委托美国照管，为这些岛屿独立做准备，然而美国照管岛民的方式就是让他们遭受核辐射。核试验摧毁了当地人的生计，令他们赖以生存的海鲜、水果和蔬菜再也无法食用。

数十年来，美国都在为幸存者提供资金，帮助解决使他们饱受困扰的医疗、社会与经济问题。1956 年，埃尼威托克环礁和比基尼环礁上无家可归的岛民共获得了 2.5 万美元，并且每人每年还能从信托基金中再得到 15 美元。10 年后，美国国会出资向朗格拉普民众支付 95 万美元，相当于每人 1.1 万美元。1976 年，美国拨款 2000 万美元用于清理埃尼威托克环礁上的放射性废弃物，第二年又拨款 100 万美元给朗格拉普环礁和乌蒂里克环礁的社区，遭受辐射的受害者每人可以获得 1000 美元，甲状腺癌患者可获得 2.5 万美元。1979 年，美国又为重返比基尼环礁的居民设立了 600 万美元的信托基金。[87]

1979 年，马绍尔群岛终于实现了自治。3 年后，马绍尔群岛成为独立主权国，并与美国结为自由联盟。① 根据《自由联系协定》（Compact of Free Association），马绍尔群岛须向美国提供其所需的领土和海域，作为交换，美国负责群岛的防卫，并在紧急情况下提供援助。美国国会批准了《自由联系协定》，但同时对马绍尔人的合法索赔加以限制（当时的索赔已达到数十亿美元），取而代之的是 1.5 亿美元的信托基金，用以赔偿核试验的受害者。1988 年，美国设立了核赔偿法庭，用以处理索赔问题。然而，进入千禧年后不到 10 年，信托资金就已山穷水尽。[88]

如今，在核试验危害人类生命和环境的案例中，"布拉沃城堡"仍然是知名度最高的一个。比基尼环礁的核爆炸惊醒了全世界，氢弹时代已然到来。有关氢弹的媒体报道促成了公众的反核运动，推动国际社会制定了禁止在大气层中进行核试验的公约。"布拉沃城堡"试验之后，到 1962 年，公众已普遍认为，核战争终将让人类灭亡，这一思潮也促使肯尼迪和赫鲁晓夫在核战边缘停下了脚步，避免古巴导弹危机引发新的世界大战。一年后，这两位国家领导人签署条约，禁止在大气层、外层空间和水下进行核试验。将核试验限制在地下进行，意味着将不再产生放射性沉降物。如果"布拉沃

①　此处疑有误，马绍尔群岛于 1983 年 6 月与美国签署《自由联系协定》，获得内政、外交自主权。该协定于 1986 年 10 月才正式生效。

城堡"对人类和环境的深远影响仍不为人所知，氢弹在引起国际社会关注之前悄然登上国际舞台，那么很难想象今天的世界将会是什么样。

第二章　北极奇光：克什特姆

对于"布拉沃城堡"试验及其产生的放射性沉降物，没有一位苏联高层领导人发表相关声明。他们既没有威胁要制造或试爆当量更大的核弹，也没有试图就比基尼环礁一事羞辱美国。他们正处于一个十分微妙的境地——不到一年前，苏联就已经抢先宣布拥有氢弹，如今不得不小心行事。

1953 年 8 月 8 日，5 个月前接替斯大林担任苏联部长会议主席的格奥尔基·马林科夫（Georgii Malenkov）在苏联最高苏维埃发表声明，宣称"美国已经不再垄断氢弹的生产了"。这则消息传遍了全世界，一时间有人欢喜有人忧。马林科夫急于建立自己作为新任苏联最高领导人的权威，只能铤而走险——他所称的"氢弹"还未经过试验。4 天后，即 8 月 12 日，这枚氢弹试爆成功，但其中有些缺憾——爆炸当量仅有 40 万吨，虽然对原子弹来说这个威力不算小，但对氢弹来说，尤其是对比 1952 年 11 月"常春藤麦克"试验的 1040 万吨当量，差了不是一点半点。[1]

在洛斯阿拉莫斯国家实验室，科学家们很快发现，这枚核弹并非他们所理解的氢弹：只有 20% 的爆炸威力来自核聚变，其余则来自核裂变反应。美国原子能委员会主席刘易斯·斯特劳斯适时对此做出了声明。同一天，苏联主流媒体《真理报》报道称，苏联试验的氢弹是多种氢弹中的一枚。与此同时，苏联领导人则保持沉默。前方的路，任重而道远。[2]

1945 年秋，广岛和长崎原子弹爆炸后，苏联的核弹计划才真正拉开帷幕。依靠苏联间谍在曼哈顿计划中窃取的情报，苏联研制出了第一枚原子弹。此前，斯大林决定将苏联的核项目全权托付给苏联国家安全总委员、他的格鲁吉亚同乡拉夫连季·贝利亚（Lavrentii Beria），这为美国机密流入苏联科学界提供了很大便利。如果说曼哈顿计划一直由美国军方管控，那么苏联的核武器研制则掌握在秘密警察的手中——他们可以直接向斯大林汇报。情报机关的官员将窃取来的蓝图和数据转交给了苏联核项目的科学主管——时年 42 岁的伊戈尔·库尔恰托夫（Igor Kurchatov）。[3]

二战以前，库尔恰托夫就开始研究核物理了，但直至 1945 年秋，他和同事们都没有得到政府的重视，也没有获得资金支持，但二战结束后情况就完全不一样了。对库尔恰托夫来说，当务之急就是弄清楚这些支离破碎的情报信息都是什么意思，怎么使用以及是否要使用这些信息。有人认为美国人故意向苏联泄露了错误信息。支持库尔恰托夫和整个苏联核项目的历史学家则称来自美国的情报没有起到太大作用，只是帮助库尔恰托夫确认没有走错方向、避免产生错误。但即使这些情报确实只起到了"借鉴"的作用，那也十分重要，在时间紧迫、资金告急的情况下为苏联节省了大量时间和金钱。[4]

库尔恰托夫的首要任务是建造能够将天然铀转化为钚的核反应堆。这项工作由尼古拉·多列扎利（Nikolai Dollezhal）负责，他是一名46岁的工业锅炉设计师，通过阅读1945年出版的美国刊物了解到核反应堆的概念——这本关于核弹项目的刊物一经出版就迅速被译为俄语。库尔恰托夫既有曼哈顿计划的公开资料，又有间谍提供的核弹情报，还有此前在莫斯科建造并运行小型实验反应堆的经验。他建议多列扎利将石墨水冷反应堆作为实验模型，这种反应堆于1944年9月在华盛顿州汉福德场区首次运行。多列扎利采纳了这个想法，但改变了汉福德反应堆的设计，将水平向的燃料通道和控制棒改为垂直向。这一变动对苏联核项目的未来和后来的核工业影响深远，成为导致1986年切尔诺贝利核灾难的一个重要因素。[5]

在苏联时代的地图上，你根本找不到苏联人建造第一座核反应堆和钚化工厂的地方。作为绝密设施，人们最初只知道它的编号"817"。后来，这里被称作马亚克（Maiak）综合厂，而围绕这座工厂所建立的城镇被称作车里雅宾斯克-40（Cheliabinsk-40），后更名为车里雅宾斯克-65，最终被命名为奥焦尔斯克（Ozersk）。综合厂和城市均是从零开始建造的，坐落在乌拉尔山脉，距离车里雅宾斯克州首府约100公里。在苏联时代的大部分时期，这个绝密城镇都一直用着车里雅宾斯克这个名字。在破土动工之前，距离这里最近的居民区是克什特姆（Kyshtym），人口不足3万——早在18世纪，克什特姆就是俄国冶金工业的发源地之一。克什特姆在俄罗斯帝国的地图上始终占据一席之地，在苏联地图上也从未消失过。1957年发生的那次核事故也正是以"克什特姆"这个名字为世界所知。不过，为求简洁，在本书中我会使用它们的现用名，将这座苏联综合厂称作马亚克综合厂，将环绕这座工厂所建的小镇称为奥焦尔斯克。[6]

1945 年秋，克什特姆附近的综合厂开始动工，施工者主要是贝利亚调配来的，其中有不少人是二战期间被关押在伏尔加的德国人。1946 年，由多列扎利设计的核反应堆建成了，该反应堆名为 A-1，绰号叫"安努什卡"（Annushka）——"安娜"在俄语中的昵称。事实证明，安努什卡是个"娇滴滴的姑娘"，她的"血管"——燃料通道经常堵塞。莫斯科下达的命令是每月要从安努什卡反应堆中提取 2.5 公斤钚，但实际上完成这项任务并不容易，因为"冷却剂缺乏"事故时有发生，原因在于铝管因质量不佳而漏水，造成燃料过热，保护层爆裂，导致铝管进一步阻塞。苏联科学家将这些意外事故称为"山羊"。而要将"山羊""赶出"管道就需要关闭反应堆，并钻穿整条堵塞的管道。这不仅要花费不少时间，还会引起辐射泄漏，耽搁制造核弹的计划。[7]

1948 年 6 月，安努什卡反应堆进入临界状态后，很快就发生了第一起"山羊"事件——燃料通道堵塞了。一个月后又发生了一起类似的意外。后来，直至 1948 年 11 月，反应堆奇迹般地没有再发生意外，这期间辐照的铀足以制成一枚钚弹。然而，就在工人们开始从反应堆中卸出辐照燃料的时候，新的意外发生了。原先为反应堆设计的卸载设备发生了故障，不得不被切碎并拆除。由于没有时间订购新的设备，工程师和工人被指派到一个有强辐射的房间里徒手取出燃料容器。安全法规允许的年辐射剂量上限为每人 25 伦琴，这比美国规定的剂量上限的还要多 6 倍（克拉克森将军曾因觉得美国的规定太过严格而不满），但工人在一两天内就达到了这个剂量。为了让他们继续工作且不违反安全规定，管理人员命令他们在进入辐射区域之前取下辐射计数器。工人们照做了。[8]

整个操作过程由马亚克综合厂的总工程师——时年 55 岁的叶菲姆·斯拉夫斯基（Yefim Slavsky）监督。斯拉夫斯基来自乌克兰，身材高大，曾当过骑兵军官。他以身作则，跟其他人一样走进了有强辐射的房间。当辐射安全官阻止他再次进入房间时，斯拉夫斯基把他推到了一边，并说："我禁止你进去，但我自己要再进去一次。"斯拉夫斯基的行为激励了其他人。一众工程师和工人在极大的压力下工作，承担着巨大的风险，而安努什卡的燃料卸载问题只是他们面临的诸多危险情形之一。1949 年 1 月，斯拉夫斯基的上司、苏联核项目的发起人伊戈尔·库尔恰托夫来到了马亚克综合厂，亲自检查从安努什卡反应堆中卸出的辐照燃料容器，并确保它们没有损坏。在此期间，他受到了很高剂量的辐射。如今，他所用的辐射计数器仍保存在马亚克综合厂的博物馆内，上面显示的辐射剂量读数是 42 伦琴。[9]

马亚克综合厂运行的第一年中，66% 的工作人员受到了约 100伦琴的辐射，7% 的人受到了更高剂量的辐射。库尔恰托夫和斯拉夫斯基不惜赌上自己的性命，有一部分原因是他们不想赔上自己的自由。贝利亚要求尽快造出钚弹，他们每个人都要对结果负责。斯拉夫斯基回忆道："我们都在恐惧中疲于奔命。"不过，他们也相信这是自己作为爱国者的使命，而且从某种意义上说，作为共产主义者，他们正在与美帝国主义进行一场生死角逐，美国已经拥有了终极武器，而且随时有可能将其投入战场。在他们看来，这就是一场战争。库尔恰托夫告诉年轻的同事，他们都是士兵。回忆起亲自检查辐照燃料容器并受到大剂量辐射的那些日子时，库尔恰托夫说道："那是一部可怕的史诗！"1949 年 8 月 29 日，苏联引爆了第一枚原子弹，举世震惊，他们的企盼终于有了回响。这枚原子弹诞生于广岛和长崎核爆的 4 年后，比曼哈顿计划多位领导者预测的时间早了 15 年。[10]

现在，贝利亚、库尔恰托夫和斯拉夫斯基面临着一项新的任务：氢弹。这个项目由年轻的苏联物理学家安德烈·萨哈罗夫（Andrei Sakharov）领导。他在 1948 年参与了苏联的热核反应研究。萨哈罗夫怀疑，苏联利用从美国窃取的情报实现了技术跨越。但苏联领导人在研制出原子弹之前，并未将热核反应作为优先事项，也错过了一些间谍提供的有关氢弹的重要线索。因此，在探索氢弹原理的过程中，斯拉夫斯基很大程度上只能自己摸索。首先，他提出了一种"多层蛋糕"（layer-cake）式的铀氘弹，这就是马林科夫所说的"氢弹"，于 1953 年 8 月试爆成功。不过，萨哈罗夫的头脑要更清楚一些——他和同事们一直在研究"货真价实"的氢弹，也取得了成功。1955 年 11 月 22 日，氢弹试验在哈萨克斯坦大草原上进行。核爆当量很可观，达到了 160 万吨。当月，苏联新任领导人赫鲁晓夫在印度发表了讲话，宣布苏联成功引爆了一枚"威力空前"的核武器。毕竟，苏联人不能两次宣布苏联研制出了首枚氢弹。[11]

对于年仅 34 岁的萨哈罗夫来说，这却是他最后一次在核武器领域取得重大成就。他对苏联的核武器项目和整个政权越来越失望，并在 20 世纪 60 年代成为"持不同政见者运动"的领袖之一。虽然萨哈罗夫颇为同情美国鹰派人物、"氢弹之父"爱德华·泰勒，但他在生活和事业方面都更接近罗伯特·奥本海默——奥本海默曾因反对氢弹而受到惩罚，还被怀疑向苏联泄露核机密。1980 年，萨哈罗夫因示威抗议而遭流放。1986 年，他被米哈伊尔·戈尔巴乔夫（Mikhail Gorbachev）释放，并加入戈尔巴乔夫的改革运动中。1989 年 12 月，萨哈罗夫在自己的政治生涯和名望正值顶峰之际去世。[12]

萨哈罗夫在回忆录中讲述了第一枚"真正的"氢弹的试爆试验。他说自己看到核爆产生"黄白色球体"时激动万分，同时也提到了核爆在苏联建立的安全区域内外所造成的破坏。很多人在核爆中受伤，还有人死于核爆，包括一名年轻士兵和一名女孩。不过，萨哈罗夫没有提及任何有关核辐射的内容：要么是因为当时没有测量辐射值，要么是因为他也不了解这方面的情况。鉴于冲击波造成了人员伤亡、建筑损坏（包括一所安全区域外的医院），可以断定核辐射所造成的影响一定也很严重。[13]

随着苏联扩充核武器的野心不断膨胀，马亚克综合厂的规模也与日俱增。在马亚克综合厂建造的 6 座反应堆中，安努什卡是第一座。1950—1955 年，另外 5 座反应堆陆续投入使用，其中 3 座在 1951 年进入临界状态。

交付的压力依然存在，不过，简单粗暴的产钚方式已缓缓退出历史舞台，管理层不再为制造核弹所需的燃料而置自身和工作人员的安危于不顾。最初几年那种大规模暴露在超剂量辐射中的情况也有所改善。虽然事故仍时有发生，但频率已有所减缓。比如，1953 年 3 月，厂内员工受到自持式核链式反应的放射性污染。1955 年

10 月，一场爆炸损毁了厂内的一座建筑。1957 年 4 月，在工厂一座设施内作业的 6 名员工受到高剂量辐射，每人受到了 300—1000 雷姆的辐射。一名女性在吸收了 3000 雷姆的辐射后死亡。这几次事故无一例外，全部归咎于员工违反了安全指令。有时，甚至连官员们也很难指出员工到底违反了哪些指令。[14]

20 世纪 50 年代初，事故和放射性污染的主要来源不再是马亚克综合厂的反应堆，而是放射性化学综合分厂。要将钚 –239 用于制造原子弹，必须将它从反应堆产生的其他多种同位素和物质中分离出来——这就是化学综合分厂的任务。生产钚 –239 需要大量的化学物质和水，这些物质在生产过程中受到放射性污染后，须经过处理再排出。放射性废物的处理成了一大难题，然而，那些不计一切代价想要生产钚、制造核弹的人故意淡化了这个问题的重要性。最便捷的解决办法是将放射性废物排入附近的湖泊和河流。

马亚克综合厂和附近的小镇都建在远离大城市的地方。不过，克什特姆附近虽然人口稀疏，但绝非无人居住。一些俄罗斯人、鞑靼人和巴什基尔人的村庄散布在湖畔和河流两岸。后来，因为这个地区湖泊众多，苏联政府就将车里雅宾斯克 –40 更名为奥焦尔斯克，意思就是"湖上小镇"。其实，最初在此建造核工厂的原因之一就是这里邻近水源，取水便利，冷却系统和化工过程都要用到大量的水。该地区最大的湖泊——克孜尔塔什湖（Kyzyltash Lake）被用作冷却水的蓄水池。从湖中抽出的水被注入一个开式循环系统，用以冷却反应堆，之后产生的废水虽已被高度污染，但仍被重新排入湖中。卡拉恰伊湖（Karachai Lake）的面积稍小，命运则更加悲惨，它被用作容纳放射性废物的垃圾场。据估计，总共约有 1 亿居里的放射性废物被倾倒进这些湖泊之中。

1948 年 12 月，由于没有储存容器，工厂管理层决定将放射性化学物质排入附近的捷恰河（Techa River）中，这条河很快成了一条放射性污水沟。马亚克综合厂最开始排放的还是中低水平的放射性废液，但在 1950 年和 1951 年发生一系列技术事故之后，高放射性废物也被排入了捷恰河。1949—1951 年，共计有 270 万—320 万居里的放射性废物被排入捷恰河，而成千上万的人还要依靠捷恰河维持生计。在梅特利诺（Metlino）村，1200 名村民一直饮用辐射水平高达 3.5—5 拉德 / 小时的河水，并用这些水来洗澡、洗衣，直到 1951 年村民们离开了这里。1956 年之前，工厂一直在排放核废料，2.4 万人直接受到了辐射影响。在 1953 年接受检查的 587 名成年人中，有 200 人出现了放射性元素中毒的症状。有些女性的骨骼中沉积有锶 –90，这导致她们的孩子在胎儿时期就受到了辐射。[15]

1953 年，克什特姆地区饱受苦痛的人们终于迎来了好消息。在 1951 年之前被排入捷恰河，随后又被排入卡拉恰伊湖的放射性废物，以后将被储存在地下废料罐中，设计废料罐的工程师和负责检修的工人把这种储存核废料的容器称作"罐头"（cans）。每个废料罐都装有数百吨高放射性裂变废料，废料罐上又覆盖有 160 吨重的混凝土板。这些废料罐以 20 个为一排，存放在 8 米深的地下室中。工作人员需要格外关注这一排排的废料罐，因为裂变废料还会在罐内持续衰变，释放热量，如果不减缓衰变的速度，废料的温度每天将至少上升 6 摄氏度。因此，废料罐配备有水冷和通风系统，还有专门的设备跟踪检测废料罐的温度和状况。[16]

放射性废物的排放终于得到了控制，剩下的工作就是维持检测设备的正常运转，保持水和空气的流通。虽然偶尔会出些岔子，但没人把废料罐当回事。新的化工设施还在建设中，现有的设施则继续运转以完成任务指标。当时，所有的资金和精力都被投到新工程上，直至1957年9月29日，装有250立方米高放射性物质的14号废料罐突然发生爆炸，将160吨重的混凝土板炸飞差不多22米高。旁边两个废料罐的混凝土保护层严重受损，向大气释放了2000万居里的辐射物，其中的放射性物质包括锶–90和铯–167。放射性云层在东乌拉尔地区留下了一道受严重污染的放射性地带，覆盖了近2万平方公里的地区。这起事故史称克什特姆核灾难，得名于地图上离核工厂最近的小镇。[17]

在马亚克综合厂，瓦列里·科马罗夫（Valerii Komarov）是地下核废料储存场综合C区的值班长。他注意到那栋被用作地下核废料储存场入口的小楼中有黄烟冒出，意识到可能出事了，连忙赶过去查看情况，但由于烟雾太浓已无法进入，他马上给上级打了电话。这天是1957年9月29日，周日，时间差不多是下午4点。

两名电工很快赶过来检查电路。他们拿着手电筒进入地下核废料储存场，来到配电盘处。电路正常，没有起火。但他们还是发现了异常：他们的放射量测定器爆表了。科马罗夫见到的且被他和电工们吸入的烟雾均具有放射性。两名电工匆忙赶往卫生站淋浴，换衣服，科马罗夫则再次拿起电话，向他的上级汇报这个新情况。有一位上级承诺亲自来现场查看情况。

挂断电话后，科马罗夫决定再去检查一下烟雾。"然而，我还没完全打开小楼入口的门，"科马罗夫回忆道，"就突然感觉被一股力量抬起，身体扭了起来，然后就摔在了地上。"随后，他听到一声巨响。科马罗夫站了起来，跑到小楼另一边的门那里。他看到楼外有"一根巨大的黑色柱子把整个天空都遮住了"。难道是他们一直以来都在准备的战争爆发了，美国人投来了核弹吗？很快，科马罗夫觉得有些不对劲。原子弹爆炸会产生强烈的闪光，但他周围仍是漆黑一片。这时，他才恍然大悟，把地下冒出的烟雾和将他震倒在地、掀起黑色尘柱的爆炸联系了起来。

科马罗夫冲出小楼时，看到的第一个人是机械师尼古拉·奥谢特罗夫（Nikolai Osetrov），他从水泵站那边过来，这时正满腹狐疑：为核废料罐提供冷却水的水泵停机了。"什么都别管了，快跑！越快越好！"科马罗夫喊道。两人赶紧往远处跑，科马罗夫回头看了一眼核废料储存场，眼前的景象让他大吃一惊。原本覆盖在废料罐上方地面上的高高草丛已经完全消失，地下爆炸让周围的一切都蒙上了尘土。附在周围众多建筑物上的木结构消失了，木制瞭望塔也被摧毁了——对这座环绕着铁丝网的绝密工厂群来说，瞭望塔是必不可少的。在瞭望塔上执勤的士兵被爆炸的震波掀翻，跌落在地。

科马罗夫、奥谢特罗夫和另一名工人一口气跑到相对安全的卫生站。不到半小时前进入核废料储存场的几名电工仍在这里淋浴，试图洗去身上的放射性尘埃。科马罗夫等人也加入进来。后来，事实证明，用水冲洗并不能有效去除辐射尘。"我们花了很长时间，想要清除身上的放射性尘埃，但没能做到。"科马罗夫回忆道。[18]

当时，年轻的技术员瓦伦蒂娜·切列夫科娃（Valentina Cherevkova）还在工作岗位上，她当时所在的建筑距离爆炸声传来的核废料储存场约有100米。据她回忆，玻璃窗都被爆炸震碎了，一层"玻璃雨"打在她身上。切列夫科娃透过一扇窗户向外望去，看到一大片尘土形成的云团正蒸腾而上，直冲空中，云团的形状让她想起了骆驼。切列夫科娃对着她的上司喊道："还站着干什么，我们一起去卫生站！"与没有直接参与产钚的人不同，她和她的上司都意识到了核爆产生的辐射物所带来的危险。爆炸地点附近有一家医疗所，那里的窗户都被震碎了，年轻的护士玛丽亚·珍金娜（Maria Zhenkina）在自己班次剩余的大部分时间里，一直在忙于清理核爆后办公室中的碎片和尘土。"民防训练中，我们学会了如何应对美国投来的原子弹，"后来珍金娜抱怨道，"但显然不知道应该如何在此类事故中保护自己。"[19]

在附近的警卫营，爆炸震开了生活区的金属大门，震碎了窗玻璃。很多士兵以为他们遭到了袭击，第一反应就是冲向军械库拿武器。那天，列兵彼得连科（Petrenko）正在军营检查站执勤。他在附近的检修井就位后，询问他的指挥官是不是开战了。万幸，当天执勤的指挥官是中尉伊戈尔·谢洛夫（Igor Serov），他的专长就是防化。虽然并不确定这次爆炸是蓄意破坏还是意外事故，但谢洛夫认为无论发生了什么，都可能会有放射性物质泄漏。他命令彼得连科戴上防毒面具，并立刻返回检查站。

一些被爆炸惊动的士兵冲出了营房，谢洛夫命令他们回到住处。他指示士兵们用木板封住破损的窗户，在地板上泼水去除灰尘，关闭食堂，并把所有的食品都封存起来——他觉得这些食品恐怕都被辐射污染了。谢洛夫采取的措施非常及时。在军营上空，灰黑色的云团很快就遮天蔽日，一时间犬吠鸟散。附近的军营里，一支军事施工小队的士兵们不知所措。谢洛夫看到他们从营房里跑出来，把帽子抛向空中，嘴里喊着他听不懂的话。

谢洛夫回到自己的岗位上，叫来了放射剂量检测员。检测员测出辐射读数后告诉他，营地的人员必须马上撤离。但谢洛夫中尉无权做出这一决定，就连他的几位长官也没有这个权限，包括部队指挥官伊万·普塔什金（Ivan Ptashkin）上校在内。只有苏联中央政府才能命令他们撤离。因此，他们只能将自己关在室内，默默等待。9月30日一大早，撤离的命令终于下达了。离开军事管辖区之前，士兵们接到指令，要把牲畜全部宰杀。此前，他们为了补充紧缺的口粮建造了一个临时农场。而如今，他们要将农场中养的猪、用于运货的马和综合厂周围看门护院的狗——一一射杀，尽管他们已经喜欢上了这些狗。这项任务并不容易完成，一名士兵救下了他最爱的一匹马"格里姆"。几天后，格里姆已形同鬼魅。"格里姆背上的鬃毛脱落了，还生了好几个疮。"谢洛夫回忆道。这匹马受到了高强度的辐射，已经成了辐射源，士兵们最后不得不将其射杀。

凌晨2点后，部队开始撤离，有人上了卡车，其他人则沿着满是放射性尘埃的道路步行。抵达临时卫生站后，他们奉命换掉衣物。他们之前穿的衣服被丢进壕沟中，先用水淹没，再用土掩埋。随后，他们又接到了清理并保养武器的命令。"武器的木制部分都被刮白了，"谢洛夫回忆道，"金属部件则用沙子和砂纸仔细打磨。"然而，这些努力于事无补。由于步枪依旧"很脏"，军械库拒绝接收它们，士兵们只能将步枪扛在肩上。这些"脏"步枪不能在军械库存放，但由士兵扛着走来走去却没关系。那些受污染最严重的步枪被士兵用油纸包裹起来，装在木箱里，掩埋在一处秘密地点。超过1000名士兵吸收的辐射剂量超标，其中有63人吸收的辐射高达50

伦琴，12 人因出现辐射中毒的症状而住院治疗。

士兵们都撤出了营地，只剩下谢洛夫中尉在此多留一天，以便监督部队驻扎地内武器和设备的转移工作。他在爆炸地周围驻留了 30 个小时。等到最后被送往医院时，他已经吐血不止。医生给他洗了胃。他要求对抽出的液体作放射性检测，但遭到了医生的拒绝。[20]

除士兵外，第一批受到爆炸影响的还有贝利亚调来充当施工者的因犯。此前，他们帮助建造了核工厂，如今正在建设新的核设施。这些人的住所四周被铁丝网围着，还设有瞭望塔，爆炸的废料罐离这里很近。首先被爆炸摧毁的是木制瞭望塔。一名被从瞭望塔上炸落的哨兵在爆炸中侥幸活了下来，还在半毁的围栏附近找了个位置继续把守，但没有人从劳改营中逃跑。这里的辐射水平正逼近 300 伦琴 / 小时。[21]

爆炸发生时，27 岁的格奥尔基·阿法纳西耶夫（Georgii Afanasiev）从高低床上跌落下来。他透过破碎的窗户向外望去，看到"蘑菇状的火球在迅速膨胀"。很快，火球就遮住了太阳。阿法纳西耶夫不知道那是什么。不过，他和他的朋友们知道，自己是在核工厂里工作。他们把身穿白色制服的正规工作人员叫作"巧克力人"，因为有传言说工厂每天发给他们一公斤巧克力，来抵消核辐射带来的危害。但这些人之前从未想到，辐射会越过围栏影响到他们。[22]

爆炸发生后半小时，像黑色烟尘一样的放射性沉降物从天而降，所有的东西都蒙上了一层三四厘米厚的黑灰。"人们开始用抹布、纸或衣服袖子扫灰，但是灰还是源源不断地落下来。"阿法纳西耶夫回忆道。他和其他人不得不扫掉桌子和长椅上的黑灰，因为他们要用这些桌椅来吃饭。当时那里的辐射水平极高，但他们对此一无所知。在食堂里，一条面包就能释放出 50 毫伦琴／秒的辐射。

直到次日凌晨 2 点，他们才奉命出营。苏联政府于同一时间做出了撤离部队和撤离那些施工者的决定。年轻的放射剂量检测员塞门·奥索汀（Semen Osotin）参与了疏散工作，他也是施工者管理小组的一员。后来他回忆道，土地污染太严重，直接走在地面上很危险，于是在地面铺了木板，让施工者踩着木板走出来。但由于没有可用的辐射污染地图，他们将这些人转移到了另一处受到高度污染的地区。那里的辐射水平达到了 150—200 毫伦琴／秒。直到那天上午晚些时候，那些施工者才从这个据称是安全区的地方离开，转移到半公里以外的地方。[23]

奥索汀和施工者管理小组的成员搭起了两间帐篷。他们命令施工者在一间帐篷内脱掉衣服，然后拿消防软管给他们冲了冷水澡，再把干净的衣物分发给他们。他们的鞋子每秒释放的辐射有 10—25 毫伦琴，衣服每秒释放 5—15 毫伦琴的辐射。奥索汀和他的放射剂量检测小组给这批人检测了辐射水平，阿法纳西耶夫记得，当测量器扫描到他的时候，读数直接攀升至 800。后来，这些人被分散到不同的地方，在各自刑期满前就被释放了。"我们没什么好抱怨的，"阿法纳西耶夫回忆道，"我们都觉得，要是这事发生在斯大林时期，我们早被枪毙了。"[24]

尽管整座核工厂都进入了紧急状态，但歇班的工人和奥焦尔斯克这座工厂城的市民们还什么都不知道。年轻的技术员弗拉基米尔·马蒂乌什金（Vladimir Matiushkin）下午去了市体育场观看两支当地足球队的比赛。下午 4 点 24 分，他听到了爆炸声，但并没太在意，因为工人建造新设施时经常会用炸药爆破岩石，因此城市内外时有爆炸发生。不过，这次爆炸有些不寻常，多位在场的市政府官员纷纷离场，空出了许多人求之不得的座位。但这对马蒂乌什金来说无关紧要，比赛还没结束呢。

傍晚，马蒂乌什金的妻子要去马亚克的一个分工厂值夜班。他陪着妻子来到公交车站。这时，这对夫妇发现了天空中有不寻常的奇观，天空的颜色由粉变红，再变成亮红，又变回粉，如此反复。这景象可谓美妙绝伦。马蒂乌什金后来回忆说，这番空中奇观还伴随着一些声响，他们听到了像是干树枝折断的"咔嚓"声。妻子上了公交车，马蒂乌什金回到家，还沉浸在天空中美妙的色彩变幻中。因为第二天要上早班，他就上床睡觉了。那晚马蒂乌什金和他的妻子赞叹的彩色云层中携带着放射性尘埃。接下来连续 3 个晚上，克什特姆地区的所有人都能见到由马亚克综合厂"特供"的放射性北极光。[25]

从管理的角度来看，这场爆炸发生在一个最糟糕的时间段，爆炸当天不仅是周日，而且马亚克综合厂的厂长、斯拉夫斯基的门生米哈伊尔·德米亚诺维奇（Mikhail Demianovich）正在莫斯科出差；要不是斯拉夫斯基的几名助手在城市马戏团表演现场找到了正在欣赏表演的德米亚诺维奇，他还不知道这起事故。核废料储存罐爆炸发生在 25 号化工厂，而该厂的主管阿纳托利·帕什琴科（Anatolii Pashchenko）此时也在外度假。[26]

在奥焦尔斯克，39 岁的综合厂副总工程师、前安努什卡反应堆总工程师尼古拉·谢苗诺夫（Nikolai Semenov）肩负起了重担。

爆炸发生后不到 20 分钟，他便将主要管理人员召集到了工厂。当务之急是检测辐射水平。谢苗诺夫将放射剂量检测员分成几组派往现场。集合人员耗费了一些时间，等他们开始测量辐射水平时，黑暗已经笼罩了小镇和工厂：一开始是爆炸产生的黑色云层遮蔽了太阳，随后则是黄昏降临，天色暗了下来。为了看清仪器上的读数，放射剂量检测员先是用火柴来照明，火柴用完之后，他们又打开车灯借光。晚上 10 点左右，谢苗诺夫得到了第一批检测结果。[27]

从检测结果来看，形势十分严峻。在爆炸的废料罐附近和工厂临近区域，辐射读数都非常高。在距离爆炸中心点 100 米处，γ 射线辐射达到 10 万毫伦琴 / 秒；在距离爆炸中心点 2.5—3 公里的地方，γ 射线辐射为 1000—5000 毫伦琴 / 秒。当时允许的安全辐射剂量上限是 2.5 毫伦琴 / 秒，即使在这一辐射水平之下，一个人也不能在受辐射污染的地区逗留 6 小时以上。放射剂量检测员确定了宽约 160 米的放射性轨迹的起点，幸运的是，轨迹的方向是远离这座城市的。凌晨 5 点，他们设立了一个放射性控制检查站，管控受到辐射的车辆和那些从受沉降物影响最严重的地区过来的人员。但此时已经有点迟了，马亚克综合厂的早班就要开始了，城市和核工厂之间即将恢复人来人往、车水马龙的景象。[28]

9 月 30 日，周一，那些来上早班的人对爆炸及其带来的致命危险知之甚少。当天，他们的工作任务是清理爆炸现场附近和建筑物内的放射性碎片。一位年轻的设计师蒂姆·伊利亚索夫（Dim Iliasov）就在核废料储存场所属的化工厂工作，他对那天记忆犹新。5 名工程师（四男一女）组成了一个小组，伊利亚索夫被任命为组长。他们和其他几个组一起清理一幢受爆炸影响、满是放射性碎片的建筑。分发给他们的工具有铲子、扫帚和担架，但没有辐射防护装备。伊利亚索夫记不清他们是否拿到了防毒面具，但清楚地记得防毒面具非常短缺。在卫生站淋浴时，他们用力搓身，以至于穿衣服时身上都觉得疼。洗澡时，一道公认的程序是在淋浴间的混凝土地面上搓手，直到手红得像煮熟的小龙虾一样。[29]

年轻的电工阿纳托利·杜布罗夫斯基（Anatolii Dubrovsky）和他的朋友们刚刚从职业学校毕业，这是他们第一天上班。他们对前一天的爆炸一无所知。对杜布罗夫斯基来说，上班第一天发生的事像是一场怪诞的入会仪式。他和朋友们被要求戴上防毒面具，穿上防辐射服和橡胶靴。随后，一个拿着放射量测定器的男人指示他们清理掉工厂办公楼楼前花坛里的灌木。原来，他们正身处核辐射的"热点区"。他们完成工作后，一辆消防车驶来，司机用消防水枪冲洗了他们的身体。一名放射剂量检测员一直与这个"园艺小组"保持着 5 米的距离。他告诉这些年轻人，他们应该把靴子和衣物掩埋起来。杜布罗夫斯基逐渐意识到了事态的严重性，问道："我们也要被埋起来吗？"[30]

杜布罗夫斯基等人当然没有被活埋，相反，他们被送往卫生站洗掉身上的放射性粒子。竭尽全力清洗身体之后，他们被叫到上司那里，上司给了他们酒喝。所有人都认为酒精有助于消除辐射。但事实证明酒精毫无用处：杜布罗夫斯基正要离开工厂的办公区域时，辐射安全官把他拦住了。他不得不返回淋浴间，再次竭尽全力洗掉身上的放射性粒子，但辐射水平依然居高不下，检查站的辐射安全官也放弃了，索性让他回家。杜布罗夫斯基和他的朋友们饥肠辘辘，赶到食堂后却又被辐射管控人员拦下，说是他们身上有辐射。他们饿着肚子回到宿舍，头痛欲裂，只能上床休息。几十年后，杜布罗夫斯基把自己的很多健康问题都归咎于当年在核工厂第一天上班时的遭遇。[31]

9月30日，即爆炸发生的第二天，对事故原因和责任人的调查开始了。仍在全面负责工厂管理的尼古拉·谢苗诺夫叫来了值班长瓦列里·科马罗夫，他是第一个报告核废料储存场冒黄烟的人，而且爆炸就发生在他当班期间。谢苗诺夫要求科马罗夫提交轮班工作日志，还大骂了他一顿。"他把我骂得狗血淋头，说我就是这次爆炸的直接责任人，而且根本不给我开口说话的机会，"科马罗夫多年后回忆道，"每当我想说些什么，他就粗暴地打断我，让我闭嘴。"谢苗诺夫发泄完怒火，终于准备好听对方讲话了。"他问了我一大堆问题，关于什么的都有，语气轻蔑，让我感觉自己好像确实是个恶棍，应该对所发生的一切负全部责任。"科马罗夫回忆说。不过，他没有和谢苗诺夫争论。

苏联的管理文化中素来有互相指责的传统。在这场指责博弈之中，要是手上的牌没打好，丢掉的不仅是职位，还可能是自由。在斯大林统治期间，一旦在自己的监管期间发生工业事故，管理者常常要受到审判。他们会被指控为蓄意破坏者或敌方间谍，罪名也经常被坐实。他们的生存之道就是将责任推给下属，在自己受到惩罚之前先行惩罚别人。谢苗诺夫很清楚这些游戏规则，打得一手好牌。短短几年之后，他就被提拔为整座马亚克综合厂的厂长，最后去了莫斯科任副部长，直接听命于前总工程师叶菲姆·斯拉夫斯基，直至退休。

谢苗诺夫公开斥责科马罗夫，是为迎接中央政府派来的调查委员会做准备。他找到了替罪羊，将事故责任从设计者和高层管理人员转移到了执行人员的头上。在很多人看来，科马罗夫就是罪魁祸首。"一段时间之后，大家都觉得我就是肇事者，全都是我的错，别人一点问题都没有。连和我一起在废料罐场区内工作的人都对此确信无疑。"[32]

听到马亚克综合厂爆炸的消息后，工厂的前总工程师叶菲姆·斯拉夫斯基大吃一惊。他刚刚被任命为中型机械制造部的部长，这个部门的名字掩盖了其真实目的——延续贝利亚的原子弹项目。如今，斯拉夫斯基负责掌管全苏联的核工作，从产钚到制造核弹并试爆，无所不包。反应堆和放射性废料罐本不应爆炸，但现在，一个放射性废料罐已经爆炸了，斯拉夫斯基必须应对这起事故。在斯拉夫斯基的职业生涯中，此次危机的紧急程度之高，令此前发生的所有核事故都相形见绌。

根据斯拉夫斯基后来的回忆，事故消息刚刚从奥焦尔斯克传来时，他和中型机械制造部的几名副手就一起评估了事故状况。由于报告很简略，内容也不完整，令人困惑，他们便做好了最糟糕的设想：在核工厂发生了核爆炸。斯拉夫斯基不得不向克里姆林宫报告这个坏消息。不久前，在1957年7月，几位先前斯大林的副手企图发动"倒赫政变"，苏联新任领导人赫鲁晓夫刚度过这场危机，独掌苏联的大权。此时他正外出休假。两天前，即9月27日，赫鲁晓夫在雅尔塔会见了即将出访苏联的埃莉诺·罗斯福（Eleanor

Roosevelt）①。因此，当时在克里姆林宫主持工作的是斯拉夫斯基的老领导阿纳斯塔斯·米高扬。二战期间，在加入原子弹项目之前，斯拉夫斯基曾在米高扬的手下工作。斯拉夫斯基很幸运，他不需要面对反复无常的赫鲁晓夫，而是将最糟糕的消息报告给了一向冷静、相对友善的米高扬。他告诉米高扬，自己马上就动身前往事故现场。[33]

斯拉夫斯基离开莫斯科之前，还是免不了要给赫鲁晓夫打电话通报情况。根据一份资料所述，赫鲁晓夫知道情况后勃然大怒，不听任何辩解。正如之前贝利亚威胁要让科学家把牢底坐穿，赫鲁晓夫威胁要"活埋"斯拉夫斯基。多年以后，斯拉夫斯基回忆起赫鲁晓夫的话："你在做什么？装傻吗？""离十月革命40周年纪念日只剩下一个月了，世界各地的宾客都会陆续到来，这就是你给我准备的惊喜吗？马上飞去现场，之后向我汇报事故的处理进展，不管遇到什么情况，都要向我汇报。"他大吼着补充说："看起来，六月全会②这堂课你是什么也没学到啊！"随后就挂了电话。鉴于1957年7月时赫鲁晓夫已经除掉了他的主要对手，并开除了他们的党籍，这句话实际上就是威胁要撤掉斯拉夫斯基的职位。赫鲁晓

---

① 美国第32任总统富兰克林·罗斯福的妻子。1945年富兰克林·罗斯福去世后，埃莉诺·罗斯福仍然活跃于美国政坛，前往各国进行友好访问，并担任美国驻联合国代表团团长。

② 1957年6月22—29日，苏联共产党召开了中央委员会全体会议，即"六月全会"。在这次会议上，马林科夫、卡冈诺维奇、莫洛托夫（即前文所说的"几位先前斯大林的副手"）被赫鲁晓夫控为"反党集团"，逐出中央主席团和中央委员会。

夫的对手中也包括马林科夫。此前，在苏联真正造出氢弹之前，马林科夫就已对外宣称苏联引爆了首枚"氢弹"。[34]

不知何故，直至事故发生3天后的10月2日，斯拉夫斯基才抵达奥焦尔斯克和马亚克综合厂。与赫鲁晓夫极不愉快的对话还萦绕在斯拉夫斯基的心头，令他焦躁不安。事故发生后的第二天，综合厂的厂长米哈伊尔·德米亚诺维奇便从莫斯科赶回了工厂。现在，尼古拉·谢苗诺夫和米哈伊尔·德米亚诺维奇一道前来迎接斯拉夫斯基。斯拉夫斯基严厉斥责了他的下属们。苏联氢弹之父安德烈·萨哈罗夫非常了解斯拉夫斯基，对他有过详细的描述。"他经受过冶金工程师的严格训练，是运筹帷幄的领导，也是兢兢业业的工人，能够当机立断，胆大心细，足智多谋，力求事事洞明、句句铿锵，"萨哈罗夫在回忆录中写道，"但同时他也很固执，听不进别人的意见。他有时温文尔雅、彬彬有礼，有时也粗鲁至极。无论是在政治上还是道德上，他都是一名实用主义者。"[35]

斯拉夫斯基在言语粗俗、训斥下属凶狠这两方面是出了名的。下属间流传着不少关于他的恐怖传闻。在一则恐怖传闻中，一位中型机械制造部的官员曾三次试图向斯拉夫斯基解释情况，但直到走出部长办公室都没能讲出一个字，因为斯拉夫斯基对他的言语攻击就没有停过。斯拉夫斯基痛斥下属前会命令女性离开会议室，然后发挥他在俄语脏话上的深厚"造诣"，对余下的人大加训斥。他承认，自己辱虐下属是受了贝利亚的直接影响。"这都是跟贝利亚学的，"1953年贝利亚遭罢黜后，斯拉夫斯基对他的下属们说，"你们应该看看他是怎么对待我们的！"[36]

不过，除却管理风格，斯拉夫斯基和贝利亚完全不同。事实上，中央政府派出的调查委员会由斯拉夫斯基领头，而不是总书记或某个中央委员会成员，这对谢苗诺夫和马亚克综合厂的所有人来说都是一个好消息。前来调查的并非党内高层领导或者克格勃情报机构，而是"自己人"——这个人曾在综合厂工作，深知核工业的危险性，也明白管理新技术很难做到万无一失。斯拉夫斯基虽然言语粗俗，却从不记仇，通常还会保护他的助手和下属。

调查委员会与斯拉夫斯基一同来到了马亚克综合厂，委员中有多位来自苏联科学院、核问题处理部门以及卫生部。形势十分严峻，斯拉夫斯基主要担忧的是再次发生爆炸。先前的爆炸不仅摧毁了 14 号废料罐，还损坏了冷却剩余废料罐的水管和通风系统。一旦通风系统出现故障，其余受到影响的废料罐发生爆炸就只是时间问题。斯拉夫斯基认为，剩下的 19 个废料罐随时可能发生爆炸，现在唯一能做的就是寻找其他的办法，解决核废料储存场冷却系统的供水和通风问题。他必须争分夺秒。[37]

但首先，他必须确定现场辐射水平到底有多高。几天前，核工厂的副总机械师尤里·奥尔洛夫（Yurii Orlov）开着一辆苏联 T-34 坦克——二战时，他就开过这个型号的坦克参加战斗——前往爆炸中心点检测辐射水平。他测得的辐射读数令人触目惊心。在接近受损废料罐的地方，辐射读数达到了 1000 毫伦琴，相当于紧急事故标准的 400 倍。即使辐射水平如此之高，斯拉夫斯基仍想把他的下属们部署在爆炸中心点，那里的辐射水平预计会超过 10 万毫伦琴／秒，相当于紧急事故标准的 4 万倍。这无异于一场屠杀。他的一些下属也很清楚辐射的情况，他们是否会服从命令还是个未知数。[38]

接下来应该怎么办？有人建议建造通向爆炸现场的安全通道。还有人认为，辐射的主要来源就是随爆炸四处飘散的受到核污染的尘土，如果在被污染的土地上覆盖一层干净的尘土，能否降低辐射水平呢？斯拉夫斯基很欣赏这个想法。10月2日，也就是他来到现场的那天，他下达了指令，安排了具体行动。工厂内有一座建筑的辐射水平最低，为100毫伦琴/秒。斯拉夫斯基下令，以这座建筑的墙后为起点，修建一条通往发生爆炸的废料罐的通道。地基中的每一码土都可以减少一定程度的地表辐射。斯拉夫斯基给了下属们两天的时间，让他们去调集修路所需的设备。5台推土机"银装素裹"，包着厚达20—50毫米的铅皮抵达了现场。[39]

斯拉夫斯基还需要动员一批员工进入地球上最危险的地方。他在10月2日下达的命令中，还宣布为工程师提薪25%，工人提薪20%。苏联法律允许在工作环境特别危险的情况下为劳动者支付额外的工资，这是斯拉夫斯基在法律框架内做出的举措。另外，他还承诺给员工们发放双倍的奖金。不过，斯拉夫斯基明白，要应对这场事故，光靠核工厂的工程师和工人是不够的。人力充沛、纪律严明的军队再次派上了用场。10月3日，有权指挥现场军事人员的斯拉夫斯基下令组建了两个特别营，每个营包括200人。士兵们要全力施工，直至受到25伦琴的辐射后才能被换下。做完这些之后他们就可以退伍，这极大地激励了这些要服役3年的士兵。[40]

修路的准备工作开始了，斯拉夫斯基派出了先头部队，寻找能将急需的水和空气送往其余废料罐的方法。10月5日，经过几天的努力，军事工程师在废料罐周围将近一米厚的混凝土墙体上炸出了一个洞。两名放射剂量检测员通过这个洞进入了核废料储存场，其中年纪大一些的是 V. I. 雷特温斯基（V. I. Rytvinsky）。此前他在地下核废料储存场工作，但因受到了过量辐射，后来被分配到更安全的工作岗位。如今，他再次回到了核废料储存场，年轻的同事叶夫根尼·安德烈耶夫（Yevgenii Andreev）协助他。后来，安德烈耶夫写了一本回忆录，记录了这次近乎自杀的任务。

两人开始执行任务的那天正值秋日雨夜。他们朝着发生爆炸的废料罐的方向跑了大约 90 米，虽然是正向辐射源奔去，但还是希望尽量避免暴露于辐射之中。一进入核废料储存场，他们便有些手足无措。"前面等着我们的是什么？"安德烈耶夫回忆起当时的所思所想，"或许远处发生了破坏和爆炸？或许其他的废料罐马上就要爆炸了。"最终，他们调整好情绪，开始向地下走廊迈进。"很快，响起了震耳欲聋的嘈杂声，"安德烈耶夫又回忆道，"伴随着咯咯吱吱、窸窸窣窣的声音——不锈钢钢板散落了一地，四周还有钢筋混凝土的碎块和混凝土灰尘。"他感觉到"脊梁骨直冒冷汗"。稍作休息后，他们继续前进。

"我们要尽快完成任务。"安德烈耶夫喃喃自语道。此时，他和雷特温斯基正在受损废料罐处测量辐射水平，四周一片漆黑，要打着手电才能看清辐射读数。突然，他们看到隧道尽头有一丝亮光，但并非他们期盼的那种。据安德烈耶夫后来回忆，到达走廊尽头时，"夜空出现在我们头顶上方"。他们看向辐射计数器，仪表盘上显示的读数是 10 万毫伦琴 / 秒。他们转身掉头奔向洞口，跑出地下废料罐储存场后，火速奔向附近一座建筑内的安全地带。在卫生站，他们花了很长的时间淋浴，不仅为了洗去放射性粒子，也是为了安抚自己紧张的情绪，毕竟曾暴露在极高强度的辐射之中。他们进入了发生爆炸的场所，顺利地完成了任务，带回了辐射读数。[41]

现在的问题是下一步应该做什么。发生爆炸的走廊恰好是整个地下结构中最重要的一条，装配有其余几排废料罐的制冷和通风管道。放射量测定器测量的结果很清楚地表明，这条走廊已经无法承担此等重任了。废料罐是由列宁格勒的一批工程师设计的，他们如今也来到了现场，并提出了一个替代方案：从核废料储存场外部将水和空气送至剩余的几排废料罐，并为每个废料罐装配独立的连接管道。斯拉夫斯基同意了。原本用于在克拉斯诺亚尔斯克（Krasnoarsk）建造地下军事综合体的钻井设备被送到了马亚克综合厂。和钻井设备一并到来的还有一批隧道挖掘工——莫斯科的地铁系统就是由他们建造的。苏联的计划经济擅长调配资源，斯拉夫斯基也明白如何有效利用这个优势。[42]

隧道挖掘工接到指令，要凿穿约 9 米厚的混凝土墙体。他们做好了准备，奉命开工。但设计师忘了告诉工人们，混凝土墙体是有金属加固的。挖掘工们费了九牛二虎之力才凿穿了一个墙体，但这却是一番无用功——他们钻错了走廊。事实上，安装钻井设备的工程师没有测量准确。毕竟，他们顶着巨大的压力在超高温的地下走廊中作业，都迫切想尽快完成工作。工程师们只能重返现场，修正错误。下一个洞的位置是准确的，他们逐渐找到了头绪。工厂管理者们接到命令，在任何情况下都不得停止钻探，还必须及时汇报进展情况，每天两次，报告将直接发往克里姆林宫，由赫鲁晓夫本人查阅。[43]

"事故处理现场的条件十分恶劣，"一名在爆炸中心点参与清理和施工工作的工人回忆道，"辐射强度高、污染范围广、放射性气溶胶遍布、温度高、湿度高、照明差，还要担心'罐头'（我们对废料罐的称呼）会爆炸，因为它们没有得到必要的冷却。"在地下核废料储存场内，走廊的温度超过了53摄氏度。工人们的体感温度甚至还要更高，因为他们穿着沉重的防辐射服，空气几乎无法流通。轮班每20分钟一次，中间休息1个小时。

由于辐射水平高，安全部门的官员对工人在辐射区停留的时长做出了限制，试图减少他们所受的辐射。然而，管理层却希望工人能长时间工作。一番较量之后，安全部门落败。尽管允许的辐射剂量上限是每人25伦琴，但很多人吸收的辐射超过了40伦琴。即便如此，斯拉夫斯基手下可用的工人也逐渐告急，尤其是钻井工人的数量严重不足。军人们再次挺身而出。士兵们在现场接受训练，学习如何操作钻孔机，随后被送往爆炸现场。士兵完成了任务，接下来上阵的是焊接工和管道工，他们组装了新的水管和通风系统，在废料罐再次爆炸前成功接通了冷却水。斯拉夫斯基总算松了一口气。[44]

爆炸释放了2000万居里的辐射物，马亚克综合厂及其附近地区承受了其中的1800万居里，这些地区的放射性去污工作成为斯拉夫斯基及其下属面临的另一项重大挑战。调查委员会估计，马亚克综合厂有30%的土地都受到了高强度污染。爆炸点延伸出来的辐射"舌"宽约450米，辐射读数高达600毫伦琴/秒。放射剂量检测员刚刚绘制完辐射污染地图，工人们就迅速开始清理通往反应堆的道路。消防车在他们身上喷淋化学溶液，以便清洗放射性粒子；推土机的任务则是沿着铺好的路铲掉20厘米厚的土层。这些清理出来的道路横穿受核污染最重的地区，工人们要沿着这些路去上班。人们不需要辐射计数器就能看出哪些地区受到的辐射最大。受灾地的白桦树很快就掉光了叶子，松树的松针变得枯黄，随后也纷纷落下。来上班的工人们看到沿途死气沉沉的森林，不免感到沮丧。[45]

紧挨着爆炸废料罐的还有一座尚未完工的化工厂，名为"双B"。它本应取代现有的工厂，然而新工厂还没有启用，爆炸就发生了。这片区域受到的核污染极其严重，斯拉夫斯基有些举棋不定：是应该清除工厂内的辐射，还是将其彻底拆除？他询问工厂管理层的意见。这些管理人员起初沉默不语：情况确实万分危急，但他们耗费了大量的时间和精力来建造这座工厂，就这么轻易拆除实在心有不甘。掌管建设部门的皮特·什特凡（Petr Shtefan）非常担心他手下的建设工程营的安全，这个营里都是年轻士兵。但是，"双B"的厂长米哈伊尔·格拉迪雪夫（Mikhail Gladyshev）希望建设工程营尽早开始工作。他提议先建一座卫生站再执行放射性去污任务。这样一来，建筑工人和他自己的队员都可以在下班后淋浴，洗去放射性粒子。[46]

这是一个省钱又省时的办法，斯拉夫斯基同意了。他们将清除建筑的辐射，并启动工厂。但军队的工程师不愿进入新工厂所在的高度污染区域。"当时，这个困难是避不开的，"格拉迪雪夫回忆称，"士兵们不愿进入需要清理的工作区域。他们默默站着，不执行命令，就连他们的长官们都没打算按要求下令——长官们也感到害怕。"格拉迪雪夫和负责安全管控的官员只得略施小计。他们走到核污染区，点燃香烟，开始闲谈，意在向士兵们传递一个信号：

这个区域是安全的。"这个办法奏效了，"格拉迪雪夫回忆道，"他们逐渐向我们走来，开始工作。迈出克服恐惧的第一步很困难，不过后面会越来越容易。"[47]

核爆后的最初几周里，在现场工作的差不多有1万人，或者帮忙接通废料罐的供水系统，或者参与核污染去污工作。他们身处险境，但完全意识到这一点的人寥寥无几。年轻的主管尼古拉·科斯特沙（Nikolai Kostesha）记得火车站有一座砖房，辐射值达到了300—400毫伦琴/小时，随后被人们"用撬棍、杠杆和斧头"拆除了，"砖头瓦砾都被埋在一个坑里"。科斯特沙是拆除队的一员，负责拆毁受到高度污染的建筑。木制房屋会被直接烧掉，这无异于运行一个"核焚烧场"，虽然苏联从来没为此申请专利，也未以其他方式鼓吹拥有这方面的发明。[48]

奥焦尔斯克，或者说当时所称的车里雅宾斯克-40，是一座从未在地图上标出的城市。如果发生了最坏的情况——核污染过于严重以致整座城市都要被废弃，这个地区以外的人也永远不会知晓这座城市的存在。幸运的是，目前还没到这个地步。这座城市相对来说还算"干净"——爆炸发生时，风正好吹向与城市相反的方向。尽管如此，奥焦尔斯克的辐射水平也有所上升。α 粒子辐射水平是正常标准的40倍，β 辐射读数则是正常标准的1200倍。[49]

年轻的放射剂量检测员鲍里斯·谢莫夫（Boris Semov）是马亚克综合厂的员工。爆炸发生时，他和妻子正在黑海沿岸的索契（Sochi）度假，马亚克综合厂在这里拥有一家度假酒店，夫妻二人正在那里享受温暖的天气。爆炸发生后不久，他从刚来度假的同事口中得知了工厂发生了事故。谢莫夫记得这些同事有些古怪。"不知怎么回事，新来的同事战战兢兢、沉默寡言，但最后他们还是开了口，"谢莫夫回忆道，"他们讲了一个可怕的消息：工厂发生了大爆炸。很明显，大量的放射性物质被释放到了大气中。"

此时在谢莫夫身边的人们开始担忧，原本在度假酒店准备返回的人也迟疑了，不知是该照常回家，还是应该退掉机票再等待一段时间。所有人都来找谢莫夫寻求建议，毕竟他也算是核辐射方面的专业人士。谢莫夫向刚来度假的同事询问了爆炸当天的风向，并确定风一直吹向综合厂的方向，与城市的方向相反。谢莫夫表示回家是安全的。很快，他和妻子如期登上了飞往车里雅宾斯克州首府的航班，飞机落地后，他们又转乘汽车。"我们在回家的路上有些担忧，"谢莫夫回忆称，"起初，刚到检查站我们就吃了一惊。用放射量测定器检测辐射读数成了常规检查。通常并不整洁的街道如今已经被人用水冲刷得干干净净。"[50]

现在，这座城市正处于辐射隔离模式。谢莫夫立刻投入工作，开始检测进城车辆的辐射水平。放射性"灰尘"来自工厂，眼下的任务就是阻止这些"灰尘"进入城市。在受到放射性沉降物影响的工业区，所有工人都接到指示，在上班前要将衣服放进储物柜里，换上工作服，然后在下班时再换回自己的衣服。这个要求对很多人来说都很新奇，尤其是没有特定工作制服的办公室职员。另外，每个进入厂区的人都必须淋浴——但淋浴设施有限，无法保证每个人都能及时淋浴。于是，管理层的重点工作就是建造新的淋浴设施。[51]

第一个辐射检查站建于9月30日，即爆炸发生的第二天。10

月初，检查站的放射剂量检测员抓住了一条放射性最强的"大鱼"。斯拉夫斯基从爆炸现场返回市区的路上，放射剂量检测员拦住了他的车，等他下车后，检测员测量了他所穿的橡胶靴的辐射情况。读数结果显示靴子"很脏"，一名放射剂量检测员要求斯拉夫斯基清洗一下靴子。斯拉夫斯基一言不发脱掉了靴子，但没有动手清洗，而是直接将其扔到了路边。他随后钻进车里，吩咐司机开车。一时间，部长经过检查站后赤脚前往办公室的传闻在全市流传开来，让所有人都意识到了情况的危急程度。[52]

但辐射检查站不可能解决城市面临的所有问题。很快，人们清楚地认识到，无论花费多少时间和精力，都不可能完全清除掉进出工厂的公交车和卡车上的辐射微粒。于是，人们设计了新方案：污染车辆留在污染区域，工程师和工人乘坐干净的公交车来到检查站，随后转乘受污染的车辆继续前往厂区。下班后，干净的公交车在检查站接上他们，再将他们带回市里。有些车辆受污染的程度很严重，以致人们仅乘坐一次之后就不得不丢弃在车上穿过的衣服，甚至还要剃成光头，以便去除头发上的辐射。[53]

几周后，放射剂量检测员意识到，城里受污染最严重的地区其实是辐射检查站本身，检查站成了最主要的污染源。从受污染车辆上冲洗下来的放射性粒子仍留在检查站，人们从受污染车辆走向干净车辆的过程中，身上又沾到了放射性尘埃，把它们带到了干净的车上和家中。于是，检测员们调来一台推土机，迅速铲走洗车点周围的表层土，再将这些土埋在附近的壕沟中。但到了城市，推土机就派不上用场了：受污染最严重的地区竟然是控制站所在的列宁街——这里是大多数高官的居住地。他们用特殊的溶液冲洗了列宁街和附近的街道。由于积雪覆盖了大地，辐射水平有所降低，放射剂量检测员进入建筑之中，逐一测量每间办公室和公寓的辐射水平。

在当地银行的中心支行，检测员们对钞票进行了辐射检测，发现受污染最严重的是流通频繁的小面额钞票。他们销毁了这些钞票，并在这所支行中设立了专门的辐射检查站。在公寓楼中，他们检测了家具和个人物品受污染的情况。一间公寓内，辐射管控官发现了一个受到严重放射性污染的摇篮，用来制作摇篮的金属管有可能是在事故发生数月甚至数年以前从产钚厂偷来的——这是苏联消费品长期短缺的一个例证。曾经睡在这个摇篮里的孩子已经死了，照顾他的母亲也去世了，父亲则病入膏肓。[54]

城市管理者加强了辐射管控，派出大量放射剂量检测员前往大街小巷，甚至进入居民家中检查，试图以此让城市保持相对洁净。然而，为了贯彻既有的保密原则，他们没有针对当前的事态发布任何官方信息，于是很快就失去了民众的信任。工程师和技术人员开始大批离职，将近3000人收拾行装离开了这座城市，约占当地劳动力的十分之一，他们中的不少是苏共党员。尽管上级命令他们留下，一些人为了离开，选择交还党员证，舍弃手上的好工作，也终结了自己的党员生涯，而在苏联，党员身份是一切事业成功的先决条件。[55]

1957年10月8日，事故发生后仅10天，一位领导人在党代表大会上宣称："那些在城市中散播恐慌的人背叛了共产主义。"然而，人们完全不在乎他的这番说辞。党员干部不得不想办法阻止人员外流。爆炸发生两个月后，他们终于决定与留下来的人谈谈。

宣传人员被派往这些人的住所。官方承认发生了事故，同时又安抚民众，称事故没有造成人员死亡，继续住在这座城市里的人没有任何危险。任何与之相悖的说法和传言都被抨击为叛国。官方承认了这起事故，这在一定程度上安抚了民众，让他们安下心来。一度失控的人员外流也停止了。随着冬天的到来，大雪覆盖了受污染的土地，市政府宣布这场与放射性污染的斗争取得了胜利。[56]

此时，在与外界隔绝的奥焦尔斯克，这场事故成了公开的秘密。但这个秘密应该被封印在这里，不能再向外传播。地方媒体或国家媒体从未提及这场事故，政府也没有理由自行曝光。辐射的破坏性虽强，却看不见摸不着，人们可以轻而易举地装作无事发生。只有一个问题，那就是这次爆炸将不计其数的放射性粒子释放至空气中，整个地区的人，包括车里雅宾斯克州首府的约 65 万名居民都有可能看到夜空中微红色的耀眼光芒。很多人觉得这很像北极光，政府官员也正是这样引导民众的。

1957 年 10 月 8 日，《车里雅宾斯克工人报》（ *The Cheliabinsk Worker* ）写道："上周日晚，车里雅宾斯克的许多居民观察到星空显现出特殊的冷光，该现象在这一纬度相当罕见，具有北极光的所有特征。强烈的冷光变换着色彩，有时变成淡粉或淡蓝，覆盖了西南和东南地平线的大片区域。"对于知道真相的人来说，文章的结尾令他们不寒而栗："北极光还将在南乌拉尔地区持续相当长的时间。"[57]

马亚克综合厂的产钚设施属于绝密级别，发生在这里的事故更被列为国家机密。因此，泄露任何有关事故的消息都将受到法律的惩罚。1958 年底，法规稍微放宽了一些，但即便在那个时候，谈论事故的人仍会受到监禁的威胁。就像尤里·布尔涅夫斯基（Yurii Burnevsky）的妻子，她在爆炸后不久从奥焦尔斯克搬到了列宁格勒，在一次工作面试中，她向列宁格勒的党委书记提及这场事故，就差点被送进监狱。[58]

爆炸释放的辐射物大都落在了厂区里，其余 200 万居里的辐射物大部分被风吹离了车里雅宾斯克 -40，落到地面后形成了所谓的"东乌拉尔放射性痕迹"（East Urals Radioactive Trace）——城市东北方向的大片放射性土地。当时，根据北约专家的记录，欧洲和亚洲的辐射水平并没有显著上升。

10 月初，当局派出了一组放射剂量检测员到全市各地测量辐射水平，随后收到了核污染扩散估计的初次报告。受污染最严重的是森林中的树木和深约 2 厘米的表层土。初次报告中的读数已经表明，在受爆炸影响的地区，不同区域的污染程度有轻有重。在一片 1000 平方公里的地区内，居住着约 1 万名居民。经检测，其辐射水平至少可达到每平方公里 2 居里。该地区内有一片住着 2000 余名居民的区域，吸收的辐射剂量更大，高达每平方公里 100 居里。后来，研究表明，受到核污染的地区范围远大于最初的估计范围，达到了约 2 万平方公里。[59]

对于马亚克综合厂以外那些受到高度污染的地区，叶菲姆·斯拉夫斯基和几名助手设立了新的处置模式——重新安置受污染村庄的居民。1951 年，由于受到高度污染的废料被排放到捷恰河之中，这个处理办法在梅特利诺村使用过。在乌拉尔地区，苏联人的做法或多或少和 1954 年克拉克森将军处理马绍尔群岛问题有相似之处，但需要撤离的人数要更多。苏联的官员也花了更多时间了解状况、测量辐射、转移民众。

辐射安全官来到位于辐射区的贝尔迪亚涅什（Berdianiesh）村时，这里有 85 户居民，共 580 人，他们仍在有条不紊地过日子，此前没有收到任何有关核事故的提醒，也没人告知他们这起事故会给他们自身和环境带来的危害。放射剂量检测员 D. I. 伊林（D. I. Ilin）看到孩子们在马路上玩耍。他走近孩子们，将放射量测定器放在他们的肚子旁，并说："用这个仪器，我可以准确地测出你们之中谁吃的粥最多。"仪器测得的读数高得惊人，达到了 40—50 毫伦琴 / 秒。辐射安全官又测量了散养在村里的鹅排出的粪便，读数是 50—70 毫伦琴 / 秒。地表的平均辐射读数为 2—100 毫伦琴 / 秒，但在某些区域高达 400 毫伦琴 / 秒。[60]

马亚克综合厂的厂长米哈伊尔·德米亚诺维奇听到他们汇报的读数时，简直不敢相信自己的耳朵。信息经过复核，确定无误。然而，放射剂量检测员又发现，其他村庄的情况比贝尔迪亚涅什村更糟糕。加利基耶沃村（Galikievo）的面积约为贝尔迪亚涅什村的两倍，那里的辐射读数高达 110 毫伦琴 / 秒；小村庄萨尔特科沃（Saltykovo）只有 46 户居民，共 300 人，那里的辐射读数为 20—310 毫伦琴 / 秒。在村子里生活一个月，体内积累的辐射剂量就可危及生命。尽管理论上可以重新安置这些村民，但在其他地方没有现成的住房，也来不及建造新的房舍。

重新安置的计划由叶菲姆·斯拉夫斯基亲自监督。10 月 2 日，也就是他来到现场的第一天，斯拉夫斯基就做了一些初步决定。那时，他们还没有掌握全面的信息，对情况改善的预估也过于乐观。

由斯拉夫斯基牵头的调查委员会决定暂时将萨尔特科沃村村民转移，直至第一场降雪覆盖了被污染的土地，村民们才可以回村，一直待到春季。马亚克综合厂的工程队会在村里没有受到核污染的"干净"区域建造住房，以便永久安置这些居民。这是最开始的计划，然而几天过去了，在他们掌握了更多信息后，还是决定将三个村庄的全部居民永久性转移。难民们将被暂时安置在"干净"的集体农场和工厂的营地中。[61]

斯拉夫斯基回忆称，在受污染最严重的那些地区，牛会流血不止，他得知这一情况后便决定重新安置居民。对村民来说，疏散工作变成了一场可怕的噩梦。整个疏散行动均在保密的气氛中进行，村民们在撤离前被迫签署了保密协议，根据协议，如果他们和别人讲起了被重新安置的原因，就会遭到监禁。斯拉夫斯基视察村庄时有意隐瞒了身份。一名巴什基尔妇女问他是谁、来做什么，他没有直接回答。这名妇女直到向村里举报之后才得知了实情，她非常生气："你为什么要骗我？"[62]

斯拉夫斯基依然没有回答。总体而言，他发现，鞑靼人和巴什基尔人要比俄罗斯人更好应付，因为他们中有很多人不懂俄语，只能靠水平有限的口译员沟通。这似乎与美国人在太平洋试验场遇到的情形别无二致。出于语言和文化的原因，土著好像都对中央政府的命令相当配合。美苏两个超级大国都在自己的"后院"占尽好处，却还装模作样地在反帝问题上大打口水仗。

10月5日以前，萨尔特科沃村的村民们便离开了村庄。3天后，贝尔迪亚涅什村的疏散指令也下达了。村民们被送上了卡车，一到达目的地，他们的衣服就被收走了，并领到了新衣服。村民们再也见不到他们的村庄了。士兵们负责处理留在村子里的牛。经证实，奶牛是所有家畜中"最脏"的，因为它们吃了受到高度污染的草。奶牛被士兵赶到坑里射杀，尸体被泼上煤油后掩埋于地下。士兵们的任务完成后，马亚克综合厂的一批工作人员前来测量了废弃的房屋和谷仓，以便计算村民们的补偿金。随后，这批工作人员将这些房屋尽数烧毁，一方面是防止居民偷偷返回家中，另一方面也能彻底解决这些已被高度污染的房舍。[63]

那年早些时候，车里雅宾斯克–40 的马亚克综合厂新来了一名年轻的技术员，名叫根纳迪·西多罗夫（Gennadii Sidorov），他负责带领一支"放火队"。1958 年 2 月，他们开始执行任务，烧毁了萨尔特科沃村。任务的第一步是检查风向，如果风往城市的反方向吹，他们就会穿梭于一座座谷仓和木屋之间点火烧村。"我们直到深夜才离开，"西多罗夫回忆道，"在夜空的映衬下，几公里外都能看到熊熊大火。"萨尔特科沃村被烧毁后，接下来是贝尔迪亚涅什村和加利基耶沃村。虽然放火队的人应该穿防辐射服，但西多罗夫回忆说，他和队员们都没有做什么防护。谁也说不准自己在烧毁房屋的过程中吸收并散播了多少辐射。[64]

1958 年 2 月，在西多罗夫和他的小队忙于焚毁 3 座村庄之时，政府决定要疏散更多受污染地区的居民。马亚克综合厂的建设部门奉命搭建了一些帐篷营地，让这些居民在这些营地度过整个夏天，并在秋天之前建好永久性住房。现如今，西多罗夫和他的小队被派往新的村庄，以帮助村民撤离。农民不信任政府，不愿离开。西多罗夫讲述了自己与罗斯卡亚卡拉博尔卡（Russkaia Karabolka）村的一位老人的对话。"把全部真相都告诉我吧，小伙子，"他对西多罗夫说，"我的所有亲人都进了坟墓。"西多罗夫试图解释这片区域遭到了核污染，或者说"很脏"，但老人并不相信。"我想他们在这里发现了铀，不久后这里将建起工厂，拉上铁丝网。如果那时我还活着，一定会过来看一看。"

老人的猜测已经很接近真相了：他被赶出了祖祖辈辈生活的村庄，因为铀生产即将开始。几天后，老人去世了。西多罗夫还回忆起村里的一位年轻女性，是三个孩子的妈妈，西多罗夫小队评估完她的房子后不久，她也去世了。虽然死因不明，但前来调查的地方检察官确信她的死是核事故导致的，或许是因为强制转移安置使她承受了过大的心理压力。有些村民干脆拒绝搬家。有一次，一名男子用猎枪威胁西多罗夫和他的队员。还有一次，有人拿着斧头威胁一名拆迁人员。罗斯卡亚卡拉博尔卡村是一个俄罗斯人的村庄，与鞑靼人和巴什基尔人不同，这里的居民觉得他们能够奋起抵抗。[65]

摆在村民面前的有两个选择：第一个选择是搬进在无污染区域内为他们建造的房子，第二个选择是拿到一笔住房和财产损失赔偿金，然后在国内自行选择居住地。虽然评估员们确定补偿金时相当慷慨，但这些房屋价值本就不高，靠马亚克综合厂提供的补偿金自行搬迁是很困难的，想要搬到大城市更是难上加难。28 岁的扎吉特·阿赫马罗夫（Zagit Akhmarov）是一名住在加利基耶沃村的鞑靼人，他的房子估价为 6727 卢布 14 戈比——根据当时的苏联官方汇率约等于 1700 美元，黑市上则相当于 350 美元左右。不过，这个估价仍算不错，因为老房子都被当成新房子来评估，没有因损坏而折旧。但如果阿赫马罗夫决定搬到奥焦尔斯克，那这笔赔偿金就不算多了。以被派往加利基耶沃村测量辐射水平的放射剂量检测员的主管为例，他的月薪约为 2500 卢布，在危险条件下工作还可拿到一笔特殊津贴。阿赫马罗夫用自己唯一的住所换来的钱，相当于一个城市居民 2.5 个月的工资。[66]

共有 7 个村庄的居民从污染区域撤离，得到重新安置，斯拉夫斯基和他掌管的中型机械制造部为此花费了 2 亿卢布。一万多人不得不背井离乡，另觅家园。除了前来帮助疏散的士兵和马亚克综合厂的员工以外，邻近村庄中那些能够继续住下去的村民都颇为同情这些被迫离乡的村民。然而数十年后，这些原本心存同情的人之中会有一些人宁愿拿赔偿金离开的人是自己。车里雅宾斯克-40 的工人们永远不会得到政府为灾民提供的迁居补贴，苏联军队中那些参与事故处理的战士也永远无法享有事故受害者被赋予的权利，他们在汇总服役记录时无法提及在核事故区度过的时间，毕竟保密是第一位的。

最悲惨的当属那些被允许留在村庄里的人，因为按规定，他们居住的区域没有达到需重新安置的污染程度。鞑靼斯卡亚卡拉博尔卡（Tatarskaia Karabolka）村的鞑靼人就是这样。不同于旁边的罗斯卡亚卡拉博尔卡村，他们从未被疏散。数十年后，村民们大多得了病，包括几种癌症，他们将其归因于核事故产生的高辐射。21 世纪最初几年进行的辐射研究表明，鞑靼斯卡亚卡拉博尔卡村和另一些村庄受污染的程度的确要比之前设想的要高很多。事故发生 45 年后，辐射专家们不得不重返村庄，清理辐射热点区域。来访记者报道称，几乎每家每户都有癌症患者，统计的患癌死亡人数要远远低于真实值，因为穆斯林受害者的亲属不同意进行尸检。[67]

鞑靼斯卡亚卡拉博尔卡村的鞑靼人至今仍怀疑当局牺牲了他们

的利益，来保全罗斯卡亚卡拉博尔卡村的俄罗斯人。虽然没有迹象表明政府偏向于重新安置俄罗斯人，而置鞑靼人和巴什基尔人于不顾，但有大量证据表明，事故发生后，鞑靼斯卡亚卡拉博尔卡村的村民所生活的环境对他们的身体健康产生了威胁。1958 年 10 月末，政府为污染区内约 80 座村庄量身制定了应急辐射规范。对于辐射上限的规定，新规明显高于旧规。人们继续在这片已被高度污染的土地上种田、饲养牲畜。官方的禁令形同虚设。1958 年冬，由于洁净的干草耗尽，斯塔里科沃（Starikovo）村集体农场的农民给牛喂了 580 吨受污染的干草。他们的农场是以斯大林的名字命名的。[68]

牛奶、肉类和其他包括马粪、牛粪肥料在内的动物产品能将辐射带至很远的地方，辐射波及的范围不仅限于牲畜养殖地区。1962 年，即事故发生 5 年后，委员会在调查新戈尔内（Novogornyi）居民区的强辐射起因时，有了新的发现。新戈尔内距离马亚克综合厂约 7 公里，也受到了核辐射的影响。辐射读数最高的地方并不是街道或楼宇，而是居民们的自留地。该镇的近 6000 名居民都靠种田来获取食物，地里施的肥料来自当地农场的动物粪便。街道的锶-90 辐射读数显示的是 0.2 居里，而菜地的辐射读数则为 0.74 居里。新戈尔内的居民们得到建议，最好在自家菜地里进行深耕。[69]

那么，爆炸到底是怎么发生的呢？ 1957 年 10 月 2 日，斯拉夫斯基抵达奥焦尔斯克时，这个关键问题始终萦绕在他的脑海之中，但此事错综复杂，短短几天内很难下定论。10 月 11 日，斯拉夫斯基仍忙于向爆炸的废料罐通水、净化工厂辐射、安置村民之时，一个特别委员会成立了，其任务就是调查此事。

关于爆炸的起因，委员会提出了三个设想。第一个是像斯拉夫斯基和其他同事一开始设想的那样，认为这起爆炸是一次核爆。第二个设想则将爆炸归咎于氧气和氢气混合引起爆炸。第三个设想则怀疑事故是由硝酸铵和醋酸盐混合产生的硝酸盐溶液分解所致。很快，第一个设想被排除了，因为经过对爆炸释放的放射性核素进行分析可知，这次爆炸并非核爆。第二个设想最终也被推翻，因为氢氧混合发生爆炸的威力不足以将160吨重的混凝土盖掀飞到高空。那就只剩下第三个设想，它成为后来人们普遍认可的解释。[70]

不过，硝酸盐和醋酸盐又是从哪儿来的呢？无论委员会成员支持第二个还是第三个设想，他们都发现了核废料罐过热的问题。此前由于14号废料罐发生爆炸，剩余废料罐的冷却设备受损，斯拉夫斯基正是根据这一发现采取行动、力挽狂澜，最终给未爆炸的废料罐重新接通了水和空气。委员会认为，操作人员在9月29日下午看到的黄色烟雾便是由硝酸盐分解所产生的，是废料罐中的水蒸发后，内部物质发生化学反应的结果。

爆炸的废料罐所处的储存区建于1953年，但监测废料罐供水和温度的设备很快发生了故障，因为这些设备在设计时并没有将极端条件考虑在内。由于没有更好的设备，就一直没有进行维修，毕竟密封不良且时有泄漏的核废料罐所产生的高强度辐射会严重损害维修人员的身体健康。1957年4月，供水系统发生了故障，监测系统也未能显示其中一只废料罐的温度正在逐渐升高。根据后来的推测，由于缺乏冷却剂，14号废料罐中的水已经完全蒸发了。随着温度升至330摄氏度以上，废料罐中的硝酸铵和醋酸盐混合形成了爆炸性物质。一旦到达临界量，废料罐就会发生爆炸。[71]

即使是那些严重程度远不及马亚克综合厂的技术事故，将事故责任人判处监禁也是苏联体制常规的惩罚手段。然而，出乎意料的是，没有人因马亚克综合厂的爆炸事故而入狱。核废料储存场的主管叶夫根尼·伊尔霍夫（Yevgenii Ilkhov）虽遭到了斥责，但还是保住了工作。他后来解释说，爆炸发生的前几个月，他至少向上级提交了两份报告，请求修复地下设施的监测系统。但实际上，马亚克综合厂的厂长米哈伊尔·德米亚诺维奇收到伊尔霍夫的请求后，从未将其上报给唯一能决定此事的中央部门。德米亚诺维奇虽被撤了职，但他和斯拉夫斯基的交情很深，后来被重新任命为另一家工厂的厂长。[72]

当时的替罪羊科马罗夫虽仍被舆论指为元凶，但也没有受到刁难。他的经历至少部分解释了其余那些"罪魁祸首"如何脱罪、为什么能脱罪。科马罗夫的上级接到了解雇他的命令，但次日又打电话叫他回来工作。毕竟仍有可能发生更多爆炸，必须防患于未然。但问题是既了解工厂和该地区，又能帮助解决危机的专家越来越少，高层管理人员同样也很缺乏，斯拉夫斯基比任何人都清楚这一点。他显然也认为管理人员不应受到严厉的惩罚：毕竟，他们都航行在这片未知的水域，事故难免会发生，即使是如9月29日这般严重的事故也是一样。

虽然科马罗夫洗脱了罪名，但这起事故在他的心中留下了不可磨灭的印记。爆炸虽然并非因他而起，但多年来始终是他无法摆脱的梦魇。如同他多年后描述的那样，只要他闭上眼睛，相同的核爆末日景象就会在他眼前一遍又一遍地上演，"大地被核爆撕裂，寸草不生，只有裸露的土地，没有一座建筑完好无损，目之所及只有无门无窗的钢筋水泥之林，映衬在残阳之中"。他用了一个词为这段描述作结——"毛骨悚然"。[73]

叶菲姆·斯拉夫斯基继续担任苏联中型机械制造部的部长，直至 1986 年切尔诺贝利核事故发生。他认为马亚克综合厂的这起事故不但是了解钚生产的好机会，更是了解低剂量辐射对人体和环境影响的好机会。

正如克拉克森将军下令设立"项目 4.1"来研究人体对辐射的反应一样，斯拉夫斯基也怀着相同的热情对辐射展开研究。不论是在美国还是在苏联，辐射受害者的健康状况充其量只是次要考虑的因素。或许在未来，辐射受害者将以数百万计，克拉克森和斯拉夫斯基都在为此做准备。他们不能错过任何学习的机会，哪怕只是吸取自己的教训。如果说克拉克森将军的项目只能在核试验行动期间展开，那么斯拉夫斯基则有机会建立永久性的机构。很快，一家放射生态学研究所在莫斯科附近成立，旨在研究低剂量辐射的影响；此外，在受东乌拉尔放射性痕迹影响的地区，也开设了一个研究站。[74]

在接下来的 30 年中，医生和研究人员对超过 3 万名苏联人进行了医学观察，包括在事故前和事故后出生的人。他们得出结论，人体所受的辐射主要源于食物。事故发生后的头 4 年，被观察者的锶 -90 年摄入量就超标了。随后的 8 年中，人体吸收的锶 -90 总量中，约半数是通过牛奶摄入的。事故发生的 30 年后，与食物一起摄入的锶量下降到 1957 年的 1/1300，1958 年的 1/200。到 20 世纪 80 年代末，被观察者均无急性放射综合征的症状。在研究辐射对健康的影响时，受辐射组和未受辐射组并无显著差别。

与马绍尔群岛的居民们相比，乌拉尔人暴露在较低剂量的辐射下，但遭受辐射的时间要更长。不过，两地儿童的情况有一个相似点。与马绍尔群岛的情况类似，人们发现乌拉尔地区受辐射影响最严重的是事故后最初几周随村民转移安置的儿童。叶卡捷琳堡（斯维尔德洛夫斯克州）辐射安全委员会的调查显示，7 岁以下的儿童吸收了高达 1 希沃特（即 100 雷姆）的辐射，1—2 岁的儿童无论何时被安置，受辐射情况同是如此。1957 年秋，在最先疏散的 3 个村庄中，超 1000 名居民人均吸收了 57 厘希沃特的辐射（1 厘希沃特等于 1 雷姆）；1958 年夏，近 2800 名疏散的居民平均每人吸收了 17 厘希沃特的辐射；接下来的几个月中，剩余的 7000 多名居民人均吸收了 6 厘希沃特的辐射。

20 世纪 90 年代，叶卡捷琳堡的科学家经研究发现，尽管由受辐射影响人群组成的实验组跟由普通人组成的控制组之间在患癌率上无显著差别，但在 50—59 岁年龄组中，受辐射影响人群的患癌率是控制组的 1.5 倍，而在 60—69 岁年龄组中可达 2 倍之多。主要的癌症类型为消化道癌和肺癌。对比控制组，50—59 岁受辐射影响的女性患乳腺癌和妇科癌症的概率更高。不过，医疗机构和辐射受害者在评估放射性物质对身体的影响方面存在巨大差异。鞑靼斯卡亚卡拉博尔卡村的居民称，他们的癌症发病率是正常人的 5—6 倍。[75]

污染区研究站的科学家进行了大规模的研究，考察放射性沉降物对环境的影响。一开始，放射剂量检测员和其他几名科学家发现，辐射影响了树木的生长和发育，尤其是爆炸中心点周围约 12.5 公里范围内的松树，它们因辐射而逐渐枯萎，最终死去。这一区域以外的松树则会出现各种畸形。

辐射没有造成受污染区域的鸟类或其他动物死亡。事实上，因为这一地区被当地政府封锁隔离，农牧业全部停止，动物的数量不减反增。1957—1958 年的秋季和冬季，树冠中聚集的辐射减少了将近 90%，因此在秋季迁徙到南方的鸟于春季返回时，避开了大部分辐射。但鸟类食用了在这片高度污染土地上生长的浆果后，免不了受到辐射影响。鱼类的处境比其他动物更加悲惨，事故发生后的最初几年中，鲤鱼和鲫鱼的数量有所减少，因为这些鱼在湖底的淤泥中过冬，而淤泥具有很高的放射性。[76]

1957 年核事故发生后，科学家们开始在这片受放射性沉降物影响的地区进行科学研究。1958 年底，当地政府宣布禁止民众进入该地区。边界设有禁止入内的标志，由地方政府负责监管和警戒。20 世纪 60 年代末，奥焦尔斯克地区被划成了自然保护区。无论官方把这里划成危险区还是自然保护区，划分的原因对公众来说都是个谜——直至 1989 年 7 月，在切尔诺贝利核灾难引发反核运动之后，1957 年的马亚克综合厂核事故（媒体称其为克什特姆核事故）才在苏联最高苏维埃会议上首次得到讨论。虽然自 1957 年秋以来，这个"自然保护区"内很多区域的辐射水平下降到最高辐射水平的数百分之一，但时至今日，该地 85% 的地区仍是生态灾区。[77]

苏联解体后，俄罗斯制定了相关法律，承诺为克什特姆核事故的受害者提供国家补助和支持。然而，这部法律是在 1993 年通过的，如果那些参与辐射清理工作的人在 1993 年以前去世，他们尚在人世的配偶和子女就无法享受法律给予的补贴。事实上，在

1957 年遭受辐射的人中，能活到 1993 年的寥寥无几。2015 年，一位名叫娜杰日达·库特波娃（Nadezhda Kutepova）的奥焦尔斯克人创立了一个非政府组织，帮助事故受害者的配偶和后代在俄罗斯法庭上主张权利。然而，她被官方媒体指控为"工业间谍"，被迫逃离了俄罗斯。[78]

想让俄罗斯政府为克什特姆地区的辐射影响负责，这个可能性不大。令人悲痛又颇具讽刺的是，马亚克综合厂自 1949 年以来释放的长寿命放射性核素，其辐射总量估计高达 1.23 亿居里，而克什特姆核事故泄漏的约 2000 万居里辐射仅占其六分之一。[79]

第三章　英伦烈火：温茨凯尔

1957 年 10 月 10 日，英国首相哈罗德·麦克米伦（Harold Macmillan）致信美国总统德怀特·艾森豪威尔。他想提出的主要问题是："我们该如何对付这些苏联人？"他指的并不是乌拉尔地区发生的核事故，那时这两位领导人还不知道此事，他指的是苏联政府高调宣布的一则新闻。10 月 4 日，正当斯拉夫斯基还在奋力避免核废料罐爆炸时，莫斯科广播电台宣布，苏联成功发射了第一颗人造地球卫星，名叫"斯普特尼克"。[1]

"斯普特尼克"，即俄语里的 Sputnik，意思是"卫星""同行者"，它随即成为全世界家喻户晓的名字。这颗卫星在西方的"权力走廊"[①]中引起了广泛的恐慌，尤其是美国。尽管苏联人强调他们是本着和平的目的将卫星送入外太空，但很明显的是，拥有弹道导弹的苏联很快就有能力用核弹打击美国。以海洋作为天然屏障的

----

① "权力走廊"一词源自英国科学家、作家查尔斯·斯诺（Charles Snow）的同名小说，指暗中左右决策的权力中心。

美国如今已不再坚不可摧。就算不相信莫斯科广播电台发布的消息，人们也可以亲眼见证"斯普特尼克"的真实性——卫星发射后的近 3 个月内，每当夜幕降临，人们都可以观察到这颗围绕地球转动的人造卫星，发射后的头 3 周，人们的收音机还能接收到卫星发出的无线电信号。[2]

由于地理位置的原因，英国始终担心遭受苏联的核打击。因此，麦克米伦迫不及待地抓住苏联发射卫星的时机，推进他计划已久的议程——重建英美的核伙伴关系。这个核伙伴关系在曼哈顿计划全盛时期由丘吉尔和罗斯福缔结，但在战后却因美国声称拥有原子弹及其制造技术的独家所有权而分崩离析。英国人则一直认为美国人骗取了他们的技术和资金。英国在核弹方面的研究比美国更早。美国的核项目于 1942 年启动——在此之前，英国人共享了他们掌握的核知识。英国科学家还在洛斯阿拉莫斯国家实验室参与研究，帮助美国造出了第一批核弹。不过，英国科学家中也潜伏着一位最出色的苏联间谍①，悄无声息地打入了曼哈顿计划。[3]

战后所有的英国首相，从克莱门特·艾德礼（Clement Attlee）到温斯顿·丘吉尔（Winston Churchill）、安东尼·艾登（Anthony Eden），再到如今的麦克米伦，无一不坚信英国别无选择，即使仅仅是为了维持英国的大国地位、重启跨大西洋核合作，也必须发展自己的核力量。核力量才是他们对抗苏联的真正威慑力。如果拥有

---

① 指德裔英国物理学家克劳斯·福克斯（Klaus Fuchs），他在洛斯阿拉莫斯国家实验室工作期间，向苏联提供了大量有关核弹的详细情报。1950 年，福克斯在伦敦被捕，随后被判处 14 年监禁。

自己的核弹，英国就可以向美国表明，他们有实力换取美国的技术，从而增加重启合作的可能性。1952 年，英国成功制造了一枚原子弹，如今正在狂热地研制氢弹。这项任务耗资巨大。英国自二战后不断失去前自治领（Dominion）[①] 的支持，因此基本无法与苏联、美国展开全面核竞赛。英国非常希望恢复与美国之间的知识和技术共享。[4]

"斯普特尼克"为麦克米伦提供了一个机会，能够再次推进与美国的核同盟关系。麦克米伦在给艾森豪威尔的信中写道："这颗人造卫星让我们意识到，他们是多么可怕的对手，也意识到他们对'自由世界'造成了多大的威胁。"他建议整合美英双方的资源，领导"自由世界"应对这一新的威胁。麦克米伦继续说："显然，我们很自然就能想到，要整合的资源就包括核武器、弹道导弹、反导防御系统和反潜武器。"同时，这位首相也承认："到目前为止，西方在这方面的绝大部分资源和研究成果都属于贵国。"但他确信英国也能贡献自己的力量。"我们有庞大的技术团队，我相信我们会为双方的伙伴关系做出坚实的贡献。"最后，他以这样一句话结束了对核合作的呼吁："此时不搏，更待何时？"[5]

与苏联的原子弹项目类似，在广岛、长崎核爆后，英国同样以大型工业项目的形式启动了原子弹项目。然而，英国跟苏联又截然

---

① 自治领是大英帝国殖民制度下的一个特殊国家体制，是殖民地迈向独立的最后一步。除内政自治外，自治领还有自己的贸易政策和有限的自主外交政策，也有自己的军队，英国则保留宣战权。加拿大、澳大利亚、新西兰、南非和爱尔兰都曾是英国的自治领。

不同。英国物理学家对曼哈顿计划的成功贡献颇多，但在一些重要方面缺少第一手知识，特别是在建造核反应堆和生产裂变燃料方面。他们在与美国分享知识的同时，也借鉴了他们的经验。从这个意义上讲，英国战后核项目的发展同样离不开美国的帮助，也跳脱不了美国的影响，这跟苏联的情况是一致的。只不过，苏联和英国的关键差别在于，苏联靠的是窃取情报，而英国则是在美国政界和学界的半同意下借鉴信息。

战后，英国开始建立（更准确地说是重建）自己的核计划。计划分为多个阶段，包括建立研究所需的基础设施，生产裂变燃料，最后是制造核弹。制订这样的计划是考虑到战争对英国国家资源的影响：政府不愿在该项目上投入太多的政治资源和经济资源，希望依靠与美国的关系来合作生产核武器。政治上，工党人士强烈反对核项目，其中包括内阁成员中的亲共者和二战时期的亲苏者。英国的财力已经枯竭，无法继续从自治领攫取经济利益，大英帝国已是日薄西山。1945 年 12 月，内阁面临一项抉择：要么花费 3000 万—3500 万英镑建造两座核反应堆，要么花费 2000 万英镑建造一座核反应堆。为减少开支，他们选择了后一种方案。诚然，1945 年的 2000 万英镑接近于今天的 9 亿英镑，大约相当于 12.7 亿美元。[6]

1945 年 10 月，英国迈出了恢复核主权的第一步，48 岁的约翰·考克饶夫（John Cockcroft）受命领导位于哈韦尔（Harwell）的英国原子能研究所（AERE）。考克饶夫是核研究的先驱，曾于 1932 年首次以人工方式诱发了原子核分裂，后来还凭此获得诺贝尔奖。1946 年 1 月，英国军需部（The Ministry of Supply）①建立了一个生产浓缩铀和钚的项目，由 44 岁的克里斯托弗·欣顿（Christopher Hinton）指导，他曾在二战期间监督英国军械厂的建设。原子能生产部副主任的新头衔足以说明欣顿的职责。最终，这年晚些时候，他们设立了军备研究总监督的职位，简称 CSAR 或"恺撒"。37 岁的数学家、物理学家威廉·彭尼（William Penney）担任该职，他曾在战争的最后几年领导参与曼哈顿计划的英国科学家代表团。彭尼此时的任务是结合考克饶夫的研究与欣顿生产的铀和钚，制造第一枚属于英国的核弹。[7]

1946 年 6 月，美国国会通过《麦克马洪法案》（McMahon Act），规定美国不得与他国分享本国的核机密，包括当下和过去的盟国在内。这个法案直接促使英国做出决定，跨过科学研究阶段，直接生产裂变燃料，从而制造出可用于军事或实现和平目的的核弹。1946 年秋，外交大臣欧内斯特·贝文（Ernest Bevin）在部长级委员会会议上阐明了英国的主要动机。贝文对他的同僚们讲道："我们必须不惜一切代价造出核弹。"此前，他刚刚与美国国务卿詹姆斯·伯恩斯（James Byrnes）进行了一场艰辛又屈辱的讨论。"该死的，我们必须把英国的旗帜插上核武器研究这块阵地。"他接着解释道，"我们一开始就在核领域发挥着主导作用。如果不充分利用我们在核领域的发现，不仅有损英国的国际声誉，而且与美国合作的机会也会更加渺茫。"[8]

1947 年 1 月，英国首相艾德礼和他在内阁中的几位亲密盟友

---

① 成立于 1939 年，负责协调英国海陆空三军的装备供应，1959 年被撤销。

正式决定启动原子弹项目。英国的核计划有三个方面——研究、燃料、原子弹，其中燃料方面的困难似乎最大。虽然英国在20世纪30年代末率先展开原子弹研究，威廉·彭尼和他的同事们也参与了美国洛斯阿拉莫斯国家实验室的研究工作，但他们从未获准参与原子弹工业部件的制造，包括芝加哥1号反应堆、橡树岭国家实验室反应堆、汉福德场区反应堆和华盛顿州里士满的钚化工厂。新任原子能生产部副主任克里斯托弗·欣顿在工业生产方面经验颇丰，但在核能方面仍是新手，他必须大量试错，不断学习。[9]

欣顿身材高大，一位传记作家说他"不论是身体、智力还是专业能力，都远胜他人"。欣顿在1901年出生于一个教师家庭，他和英国核项目的许多奠基人一样并无贵族背景，而是通过勤奋和坚韧攀上高峰。欣顿的家庭只供得起一个孩子上大学，家里人认为他的姐姐更聪明，所以把上大学的机会给了他姐姐。1917年，欣顿离开学校，成为外科医生的梦想随之破灭。他白天当铁道学徒，晚上抽出时间自学。22岁时，他获得了剑桥大学的奖学金，专攻工程学，并以一等荣誉学位毕业。

20世纪30年代正值经济下行，欣顿在一家大型化学品制造商——碱业集团（Alkali Group）的工程部任职。面临着市场崩溃的局面，欣顿不得不解雇他的半数员工，也由此练就了做出艰难抉择的能力。二战期间，他被临时调派到军需部，负责运营英国皇家兵工厂，也借此学会了如何制造武器。后来他受邀管理英国核项目的工业团队，条件是由他全权负责裂变燃料工厂（他以为会是军工厂）的设计、建造和管理工作。最终，他建成了核反应堆和新工厂，掌握了很大的权限，但并非独断专权。

作为管理者，欣顿经验丰富、逻辑性强，很多人认为他骨子里是一个独裁者。但他不求名、不求利，或者说他从未把这些当作第一要务。一方面，在做决定前他会鼓励大家积极讨论，交流彼此的意见；另一方面，他也是很感性的人。欣顿亲自参与每一项重大决策，每个月至少去一次建筑工地，确保工程按期施工，工程的实际开销有时甚至比预算还少。[10]

1947 年 9 月，在英格兰西北部坎布里亚郡沿海的锡斯凯尔（Seascale）小镇，欣顿开始建造英国最早的两座核反应堆。核反应堆将建在距这个小镇几公里远的一家皇家兵工厂的旧址，原来的兵工厂名为塞拉菲尔德（Sellafield），新建的核设施则被命名为温茨凯尔（Windscale）。欣顿还肩负了其他重任，包括在反应堆附近建造钚加工化工厂，在斯普林菲尔德（Springfield）建造铀提炼工厂，在切斯特（Chester）附近建造铀浓缩工厂。他必须快马加鞭。当时，人们估计苏联将很快造出首枚原子弹，所以英国要比苏联更快。

欣顿的工程项目将英格兰西北部改造成了核地区，永久地改变了当地城镇的面貌和气质。锡斯凯尔的改变最为明显，1849 年，这个昔日村庄先是接通铁路变成了度假小镇。1949 年秋，欣顿又带来了 5000 名工人——无论小镇有多少旅店和餐馆，都无法容纳这么庞大的人群。除了反应堆之外，在锡斯凯尔的周边也有大量的住房开始建造。随着施工的进行，工人们占据了锡斯凯尔的大街小巷，等到施工接近尾声，科学家和工程师的人数渐渐多了起来，小镇的农民称这些外乡人为"原子人"。看着巨大的烟囱和冷却塔拔地而起，这些农民有时惊恐，更多时候则是惊奇，天真地以为建造它们的目的只有一个——发电。[11]

锡斯凯尔吸引了众多由英国大学科学专业和工程项目培养的最具活力且志向远大的人才。这座城市是未来的希望。20 世纪 50 年代，科学家约翰·哈里斯（John Harris）就在温茨凯尔工厂工作，他回忆道："你能感觉到，这批人是新技术的先锋。"他们朝气蓬勃、热情洋溢，渴望站在知识前沿，帮助自己的国家在核竞赛中赶超对手。这批新来的科学家在很多方面都与苏联奥焦尔斯克的市民相似，包括年龄、教育程度、爱国主义和乐观精神。同时，这些"原子人"也沉浸在当时核科学的盛名之中。一位锡斯凯尔的科学家回忆道，报纸上会经常刊登"原子人"参加各项会议的报道。[12]

锡斯凯尔人与他们的苏联同行有些不同，前者备受公众瞩目和尊敬，而苏联则严格禁止核工厂员工暴露自己的身份和工作地点。不过，对他们来说，保密同样是日常生活的一部分：工厂就笼罩在秘密之中。锡斯凯尔人常常被蒙在鼓里，或被有意误导，因此他们并不知道实情。很久之后，他们才得知，被他们称作 LM 的神秘物质实际上是钋 –210，可用作原子弹的引爆材料。无论对自己的工作性质有多少了解，他们都不能与任何人讨论，包括家人在内。[13]

英国首个核机构的所在地成了全国最具智慧的城镇。如果有人统计锡斯凯尔居民的学历情况，可以发现这个小镇是英国受教育程度最高的地方之一。这些人的孩子也非常聪颖——当地学校学生的成绩比其他任何地区的学生都要优秀。一位曾经在锡斯凯尔上过小学的人回忆说，他们学校招不到物理老师，因为学生的课业水平太高，一般的物理老师不敢来应聘。曾有一个班级的所有学生都通过了 11+ 考试（eleven-plus exam）①，打开了通往文法学校的大门，走上了同父母一样受人尊敬的成长道路。[14]

温茨凯尔工厂的中心矗立着工厂最有价值的设施——温茨凯尔 1 号反应堆和 2 号反应堆。虽然这两个反应堆完全由英国制造，却沿袭了美式传统。

这些英国科学家并没有加入恩里科·费米领导的美国团队，没有参与 1942 年 12 月在芝加哥建造的首个实验堆，也没有参与 1944 年田纳西州橡树岭国家实验室和华盛顿州汉福德场区建造的钚生产堆。但是，他们与建造这些反应堆的科学家们关系密切，因而熟知反应堆的运行原理和主要性能。当时，美国的反应堆有两种类型：汉福德的水冷反应堆和橡树岭的气冷反应堆。欣顿和他的团队决定以橡树岭气冷反应堆（即 X-10 石墨反应堆）为模型建造温茨凯尔反应堆。像当时所有的美式反应堆一样，温茨凯尔反应堆以石墨作为慢化剂，为天然铀裂变产生的中子减速，使链式反应得以持续。它还使用空气作为冷却剂，防止铀燃料元件熔化。这一设计将它与橡树岭 X-10 石墨反应堆以及基于同一模型的苏联安努什卡反应堆区别开来。[15]

欣顿选择 X-10 石墨反应堆作为模型有多个原因。汉福德式反应堆每天需要 11.3 万吨的水才能运转。这类反应堆的建造者一直

---

① 英国小学生在六年级初（秋季）参加的小升初考试，专门用于英国文法学校（相当于公立重点中学）的学生选拔。上普通公立中学的孩子不需要报考 11+ 考试。

遵循着不得在人口 5 万以上的城市附近 80 公里范围内建造反应堆的限令。如果在人口稠密的地区建造反应堆，一旦发生事故，后果不堪设想，而在远离大城市和居民区的地方又缺乏可作为冷却剂的淡水。由于水价高昂，如果冷却剂供应不足导致堆芯过热，反应堆就有爆炸的危险，因此，1947 年英国人决定放弃水冷设计。他们也考虑过可能更安全的加压气冷系统，但这种系统的造价更高、建造时间也更长。最终，他们选择了无需水的气冷设计，建造简单且迅速，而且安全性也更高。[16]

以上所述的技术和政治因素造就了温茨凯尔反应堆。它的原型是美国 X–10 石墨反应堆，简单讲就是一个横置的石墨圆柱体，其内部有大量的水平燃料通道。燃料通道总数达到了 1248 道。燃料通道内置有铀棒，即填充了天然铀的密封容器。3 台电动鼓风机向燃料通道铝壁和铀棒之间的空隙鼓风，用以冷却铀棒。

反应堆的基本设计思路非常简单，欣顿和英国工程师也都非常清楚。他们的任务就是想办法"放大"橡树岭式反应堆，同时不引起任何问题。不同于橡树岭反应堆的 1248 道通道，温茨凯尔反应堆有 3440 道燃料通道，每道燃料通道可容纳 21 根燃料元件，整个反应堆的燃料元件总数高达 72 240 个。另外，不同于橡树岭反应堆所用的 3 台鼓风机，英国人动用了 8 台鼓风机，外加 2 台备用机。

再看其他方面，橡树岭反应堆和温茨凯尔反应堆的运行方式类似。铀棒中发生裂变反应，构成石墨圆柱体主体的石墨块被用来慢化中子，而镀镉的控制棒则被用来调节反应速率及终止反应。镉能吸收中子，控制棒插入反应堆中心达到一定深度时，就能延缓甚至完全终止反应。抽出控制棒后，反应则会加速。新的铀燃料在反应堆的侧方或前方装填，再利用金属棒将其推入燃料通道中。经过辐照的铀燃料从反应堆的另一侧落入下方的水箱中，随后被送到化工厂用来产钚。[17]

虽然美国科学家受到法令约束，无法向英国同行透露太多有关原子弹的机密，但他们也没有完全背弃他们的战时盟友。毕竟，美国也不愿看到英国的反应堆发生堆芯熔毁、爆炸等事故，损害"自由世界"，助长"非自由世界"的士气。英国和美国互派代表团横跨大西洋进行实况调查、指导和咨询。1948 年，一支代表团访问英国，欣顿由此了解到"维格纳增长"（Wigner growth）——这个现象得名于普林斯顿大学教授尤金·维格纳（Eugene Wigner），他曾参与芝加哥 1 号反应堆的建造，并主持了橡树岭国家实验室的研究工作。"维格纳增长"是指受燃料通道中裂变反应的影响，构成反应堆主体的石墨块会膨胀，因此，必须要在石墨块之间留出"维格纳增长"的空间。

英国人还了解到，他们必须考虑另一种维格纳现象，即"维格纳能"（Wigner energy），也就是在裂变反应下石墨累积的大量潜能。美国的氢弹之父爱德华·泰勒就曾告诫欣顿及其工作人员，要警惕维格纳能的风险。如果不及时释放维格纳能，能量累积直至达到石墨的燃点，石墨便会在高温状态下起火。"维格纳增长"可以通过调整反应堆设计来解决，维格纳能的处理则不同，需要定期进行被称为"退火"的特殊操作，把累积的能量释放掉。在能量达到临界水平之前，反应堆操作员须提高反应水平，从而使反应堆温度升高，随之释放掉石墨中累积的过剩能量。[18]

不过，美国所提供的知识和建议总是比较零散，有时甚至是

"马后炮"。"维格纳增长"就是典型的例子。反应堆建造进入最后阶段的时候，英国人才得知石墨块之间需要额外留出膨胀的空间。幸运的是，他们发现与美国人使用的合成石墨相比，他们用的天然石墨的膨胀性没有那么大。另一项耗资更高的调整方案是由约翰·考克饶夫从美国带回温茨凯尔的。

在橡树岭之行中，考克饶夫了解到 X–10 石墨反应堆有"口气"的问题，如果装有辐照铀的铝制燃料元件因温度上升或机械原因而受损，反应堆就会将辐射"吐"至大气中。美国人在长岛建造了改进版的反应堆，装配了用来拦截放射性粒子的特殊过滤器，这样做至少能拦截其中一部分粒子。考克饶夫回到英国后，决心也在温茨凯尔反应堆上安装过滤器。从建筑学和工程学的角度看，他的这个发现来得太迟，难免会造成恐慌——用来排出热空气的烟囱早就开建了，地基和外壁的修建工作都已完成，烟囱的高度超过 21 米。尽管如此，考克饶夫还是坚持要求加装过滤器。

考克饶夫是英国核研究之父，位高权重，他的意见不容忽视。欣顿等人只得同意加装过滤器，这个过滤器后来被称作"考克饶夫荒唐事"（Cockcroft's folly），体现了很多人对这一举措的不满。在地面上安装过滤通道已经来不及了，因此工程师设计了重达 200 吨的钢砖结构，把过滤通道架在距离地面 122 米的烟囱顶部。这种排气设计在全世界独一无二——高高的烟囱顶上架着巨大的过滤通道。温茨凯尔工厂以最出乎意料的方式独树一帜，成了英国核工业的视觉象征；而在世界其他地方，核能的标志大多数是冷却塔的造型。[19]

无论"考克饶夫荒唐事"的代价有多大、影响有多深，克里斯托弗·欣顿都坚定地要求项目按时交付。1950 年 10 月，原定交付日期仅一周后，1 号反应堆启动。接着，1951 年 6 月，2 号反应堆开始运行。同年，欣顿被加封为班克赛德勋爵。1952 年 3 月，温茨凯尔反应堆生产出第一批钚。随后几个月里，他们得到的钚已经差不多能够制造一枚核弹了，不足的那部分则是从加拿大人那里借来的，他们用来产钚的反应堆位于乔克里弗（Chalk River）。乔克里弗反应堆使用的慢化剂是重水，而非可燃的石墨。重水由氘原子构成，氘原子核内不仅含有质子，还有中子。[20]

1952 年 10 月 3 日，在威廉·彭尼的组织下，英国首枚原子弹试爆成功。这枚原子弹的威力相当可观，当量为 2.5 万吨，在蒙特贝洛群岛（Montebello Islands）附近的海床上留下了深 6 米、直径近 300 米的大坑——蒙特贝洛从前是采珠场，靠近西澳大利亚，如今是无人区。彭尼回到英国，受到了英雄般的礼遇。当月，他被授予大英帝国司令勋章。欣顿和温茨凯尔反应堆达成了目标，为英国制造出首枚原子弹，维持了英国的强国地位。但核竞赛还远未结束。[21]

1952 年 11 月 1 日，彭尼成功试爆原子弹后不到一个月，他在洛斯阿拉莫斯国家实验室的前同事阿尔文·格雷夫斯引爆了当量超过 1000 万吨的氢弹。太平洋马绍尔群岛的"常春藤麦克"行动再度埋葬了英国政府与美国展开合作的希望。现在，英国必须研制出氢弹，才能向美国证明自己有共享秘密的价值。1953 年 8 月，苏联引爆了一枚原子弹 – 氢弹"混合弹"。来自苏联的威胁日益加剧，让英国制造氢弹的需求更为迫切。

1954 年 3 月，后来引发舆论哗然的"布拉沃城堡"氢弹试爆成功。接着，1955 年 11 月，苏联成功试爆了一枚"货真价实"的氢弹。对于英国政客来说，在新一轮氢弹竞赛中赶上对手变得空前紧急。温茨凯尔反应堆的压力倍增，不仅要生产更多的钚，还要生产制造氢弹必不可少的一种新的同位素——氚。

1957 年 8 月，克里斯托弗·欣顿离开温茨凯尔工厂，赶赴新成立的中央电力局（Central Electricity Generating Board）任局长，负责英格兰和威尔士的电力生产。他之所以有资格担任局长，部分原因在于他前一年在科尔德霍尔（Calder Hall）建造了新型的镁诺克斯反应堆（Magnox reactor）——温茨凯尔工厂的一个扩展工程。镁诺克斯反应堆比最初的温茨凯尔反应堆更安全、更先进，是以天然铀为原料的气冷反应堆，具有双重功用，既能产钚，又能发电。1956 年 10 月，英国女王伊丽莎白二世亲临现场，宣布科尔德霍尔核电站启动，并宣告英国乃至全世界核能时代的来临：科尔德霍尔核电站被誉为世界上首个能发电的大型反应堆。[22]

不久之后，欣顿将温茨凯尔反应堆称作"我们当初无知的纪念碑"。他还公开表示，除了比其他堆型建造得更快以外，这种反应堆并无可取之处，他反对继续建造同类型的反应堆。但在离开核项目后，欣顿变得乐观了，还在致温茨凯尔管理层的信中写道："温茨凯尔工厂始终是我的骄傲。这是一座伟大的工厂，管理非常完善。"他先是将工厂视为无知的纪念碑，后来又为这座纪念碑的管理感到骄傲，两种说法各有道理。多年来，反应堆不断出现问题，令设计师头疼不已。科学家和工程师凭借他们的专业技巧、知识以及十足的好运，设法解决了诸多问题，避免了重大事故的发生。[23]

1952 年 5 月，反应堆开始产钚约两个月以后就开始出现问题。

不知何故，2 号反应堆的温度开始急剧上升，工作人员用鼓风机才将温度降下来。当月晚些时候，2 号反应堆关停维护，工作人员才发现有数百根燃料棒诡异地从燃料通道和反应堆堆芯跑了出来，有的悬于通道口，有的落入了后壁底座的水池中，还有的落在水池外的平台上。后来查明，这些燃料棒是被鼓风机吹出反应堆的。其中一根被吹出的燃料棒已经破损了，使得一部分辐射物进入烟囱并释放至大气中。9 月，1 号反应堆的温度又开始升高。工作人员再次用鼓风机冷却反应堆，尽管他们已经意识到，吹进燃料通道内的空气在为燃料棒降温的同时，也可能引发火灾。他们冒险行事，最终得到了幸运女神的眷顾——反应堆的温度降低了。[24]

被称作"考克饶夫荒唐事"的反应堆过滤器安装在烟囱顶部，它本应拦截受损燃料棒泄漏出来的辐射物，却并未完全发挥作用——这一结论来自 1955 年夏天多位官员对该地区辐射情况的调查。他们发现有些强辐射热点已经存在了 600 天，这意味着烟囱早在 1953 年就开始排放辐射，但无人发觉。相对而言，其他辐射热点形成的时间较近。最终，他们找到了 13 根被吹出的燃料棒，它们本应在反应堆后方的管道中，却被吹入了排气管道。进一步的调查表明过滤器已经损坏，无法正常工作，导致铀燃料氧化产生的辐射物进入大气。1955 年秋，工作人员发现了更多的辐射热点，又找到 5 根受损的燃料棒。他们卸出了受损的燃料棒，修复了过滤器，但放射性污染却没有停止。1957 年 1 月，人们又发现了更多的受损燃料棒。这是一场艰苦卓绝、永无休止的战斗。[25]

1957 年夏，一项新的放射性调查显示，温茨凯尔地区所产的牛奶中，锶 -90 的含量急剧上升，虽仍在安全范围内，但已达到婴儿安全标准上限的三分之二。农业部发出了警示，但医学研究理事会（Medical Research Council）的专家经过讨论，得出了"不太可能出现任何异常情况"的结论。调查结果上报给了首相哈罗德·麦克米伦，他下令将有关此事的消息完全封锁。他最不愿看到的就是媒体报道或讨论核污染，因为这可能会影响他尽快造出氢弹的计划。[26]

麦克米伦希望温茨凯尔工厂尽快造出更多生产氢弹所需的钚和氚。工厂管理层认为，提高产能的办法就是尽可能去除吸收中子并减缓反应的要素，而他们唯一能够调整的要素就是装铀的铝制包壳。1952 年 8—9 月，在反应堆启动之前，他们首先剪除了包壳翅片上的部分金属。1956 年 12 月，为了提高氚的产量，他们为制取氚的靶材料锂镁合金引进了新的包壳。合金棒的直径从最初的 1.27 厘米增加至 2.5 厘米。可以容纳一个密封铝制包壳的外层容器被完全弃用，以便为更粗的合金棒腾出空间。当下，工作人员能够辐照更多合金，但辐射泄漏的风险也随之增加，因为一旦铝制包壳破裂，就没有任何办法能够减缓或阻止放射物的扩散。[27]

1957 年，温茨凯尔工厂的工作人员决定要解决另一个减缓钚和氚生产的因素。为了释放石墨块中由于铀的裂变反应而积累的维格纳能，反应堆要定期进行退火处理。退火可以有效防止反应堆过热，避免石墨起火。反应堆操作员在退火处理上逐渐取得了丰富的经验，但退火时需要关停反应堆，这就减少了反应堆运行的时间，降低了产能。

由于生产核弹燃料的压力与日俱增，温茨凯尔工厂的技术委员会决定减少退火操作的次数。之前是每 3 万兆瓦日（1 兆瓦日相当于 2.4 万千瓦时）辐射进行一次退火，现在他们决定每 5 万兆瓦日退火一次。反应堆操作员担心这样调整会带来危险，于是建议每 4 万兆瓦日退火一次。技术委员会同意了。管理人员将 1 号反应堆的下一次退火日期定在了 1957 年 10 月初。对于 1 号反应堆来说，这将是第九次退火操作，也是第一次在 4 万兆瓦日时退火。上一次在 1957 年 7 月退火时，反应堆几乎没有释放出任何维格纳能，这意味着到 10 月进行退火时已经积累了 7 万兆瓦日，已经有些晚了。[28]

1957 年 10 月 7 日，周一，上午 11 点 45 分，温茨凯尔 1 号反应堆第九次退火开始了。在反应堆物理学家伊恩·罗伯逊（Ian Robertson）的监督下，操作员开始抽出从反应堆堆芯吸收中子的控制棒。抽出控制棒后，整个反应堆的辐射和温度应有所升高。下一步是再调整控制棒，将反应堆前端底部的温度提升至 250 摄氏度，因为维格纳能就聚集在这里。8 日凌晨 1 点，维格纳能开始释放。一切按计划进行。[29]

伊恩·罗伯逊在 7 日全天和 8 日凌晨监督了退火过程的主要阶段，现在终于可以回家休息了。他感觉不太舒服，实际上他患上了"亚洲流感"（Asian flu）。当时，整个小镇乃至全世界都经历着一场大流感。这场流感由一种新的病毒引发，并在 1957 年 2 月首发于中国贵州，最终造成全球 200 万人死亡，是 20 世纪继 1918 年大流感后爆发的第二大致命流感。截至 1957 年 12 月，在英格兰和威尔士约有 3500 人死亡。罗伯逊的不少同事和他们的家人也感染了亚洲流感。但当时人们没有采取隔离措施，依旧正常上班工作。[30]

10 月 8 日，罗伯逊在家里待了几小时后，于上午 9 点前回到了工作岗位。然而流感不仅影响了罗伯逊，似乎还影响了反应堆。反应堆的温度变化有些出乎意料，未能在维格纳能积累的区域保持高温以释放维格纳能，相反，堆芯开始冷却。反应堆各部分的温度都在不断下降，这表明维格纳能没有完全释放。罗伯逊和工作了一个通宵的几位助手达成一致意见，打算重复整个过程：重启反应堆，加热反应堆，并再次尝试释放维格纳能。

他们重启了反应堆，操控着控制棒，尝试将反应堆加热至330摄氏度。这次操作的效果不错，但对堆芯某些部分来说，效果似乎好过头了。铀热电偶（即反应堆温度计）显示，反应堆部分区域温度的上升超出了预期值。其中有一处的温度跃升至330—380摄氏度。他们插入控制棒，重新控制住温度，但让反应堆保持稳定并不容易。反应堆对控制棒的插入和抽出反应不一致，并有所延迟。美国核工程师兼作家詹姆斯·马哈菲（James Mahaffey）后来写道："控制核反应堆就像试图驾驶泰坦尼克号绕过冰山一样困难。"[31]

10月8日余下的时间里，操作员们设法控制住了反应堆，但在9日接近下午时，反应堆的温度又一次开始升高。晚上10点左右，操作员打开了鼓风机的风门，将空气吹入反应堆堆芯，这似乎起到了一些作用。然而，午夜之后温度再次升高。尤其棘手的是位于底部第20排、编号53d的热电偶20-53，它显示的温度高达400摄氏度，随后又升至412摄氏度。操作员打开了风门，但成效不大，温度依然过高。

从夜晚到清晨，再到10日午后不久，他们不停地开关风门，但结果充其量算是喜忧参半，虽然反应堆早已关停，但温度依然居高不下。另外，排气管中的放射性不断增强，这同样令人担忧。他们明显遇到了麻烦，只是尚不清楚情况到底有多严重。10 日清晨，已经有仪器首次检测出了较高强度的放射性，先是在烟囱处，随后是在气象站的屋顶上，但人们当时以为气象站的辐射来自 2 号反应堆，而非 1 号反应堆。10 日下午，1 号反应堆烟囱内的辐射水平开始上升，辐射源确证无疑了。

到下午 2 点，在距工厂 800 米左右的地方进行的常规空气检测显示，辐射水平高于以往数值。空气样本每 3 小时采集一次，当时的辐射值已经达到了正常水平的 10 倍。工厂的健康安全主管休·豪厄尔斯（Huw Howells）有所警觉，找到了负责反应堆的工厂助理主管汤姆·休斯（Tom Hughes）一同前往 1 号反应堆查看情况。工厂的反应堆主管罗恩·高斯登（Ron Gausden）正在艰难奋战，试图控制 1 号反应堆。他压住了反应堆出问题的消息，似乎并不相信他的上级比他更了解反应堆，也不相信他们能提供有价值的建议。毕竟，休斯不是反应堆方面的专家，只是刚刚接手了监督工作，这也是他第一次见到反应堆。

高斯登告诉豪厄尔斯和休斯，反应堆遇到了严重的问题。他正试图用鼓风机降温。他原本希望反应堆的温度在上升后随即下降。确实，温度升高了，达到了 400 摄氏度，但问题是温度升高后却怎么也降不下去。情况变得愈发严峻，没人知道问题的原因，也不确定反应堆内发生了什么。不断上升的放射性水平表明反应堆内至少有一根燃料棒已经破裂了。但到底是哪根燃料棒？原本用于定位受损燃料棒的探测系统在这样的高温下已经失灵了。[32]

这一系列操作耗费了一些时间，等到豪厄尔斯和休斯离开后，高斯登拨通了工厂总经理亨利·戴维（Henry Davey）的电话，告诉他发生了"严重的燃料破裂"。戴维指示高斯登确认并清理破损燃料棒所在的燃料通道。这项任务最终被派给了 32 岁的仪器技术员亚瑟·威尔逊（Arthur Wilson），他自 1951 年起就在温茨凯尔工厂工作，常规工作是安装热电偶，但那天反应堆的状况让他的工作变得极为困难。"周四早上，"威尔逊回忆起 10 月 10 日的情形时说，"因为有些热电偶被烧毁了，没办法得知温度，我们试着安装新的热电偶，但新的也被烧坏了。"

威尔逊回忆说，他们开始讨论下一步该如何处理，"有人建议，我们应该亲眼看看反应堆内部的情况"。对威尔逊而言，这听起来是个好主意。他回忆当时的心情："我们想着'真是活见鬼'。"威尔逊首先查看了反应堆，他回忆道："我打开了一个塞子口，看到反应堆内起火了。"通常情况下，反应堆内部的光线会很暗，但此刻燃料通道却在极高的温度下闪烁着亮红色的光芒。"我当时并没有想很多，因为要处理的事太多了，"威尔逊继续说道，"我所想的并不是'太好了，我搞懂了'，而是'哦天哪，我们现在遇到大麻烦了'。"[33]

高斯登命令员工们打开更多的塞子口。他们见到的情形和 20-53 号燃料通道内的一模一样。反应堆正在燃烧！他们试着用杆子将燃料棒顶到反应堆后侧，再将它们推入后壁底座的水池中，但被大火损毁的燃料棒已经无法移动。受热膨胀的燃料棒卡在了燃料通道里。对苏联安努什卡反应堆的操作员来说，这样的情形并不陌生，他们也遇到过类似的"山羊"事件。苏联人会通过钻穿燃料通道来解决问题，但他们的反应堆从没有起过火。高斯登在飞速思考。他不仅要挽救燃料通道，而且要灭火、拯救反应堆。他能想到的解决办法就是清理燃料棒受损区域周围的燃料通道，建一道"隔离防火带"。一支 8 人小队拿着竹制排水杆，试图将燃料元件从燃料通道推到冷却池中。

这项工作难度极高且危险重重。人们站在温度很高的装卸料吊车上，手持竹竿操作。将空气送入反应堆堆芯的鼓风机能够略微降低一些温度，但降温程度也很有限。在吊车上，大家都穿着防护服和防毒面具，这让他们的工作变得更加艰难，他们也更加难以忍受高温。他们明白穿戴防护装备的原因：辐射越来越强，而他们正盯着反应堆的"血盆大口"。亚瑟·威尔逊的轮班早就结束了，此时已被允许回家。他并不羡慕留下来的人。"我最同情的就是这些不得不进去收拾残局的逆行者，"威尔逊回忆道，"有些人吸收的辐射剂量非常高，我肯定，当时有些情形没有被如实记录下来。"[34]

10 月 10 日，下午 3 点后，温茨凯尔工厂的总经理亨利·戴维从罗恩·高斯登那里听说"严重的燃料破裂"，才得知发生了紧急情况。他找来手下的顶级工程师和科学家共同商议，众人评估后认为形势十分严峻。他们担心再次释放维格纳能时，反应堆温度达到了 1200 摄氏度，整个石墨体就将升温至 1000 摄氏度，最终导致反应堆整体起火。如果发生这种情况，那么数吨放射性铀燃料产生的辐射将从烟囱喷出，笼罩英国的绝大部分地区。

反应堆的某些部分受维格纳效应的影响，温度已超过了 1200摄氏度的阈值。虽然工厂管理层知道会发生什么，但不知道该如何避免，只能等待反应堆下一步的变化。不过，他们在员工面前仍然要表现出无畏的一面。亚瑟·威尔逊回忆道："得知起火的消息后，管理层的反应是'该死，别这么蠢'。"他困惑不已。"我不知道他们的脑子里在想什么，"威尔逊回想道，"这几天一直在出错。"[35]

与工厂和附近小镇的很多人一样，戴维也患上了亚洲流感。下午 5 点左右，他给工厂二把手——温茨凯尔工厂的副总经理汤姆·图伊（Tom Tuohy）打了一通电话。当时，图伊正在家中照顾同样得了流感的妻子和两个孩子。"1 号反应堆起火了。"戴维对他的副手说。图伊的第一反应是："天哪，你说的不会是反应堆堆芯吧？""没错，你能过来吗？"戴维问道。图伊的妻子和孩子卧病在床，但他没有生病，也明白他必须过去。妻子问："你什么时候回来？"图伊没有回答。除了流感外，还有核辐射的威胁。离开之前，图伊嘱咐妻子待在家中，紧闭门窗。[36]

39 岁的图伊留着深姜色的头发和胡须，相貌英俊，是温茨凯尔工厂乃至整个核工业的资深人士。1950 年 8—9 月，他带领团队把铝制燃料包壳的翅片手工削减了约 0.42 厘米，以减少反应堆堆芯的铝金属含量，从而增加反应性。共有 7 万个包壳和数百万个翅片要处理，但他们在短短 3 周内就完成了任务，为 1 号反应堆在 1950 年 10 月如期启动创造了条件。1952 年 3 月，主管化工厂的图伊参与了第一批钚的生产。"我们制造了第一批小型钚坯，仅 142 克，大概是 10 便士硬币大小，"图伊回忆道，"我亲手打开了第一个反应容器。在我之前，还没有人看到并拿到完全由英国制造的钚。"[37]

不过，在 1957 年 10 月 10 日傍晚，图伊可没空追忆往事。他没有去见他的上司亨利·戴维，而是直接前往反应堆。他确信情势已经十分严峻，但正如他后来回忆的那样，他没有考虑自身的安危。

他知道有任务在等着他，而自己也有能力处理好。图伊到达反应堆时，高斯登集结的小队还在尝试建立隔离防火带。图伊让他们继续操作，自己则前去见戴维。因为图伊没直接来他的办公室，戴维已经很不高兴了。随后，图伊还是赶回反应堆那里，想亲自看看他们处理的到底是什么样的火灾。[38]

工人们拿下了塞子，通过任意一个塞口都可以看到 4 道燃料通道。火灾造成了巨大的破坏。一个由 40 个燃料通道组件、共 150 道燃料通道组成的方形集群在熊熊燃烧。"就像是壁炉炉膛里的火一样，只不过燃烧的是石墨和铀。"图伊回忆道。如今起火区域已经确定，周围也建起了两三道隔离防火带，下一个问题就是如何灭火。"其中一个困难是我们当时唯一能用的冷却剂只有空气，而空气和火并不是好伙伴。"图伊回忆说。他谈起自己当时的担忧："如果无法向周围的石墨提供任何冷却剂，在存在维格纳能的情况下，火势将愈演愈烈。"通入空气也会把辐射物冲进烟囱里。如果关闭气流，同时打开塞口，装卸料吊车的辐射强度就会上升，到那时图伊和操作员将只能被迫逃离，留下熊熊大火和岌岌可危的反应堆。[39]

图伊决定将起火的燃料棒推出燃料通道，让它们落入反应堆后壁底部的冷却池中。但这个方案存在一个问题。对这项任务来说，普通竹竿并不是理想的工具。他们竭尽所能寻找钢杆来代替竹竿，有些人还从附近的建筑工地找来了搭脚手架的杆子。"每根杆子的末端都挤满了人。"图伊回忆道。执行任务的过程非常艰难。金属杆虽然没有烧起来，但温度很高，几乎快要熔化了。

"我记得抽回来的杆子被烧得通红。"图伊回忆说。突然，有根杆子将一个高热的石墨舟（用来运载铀燃料棒通过燃料通道的装置）勾回到装卸料吊车上。图伊记得他"将它踢到一旁，熔融的金属不断滴落，这金属肯定是铀"。工程师和工人戴着手套捡起石墨碎片，并将它们从装卸料吊车上移走。如果熔化的杆子粘上了燃料棒的包壳并将它们带出反应堆，他们就再将包壳推回去。这是非常恐怖的工作，但他们仍义无反顾地继续拼搏。现场的消防队队长回忆："所有人都毫无惧色、赴汤蹈火，那晚，他们是英雄。"[40]

虽然工人们的表现十分英勇，但他们的工作成果可谓惨淡。大部分燃料棒和熔化的包壳仍留在燃料通道中，事实证明，要将它们推到反应堆另一侧的冷却池中，难度实在太大了。图伊不得不宣告放弃——这意味着熔化的放射性包壳只能留在反应堆里。作为替代方案，他命令工人们把起火区域周围更多燃料通道中的燃料棒推出来，从而扩大隔离防火带。这有助于避免起火区域进一步扩大，但却无法控制正在逐步扩大的火势。

由于热电偶已被烧毁，图伊此时已无法获知必要的数据。他只得爬上反应堆堆顶，打开检查孔，观察卸料管——反应堆后方卸出燃料棒的管道，以此了解火势。爬上反应堆绝非易事，图伊身穿厚重的防护服，携带着 15 公斤重的呼吸设备，在将近 25 米高的楼梯上爬上爬下。但他通过这番努力获得了有关反应堆状况的重要信息。图伊在爬向反应堆堆顶的过程中，每迈出一步，都见证着情况严重一分。他回忆道："开始时，反应堆中发出红光。随着火势沿着燃料通道向下蔓延，反应堆后方冒出火焰，熊熊火焰从卸料管中喷射而出，冲击着管道后方的混凝土墙体。"[41]

图伊尽力摒除杂念。他想起一位土木工程师曾跟他说过，一旦温度达到 600 摄氏度，反应堆堆顶就会坍塌。他无法测量反应堆的温度，但眼前的一切明显很不乐观。反应堆后方喷出的火焰正变换着颜色，这表明火焰的温度也在不断上升。晚上 7 点 30 分，火光还很明亮；8 点时，火焰变黄了；到 8 点 30 分，火焰又变为蓝色。反应堆堆顶似乎马上就要塌了。到了 10 月 10 日晚，众人依然束手无策。[42]

他们的人手也开始不够用了。随着火势越来越大，更多燃料棒的包壳熔化，释放出更多辐射。有些放射物进入了烟囱，还有少量放射物直接通过打开的燃料通道塞口，落到了灭火队员所在的装卸料吊车上。于是，工人们不得不开始轮班工作。一批操作员和技术人员被紧急召集到工厂，开始新一轮的轮班，有些人甚至是直接从电影院赶来的，例如温茨凯尔工厂的化学专家内维尔·拉姆斯登（Neville Ramsden）。据他回忆，工厂的警察突然在影院现身，要求后两排的人"自愿"前往工厂。这些人没有抗议，因为他们中有许多人都是从军队退伍后才来到温茨凯尔工厂的，听从命令已经成了他们的习惯。[43]

图伊的队员采取短时轮班制，由新队员来替换老队员，但没有人能替换图伊。他的上司亨利·戴维患了流感，午夜后不久就得回家。图伊留了下来。救火工人们都带着测量放射性的个人辐射剂量计，图伊上交了自己的第一个剂量计后，没有再取新的，他担心有人会拍拍他的肩膀，指着剂量计，把他送回家。后来，据估计，图伊吸收的辐射剂量是温茨凯尔工厂年剂量上限的 4 倍。[44]

时间已接近午夜，但仍没有解决方案。反应堆内的火虽然已被隔离，但火势极大且愈发凶猛。图伊决定试一试用液态二氧化碳来灭火——科尔德霍尔的新反应堆将它用作冷却剂。虽然前几次用二氧化碳扑灭镁火的尝试均告失败，但图伊想不到还有什么其他的办法。工厂刚刚收到一批二氧化碳，但问题是如何将二氧化碳送到高高架起的装卸料吊车上。要登上吊车只能乘电梯，可如果工人们拉着软管进入电梯，电梯门就关不上，电梯也就无法运行。过了一会儿，他们找到了办法，用装卸料吊车的逃生梯把软管提了上去。[45]

10 月 11 日凌晨 4 点，他们终于做好了用二氧化碳灭火的准备工作，尽管图伊本人对这个新方案也没有把握。"我让几个工人打开一个塞子，把软管插进去，对准了一条不仅闪着炽热红光，而且四周都在燃烧的空隙。"图伊回忆道。他们打开阀门，将液态二氧化碳注入燃料通道内。液态二氧化碳有 25 吨，仅注入就花了一个小时。"接下来会怎么样，我只能自己看一看。"图伊回忆道。他再一次暴露在高剂量的辐射中。"这么做确实会损害健康，"他回想过去，若有所思，"但要想知道接下来的变化，就只有查看燃料通道这一种方法。"图伊最坏的预期成了现实。"没有任何变化，火势和之前一样猛烈。"蓝色的火焰从反应堆后方喷出，火舌一直喷到了通风管道的墙体上。

接下来该怎么办？离开反应堆之前，亨利·戴维曾和图伊达成一致意见：如果再没有其他办法，图伊将不得不尝试在燃烧的石墨上浇水。图伊回忆道："我们仅存的无限量冷却剂就是水，这是最后一搏。"这无疑是破釜沉舟的办法。首先，用水浇灭大火意味着将反应堆彻底摧毁。其次，之前不这么做还有另一个更有说服力的原因：水浇到过热的石墨块上，有极大可能会变成水蒸气，水蒸气再与石墨发生反应，将产生氢和一氧化碳的混合物——这种混合物在高温下可能会被引燃，一旦与鼓风机吹入的气体相混合，将会发生更为可怕的后果——反应堆爆炸。

图伊也明白这么做无异于自杀。他只能寄希望于水不会蒸发，但要怎么做到这一点呢？作为英国的初代反应堆，1号反应堆遇到了一个人们始料未及的难题。不过，也正是因为1号反应堆刚刚问世，有一些人既参与了反应堆的建造，也负责它的日常运营，他们非常了解这个反应堆，图伊就是其中之一。出于对反应堆的深入了解，他决定不能直接向过热的石墨块浇水，否则火势将彻底无法控制。

图伊没有将消防软管直接送入起火的燃料通道，而是命令灭火队员将软管固定在脚手架杆子上，再将杆子推入起火区域上方60厘米处的燃料通道中。这样操作的目的是让水通过起火区域上方温度较低的石墨块间的缝隙，逐渐渗入起火区域。灭火队员们按照指令完成了工作。10月11日早上7点，4根软管已经连接到了起火区域上方反应堆装料壁的孔上。接下来，换班、指导新来的人员、命令所有人做好防护等一系列工作又耗费了近两个小时。快到上午9点的时候，一切准备就绪。亨利·戴维也回到了反应堆这里，监督他人生中最重大的一搏。[46]

这次灭火行动的负责人仍然是图伊，他这样回忆："我要求将供水水压设置为30磅，然后坐在升降梯门口，尽可能靠近装卸料吊车，聆听着一切可怕的噪声。"年轻的机修钳工杰克·科伊尔（Jack Coyle）也在现场，他后来回忆说自己当时很害怕，特别想逃出去。他记得身边的主管和工程师们"看起来忧心忡忡，根本不是他们平时趾高气扬的样子"。还有人在打赌，猜测接下来将发生什么。科伊尔问旁边的同事灭火需要多长时间，得到的回答令人更加忧惧——"蠢货，我们都想回家，可一旦出了问题，他们不可能放我们走的，"同事回答道，"如果我们穿着防护服逃回家，那就是懦夫！"[47]

水开始流入反应堆。图伊一直竖着耳朵听着，反应堆附近的数十人同样如此。令众人宽慰的是，反应堆并没有发出异常的声响。图伊壮着胆子将水压增加到60磅，再到120磅——消防车能提供的最大水压。同样没有异常。但水能将火扑灭吗？图伊再一次费力地爬上了近25米高的楼梯，来到反应堆堆顶，通过检查孔查看反应堆后方的情况。

眼前的一切让他刚刚燃起的希望再次破灭。水径直穿过燃料通道，倾泻而下，流入反应堆底部的冷却池中。图伊命令消防员减小水压。随后，他再次返回反应堆堆顶查看情况。倾泻的水流消失了，大部分水似乎像图伊所希望的那样，通过石墨块间的缝隙渗透到起火区域。反应堆烟囱上方的热雾表明，水正在降低起火石墨的温度。但是大火还在持续。图伊又一次来到反应堆堆顶，如他所见，"看不出水有任何的灭火效果"。[48]

图伊已经无计可施，决定等一等，看看水能不能灭火，过了一小时，火势依旧。那一刻，图伊突然意识到一点：有水作为冷却剂，他不再需要用空气为石墨降温了。原本用于为过热的反应堆堆芯降温的鼓风机，现在却为大火提供了氧气。同样，装卸料吊车此时也不再需要冷空气了：消防软管已经接到了反应堆上，灭火人员已经没有必要留在平台上了。实际上，装卸料吊车已经无用了。关闭鼓风机不会产生任何负面影响，反而能通过隔绝空气来达到灭火效果，因为如果没有氧气，石墨就无法燃烧。

图伊下令关闭鼓风机，然后返回堆顶，检查反应堆后方的情况，但他的双手似乎已经没有多少力气了。回想起那个时刻，图伊说："我费尽全力，才把盖在检查孔上的隔板打开。"眼前的景象令人鼓舞。"没有了助长火势的空气，火正从一切可能的地方吸取空气……太振奋人心了。我似乎看到了大火逐渐熄灭，似乎看到了火焰慢慢消退。"他关闭了检查孔，切断了大火最后的氧气来源。接着，图伊开始走下楼梯，这次他终于带来了好消息。[49]

图伊擦去额头上的汗水，脸上浮现出如释重负的神色。周围的人都意识到他们终于成功渡过了难关。最终，图伊找到了解决办法。本可能引起爆炸的水，现在却为反应堆降了温，并熄灭了大火。正午时分，筋疲力尽的图伊再次爬上反应堆堆顶，这一次，他没有再看到反应堆后方管道喷出的火苗。"在我看来，"图伊回忆道，"大火已经熄灭了。"但以防万一，他命令消防员继续注水 30 小时。无论如何，反应堆都已经没救了。[50]

温茨凯尔工厂发生的事从来都不得外传，这是一条不成文的规定。这次事故也不例外。温茨凯尔工厂的员工也不喜闲谈。工厂的高层一直到 10 月 10 日下午 2 点才因工厂外的辐射水平上升而有所警觉。反应堆主管罗恩·高斯登一直等到工厂高层来到现场，才向上级汇报了反应堆出现的问题。到 11 日上午 9 点，也就是图伊关闭反应堆鼓风机并扑灭大火的几小时后，直接管理温茨凯尔工厂的英国原子能管理局才得知了这起事故。事故消息延迟有多重原因，并不完全是因为工厂管理层想要掩盖事故细节。

研究英国核设施的历史学家洛娜·阿诺德（Lorna Arnold）写

道："温茨凯尔引以为傲的独立精神和坚忍不拔的自强品格是其一贯的优良传统。"温茨凯尔工厂的员工们都是英国高等教育体系培养出来的佼佼者，在科学实验和技术创新的气氛中成长起来，期待甚至勇于冒险求新。他们最先建造并运行核反应堆，制造了钚和氚，完全无法想象有自己无法解决的事情，也不认为温茨凯尔工厂之外的人有能力帮助他们。"温茨凯尔——一个独一无二、与世隔绝的工厂，培养了员工们对企业的高度忠诚和自豪感，令人想起意大利人所称的'乡土观念'（campanilismo）。"阿诺德写道。[51]

毫无疑问，温茨凯尔工厂的人想瞒住此事，但随着大火释放出的放射物散播开来，纸终究包不住火。1954 年 11 月，温茨凯尔工厂的总经理亨利·戴维曾与坎伯兰郡的官员达成协议：一旦发生紧急情况，到了了"需要援助的阶段"，戴维必须通知郡警察局局长。协议指出，紧急情况不仅指"外行人经常想到的"爆炸，也包括放射物泄漏。补救措施包括警告人们不要出门和疏散居民。而这两种措施都需要温茨凯尔工厂管理层和坎伯兰郡官员协作。温茨凯尔工厂的管理层须判断放射性烟羽移动的方向，通知民众居家或等待疏散，并提供辐射防护装备和联络人员名单；当地政府则提供人力、运力，协助提醒居民或疏散人群。[52]

10 月 10 日下午，工厂健康安全主管休·豪厄尔斯派出两辆卡车，沿着海岸采集空气样本。当天午夜之前，卡车带回了辐射采集结果。后来的一份报告记录道："经检测，样本的最高 γ 辐射达到了 4 毫雷姆 / 小时。"放射性水平仍低于标准值，工厂以外的辐射也没有太大威胁，但摄入的食物却可能有危险。与苏联乌拉尔地区

（此时，苏联方面正在疏散该地区受辐射影响的村民）的情况相似，温茨凯尔工厂附近的主要危险可能来自牛奶，因为用来饲养奶牛的草料遭受了核污染。幸运的是，受污染的牛奶进入食品链仍需一段时间，豪厄尔斯还有时间为应对牛奶危机做好准备。[53]

11 日那天，英国原子能管理局工业组[①]运营总监 K. B. 罗斯（K. B. Ross）恰好在温茨凯尔厂区，也参与了事故处理。当天午夜，也就是工厂总经理戴维正在工厂忙着处理紧急状况，或者因流感而返回家中之时，罗斯给坎伯兰郡警察局局长打了电话，告诉他工厂发生了火情，并要求他为可能发生的紧急情况做好准备。警察局局长立刻开始行动，调动警力和交通工具，为疏散居民做准备。一批警察接到指示并在家中待命，必要时随时出动，局长本人则赶往温茨凯尔工厂，在那里设立紧急指挥部，他还通知了郡里的其他官员。大量公共汽车被集结起来，紧急铁路机车也被召集到该郡首府怀特黑文（Whitehaven）的火车站，随时等待疏散居民的命令。[54]

所有人都在等待着汤姆·图伊灭火的最终结果。戴维和图伊在反应堆厂房内奋战，罗斯则继续负责工厂与外界的联络。11 日上午约 9 点，正当图伊开始向反应堆内注水，反应堆也没有发生爆炸之时，罗斯向他在原子能管理局的顶头上司——一位是工业组总裁伦纳德·欧文（Leonard Owen）爵士，另一位则是管理局主席埃德温·普洛登（Edwin Plowden）爵士——发送了一条讯息："昨天下午 4 点 30 分温茨凯尔 1 号反应堆释放维格纳能时，反应堆中心

① 英国原子能管理局 1954 年成立时，由三个主要部门组成，分别为：工业组（Industrial Group）、研究组（Research Group）和武器组（Weapons Group）。

发生火情。我们整晚坚守岗位、全力处置，但火势依旧凶猛。放射物排放并不严重，希望这一现状能继续保持。我们现在正向火上喷水并等待结果。目前暂不需要帮助。"[55]

罗斯只是通知了管理局总部，并没有请求帮助或建议。这条讯息既展现了罗斯的泰然自若、从容不迫，也表现出温茨凯尔工厂管理层和科学家的独立自主、傲慢自负，很难说这两方面中的哪一个更令人印象深刻。罗斯发送这条讯息之时，大火已经烧了至少两天。图伊和戴维找来罗斯共同协商后，最终决定用水浇灭大火，而这一做法有可能产生灾难性的后果。这一决定同样没有告知英国原子能管理局。如果罗斯再等上一个小时，一直等到图伊决定关掉鼓风机，通过隔绝空气来灭火，那时他会发出怎样的信息呢？或者，真到那个时候，他根本不会发送任何讯息。

罗斯虽然刚进入核工业领域不久，但对危机处理并不陌生。此前，他在伊朗管理石油工业时积累了不少经验，同事称他为"阿巴丹（Abadan）[①]罗斯"。1951 年 10 月，他成为最后一个离开阿巴丹炼油厂的英国公民。这座炼油厂是英国最大的海外石油资产，雇有 3000 余名英国石油工人；那年早些时候，伊朗政府把这座炼油厂收归国有。罗斯告诉记者，他认为伊朗人无法独立运营炼油厂，也无法从其他途径获得专业知识。的确，伊朗人发现，管理炼油厂并出售石油并非易事。1953 年 8 月，英国和美国策划了一场政变，推翻了伊朗政府，将炼油厂的所有权和控制权收回到英国石油（British Petroleum）等西方公司手中。但罗斯没有再回伊朗，而是

---

① 伊朗胡齐斯坦省的一个港口城市，是世界最大的炼油中心之一。

加入了英国原子能管理局。一向沉着冷静的他，现在又投入新的危机处理之中。[56]

罗斯向原子能管理局高层报告说放射物泄漏并不严重时，并没有向温茨凯尔工厂的员工或坎伯兰郡的民众发布任何有关紧急情况的消息。在他发出讯息时，图伊正带领救火队员们将水注到起火区域上方的燃料通道中，大量水蒸气沿着反应堆的烟囱奔腾而上，超出了考克饶夫过滤器的处理能力。放射性粒子释放到空气中，随后会落到地面，落点则取决于粒子重量以及风力和风向。与温茨凯尔隔科尔德河（Calder River）相望的科尔德霍尔，那里的建筑工地所受的影响尤为严重。除此之外，辐射也影响了其他地区。

在大火重新受到控制并被扑灭时，辐射危机拉开了帷幕。到了工厂健康安全主管休·豪厄尔斯开始行动的时候了。因为情况十分危急，很多建筑工人被遣返回家——据媒体报道，共有两三千人。当地学校的孩子也必须居家。工厂的工作人员被命令待在室内，出门时戴好防毒面具。工厂外围则由工厂警察带着警犬值守，他们也得到了相同的指令。不出意外，有些警犬没有认出戴着防毒面具的主人，甚至袭击了他们。[57]

一旦工人和学生回到家中，有关工厂发生重大事故且可能存在风险的消息就再也无法隐瞒了。10月12日，《西坎伯兰新闻》（West Cumberland News）报道："昨天早上，关于温茨凯尔工厂一座反应堆起火的消息在西坎伯兰传得满城风雨。"但是，这位报社记者没有看到恐慌的迹象。"在距反应堆200码外的地方，我见到了一位七旬老人——斯坦利（Stanley）太太，她正在小屋前的花园内平静地移栽桂竹香。600 多年来，她的家族一直是庄园所有者。"他写道："我问她是否对核工厂发生的事有所担忧。她回答说：'不，我为什么要担心呢？如果有值得担心的事，他们早就会告诉我了。无论如何，我的家族在这里住了 600 多年，我也会一直留在这里。'"58

当地农民泰森·道森（Tyson Dawson）的家距离工厂的围墙只有约 180 米。他注意到，周五上午 10 点 30 分左右，工人们开始陆续离开工厂，但民众没有收到任何形式的警示。道森的两位姐妹的几个小婴儿坐在婴儿车里，在温茨凯尔工厂的围墙边玩了大半个白天。相比之下，居住在锡斯凯尔的市民要更加警觉。两名男子沿着内线铁路骑自行车进了城，有人拿着盖革计数器检测了二人的衣物，结果显示有放射性。当地报社的一位编辑从妻子那里得知，一位杂货店老板说温茨凯尔工厂的一座反应堆起了火，工人们都被送回家了。这位编辑将此事告知了英国广播公司（BBC）和美联社的同行。很快，记者们开始突访温茨凯尔工厂。"这起事故看起来就像很多人早已警告过的重大核灾难一样，"后来有一位记者写道，"未知的世界即将到来。"59

而远在伦敦的原子能管理局之中，新闻办公室接到的媒体采访请求是由一位名叫罗伊·赫伯特（Roy Herbert）的年轻官员处理的。他刚刚负责这项工作，渴望得到资深同事的指导。但那一天，恰好所有的资深同事都不在办公室——他们正在海内外的不同场合传播"原子福音"（赫伯特语）。唯一在场的是赫伯特的上司、公关办公室主任埃里克·安德伍德（Eric Underwood）。那天早上，安德伍德对赫伯特说："媒体一定会问你很多问题。"随后，他对这位"菜鸟"提出忠告："你回答任何一个问题前，都要先来找我。"安德伍德表情严肃，显然很焦急。在安德伍德溜进办公室之前，赫伯特终于抓住了机会开口发问："关于什么的问题？"安德伍德回答说："抱歉，我不能告诉你，这是秘密。"[60]

下午早些时候，这个秘密被揭开了。安德伍德向媒体公布了一份原子能管理局主席埃德温·普洛登爵士为首相哈罗德·麦克米伦和农业大臣埃德蒙·哈伍德（Edmund Harwood）准备的备忘录。这份备忘录是根据罗斯当天早上传来的讯息以及后来收到的其他信息编写的。罗斯的讯息只提到了向反应堆注水，没有提及这个方法是否有效，但普洛登在备忘录中表示反应堆的温度已经开始下降了。在这则备忘录被公布时，普洛登并不知道大火已经被扑灭。当时，他、首相和公众都以为大火依旧在燃烧。

不过，这份备忘录的重点在于辐射扩散而非大火。普洛登写道，大部分辐射物都被过滤器拦截了，只有"少量"辐射物落到了工厂建筑上，他们已经指示员工们不要出门。但对于工厂外的核污染以及辐射对公众造成的危险，普洛登只字未提。恰恰相反，备忘录向首相和公众保证，相关人员一直在监测现场和"周围地区"的辐射水平，没有证据表明"会给公众带来危害"。普洛登还表示，现在确定事故起因还为时过早，也没有必要担心其余的反应堆，因为在科尔德霍尔建造的反应堆和温茨凯尔反应堆在设计原理上是不同的。[61]

几天后，罗伊·赫伯特被派往锡斯凯尔，协调原子能管理局和温茨凯尔工厂管理层之间的信息往来。25年后，他回忆道："温茨凯尔工厂的员工们灰头土脸、筋疲力尽。他们的心情很复杂，既因扑灭大火而自豪，又因发生火灾而痛苦。而且，据我所知，他们一想到询问、调查、解释、废料、灾害就颇为头痛。"赫伯特的职责就是向突访该地区的记者提供解释，但当记者们集结在工厂紧闭的大门前用一连串问题轰炸赫伯特时，他又提供不了任何信息。"这让我想起了法国大革命时那些大门外的暴徒。"赫伯特回忆道。[62]

记者们迫切渴求着真相，但得到的信息少之又少。相比之下，摄影师的收获要好一些，因为他们可以拍摄在温茨凯尔反应堆烟囱和科尔德霍尔冷却塔背景映衬下的农舍和吃草的牛。工厂健康安全主管休·豪厄尔斯试图收集关于放射性烟羽方向的数据时，首先考虑的就是奶牛和它们的饲料，如果牛奶被污染了，该采取什么措施呢？起初，关于放射性烟羽方向的数据令人鼓舞。风将温茨凯尔反应堆烟囱的烟羽吹向了远离坎布里亚海岸的爱尔兰海。锡斯凯尔幸运地躲过一劫，就像几周前乌拉尔地区的奥焦尔斯克一样。豪厄尔斯不知道的是，在较高海拔上，风正朝着相反的方向吹——"布拉沃城堡"的情形重演了。10月11日凌晨，西北风席卷而来，将放射物带到了英格兰其他地区和英吉利海峡对面的大陆。[63]

豪厄尔斯的当务之急是判断何时告知农民不要再买卖牛奶而要将它们倒掉。10日晚，他开始采集牛奶样本。最初的样本检测结果很好，没有辐射，但到了第二天，辐射便渐渐显现出来。每升牛奶中含有0.4微居里的碘-131——这是一种极不稳定的放射性同位素，半衰期为8天。12日，每升牛奶的碘-131含量超过了0.8微居里。豪厄尔斯面临的难题是当时英国还没有适用于婴幼儿的牛奶安全标准。如同温茨凯尔工厂的其他人一样，他不愿对外寻求帮助，也不愿与原子能管理局工业组的同行们展开密切合作。

直到工厂总经理戴维下了命令，豪厄尔斯才联系了工业组的同行。工业组的科学家们一时间也无法为豪厄尔斯提供答案，他们需要进行一段时间的研究。与此同时，豪厄尔斯派人前往附近的农场警示农场主。10月12日下午2点左右，警察敲响了农民泰森·道森的农舍大门，并在一位当地官员的陪同下传达了消息和指示。"我们不能再喝自家的牛奶了，还要采取其他预防措施，"道森回忆道，"如果我们喝了牛奶，后果将非常严重。"自产的蔬菜也不能再吃了。"当然，我们实际上并不相信。"道森回忆说，但他也"非常恼怒，因为过了将近3天，他们才通知我们工厂出了严重的事故"。[64]

到10月12日深夜，工业组的专家们确定，牛奶中碘-131的最高浓度不得超过每升0.1微居里。次日，附近的农民们得知了一则坏消息：工厂周围3.2公里范围内的12个奶牛场都受到了影响。14日，周一，建议"倾倒牛奶"的区域进一步扩大，覆盖的区域长达30公里，沿海岸线宽达10—13公里。15日，随着更多关于辐射的信息被公之于众，这一区域的面积扩展到了约518平方公里。[65]

牛奶经销委员会（The Milk Marketing Board）[①]与温茨凯尔工厂的工作人员密切合作，组织农民会议，说明了含放射性物质的牛奶会产生哪些危害。后来，农民获得了赔偿——原子能管理局通过牛奶经销委员会发放的赔偿金总额达到了6万英镑。这些牛奶会由卡车集中运往处理场。之前，曾有一辆运奶卡车上印着"又一车好

---

① 成立于1933年，主要负责协调并控制英国的牛奶生产和分销工作、宣传饮用牛奶的功效，2003年被撤销。

健康"的宣传语，而现在人们对牛奶安全性的信心大大降低了。事故发生后，当地的一些居民改喝奶粉，而且在很多年里都不愿再饮用鲜牛奶。

在温茨凯尔工厂的实验室，研究人员持续监测着当地农场所产牛奶的放射性，但因为没有地方处理牛奶样本，导致整个实验室在数周内都弥漫着牛奶变酸后释放出来的难闻气味。牛奶的色泽也变成了淡黄色，一位记者据此认为用肉眼就能在牛奶中看到碘元素。不过，碘确实随着牛奶进入了人体。当地儿童和成人的甲状腺碘含量几乎是标准水平的 3 倍，达到了 0.28 微居里，而标准水平仅为 0.1 微居里。这场核危机迅速演变为健康危机，最终成为一场政治危机。[66]

10 月 13 日，首相哈罗德·麦克米伦首次回应了温茨凯尔工厂大火的新闻。他写信给原子能管理局主席埃德温·普洛登爵士，提议他们讨论"是否需要展开官方调查"。次日，普洛登回复首相，表示工业组中负责温茨凯尔工厂运营的伦纳德·欧文爵士将牵头展开调查。[67]

10 月 15 日，普洛登向媒体通报调查委员会成立。但委员会主席却是威廉·彭尼——他是英国原子弹之父，后来还帮助英国成功制造出了氢弹。此次调查不再由工业组负责，但仍在原子能管理局和英国核机构的控制范围内。

如果像普洛登最初建议的那样，由运营温茨凯尔工厂的工业组展开调查，那么这次调查在政治层面上就会比较尴尬，但将调查完全交给其他机构也并非明智的政治决策。如今，苏联的人造卫星震惊了世界，麦克米伦正准备与艾森豪威尔总统协商重建英美核同盟关系。在这种情况下，他最不愿看到的就是一个结果无法预测、可能引发公关危机的外部审查。

威廉·彭尼接受了任务。他身材高大，聪颖过人，尤其善于与人相处。同欣顿一样，他出身寒微，但组织能力很强。尽管看起来像一只憨厚的泰迪熊，但彭尼在制造核武器方面十分果决，因为他相信自己的祖国需要拥有核武器才能生存。当年彭尼参与了美国的曼哈顿计划，并建议将广岛和长崎作为首批原子弹的轰炸目标，也是他对原子弹首次打击海军目标（1946 年在比基尼环礁）的使用效果展开了研究。战后，像奥本海默这样的资深科学家开始反思原子弹的研发，反对继续制造氢弹，而彭尼却毅然率领着英国团队全力研发原子弹和氢弹。[68]

相比于反应堆，彭尼更喜欢核弹相关的工作。1957 年 10 月，彭尼正为 11 月英国首枚氢弹试爆做准备，因此他希望尽快结束调查，回归常规任务。提议由彭尼担任调查委员会主席的人必定知道他日程繁忙，不过快速结束调查对原子能管理局和首相办公室似乎都有利无害。10 月 17 日，彭尼和委员会的其他成员抵达锡斯凯尔。彭尼原本一共给委员会 5 天的时间来汇总报告，也就是截至 22 日晚。然而他们又花了 4 天时间，直到 26 日才艰难地完成了报告。

委员会共查阅了 73 份资料，包括报告、图表、会议纪要等文件，采访了 37 名当事人，其中有些人是委员会找来的，有些人则是自愿来做证的。委员会需要克服许多工作上的障碍。比如，对于审查工作来说，有些重要资料还不够完善，这也是媒体担忧的一点；还有许多人一开始怕引祸上身而不愿做证。于是，委员会保证他们的任务是调查真相，不会追究个人责任，这些担忧才慢慢散去。[69]

调查会一开始，彭尼就首先阐明了这次调查的目的，即"查明温茨凯尔事故的起因、处理措施和事故后果"。调查会全程都有录音，他平静的声音在录音带中清晰可辨。温茨凯尔工厂的一位化学专家彼得·詹金森（Peter Jenkinson）被叫来做证，他回忆说，踏进房间时，看到房间里满是业内大佬，他一时间有些惶恐。其中有些人身材魁梧，比如彭尼——詹金森记得他"身材高大，但非常友善、客气，而且……真的很有礼貌"。证人们被逐一叫进房间，彭尼问他们负责什么工作，还允许他们吸烟。显然，有人需要香烟来放松紧张的神经。所有人都筋疲力尽，焦急地等待着调查结果。[70]

调查期间也有比较轻松的时刻。当被问及如何评价1号反应堆新使用的燃料包壳时，工业组的研发主管伦纳德·罗瑟拉姆（Leonard Rotherham）回答说："它们不太安全。"听到这个回答，委员们不禁笑出声来。罗瑟拉姆的回答有些太轻描淡写了。这种包壳也叫"马克III型"（Mark III）包壳，于1956年12月投入使用。为了加快生产氢弹所需的氚，这些包壳在很短时间内就被设计出来，它们由一层薄铝制成，没有外层铝壳。委员会指出，新的燃料包壳可能是起火的原因。"现有的多种包壳型号中，最有可能出现问题的是'马克III型'，它只以单层棒状铝壳的形式容纳合金材料，"委员会在报告中写道，"根据实验室的测试，在427摄氏度以上，共晶合金的形成可能导致铝壳熔穿；在440摄氏度，所有测试的包壳均在34小时内破损；在450摄氏度，所有的包壳在几小时内破损，还有部分包壳起火。"[71]

报告重现了引发事故的各个环节，以及工厂员工在事故发生后采取的处理措施。报告写道："我们得出结论，事故的主要起因是第二次核加热。"这里指的是在1号反应堆工作的伊恩·罗伯逊于10月8日上午做出的决定，至少算是由他批准的决定。当时，第一次尝试释放维格纳能的效果不佳，随后，这位当时正患流感的物理学家决定增强反应强度。报告断定"第二次核加热实施得过早、过快"。报告称，第二次核加热造成部分包壳破裂，产生了更多热量，最终引发大火。这一判断虽没有指名道姓，但无疑是将事故责任归咎于工厂管理层和1号反应堆的工作人员。

像反应堆热电偶安装这类的仪器问题仅被视作"促成因素"。报告没有提及反应堆设计造成的困难，比如反应堆需要通过升温定期释放累积的维格纳能，即退火操作。事故发生之前，为加快放射性同位素的生产，退火的时间间隔从每3万兆瓦日增加至每4万兆瓦日，此事在报告中有所讨论，但未被认定为事故的潜在原因。报告建议审查温茨凯尔工厂的组织架构，并指出工厂需要配备充足的管理人员，目前工厂管理层的人手过少，要负责的事情又过多。

在报告的结论部分，因实施第二次核加热而对事故负有责任的工厂员工受到了称赞，因为他们出色地处理了这次事故。报告写道："事故一经发现，他们采取了迅速、高效的措施，所有人都展现了大无畏的奉献精神。"很快，这份报告被送到了首相办公室。[72]

10月29日上午，哈罗德·麦克米伦在彭尼报告的页边空白处草草写下："报告已阅，做得很好。问题有二。一是我们怎么处理？这不算难。二是我们怎么说？这不容易。"此前，麦克米伦刚刚结束了收获颇丰的华盛顿之旅。10月24—25日，他会见了艾森豪威尔总统，最终拿到了"大奖"——艾森豪威尔同意推动《麦克马洪法案》的修订工作，并同意英美建立核同盟关系，麦克米伦的努力得到了回报。但是，核同盟关系的实现需要得到美国国会的支持，一旦媒体以不利于英国核工业的方式报道温茨凯尔核事故，美国国会的态度就会受其影响。早在 10 月 15 日，温茨凯尔工厂一位自愿接受调查委员会问询的科学家弗兰克·莱斯利（Frank Leslie）在当地报纸上发表了一篇文章，称工厂未向民众提供有关火灾险情的必要警示。麦克米伦得知此事后大发雷霆，称莱斯利是"一个自以为是的蠢货"。

10 月 30 日，这位首相在日记中写道："问题仍然存在，我们要如何处理彭尼的报告？"他称赞这份报告"正直坦诚、大公无私"，表示这是一个公司董事会愿意看到的报告。"但向全世界公开（尤其是美国）就是另一回事了，"麦克米伦继续写道，"一旦这份报告被公之于众，可能会对美国国会表决总统议案产生不利的影响。"[73] 他拒绝公开报告，无视了反对党议员们的强烈要求，还有以国防大臣和原子能管理局主席为首的内阁成员的建议。麦克米伦还召回了已分发给众大臣和高级政府官员的报告副本，并命令印刷厂销毁报告的印刷版。[74]

麦克米伦没有像反对党要求的那样发布完整的报告，而是决定向议会公布一份"白皮书"，对事故做出他个人的解读，彭尼报告的部分内容被放在了附录里。"在英国原子能管理局主席呈交给我的事故备忘录中，"麦克米伦写道，"管理局表示，事故的部分原因在于意外发生时温茨凯尔工厂执行维护操作的设备不够完备，还有部分原因在于操作人员判断失误，这很有可能是组织方面的短板引起的。"[75]

彭尼的报告中并未提及"判断失误"，麦克米伦故意选择了这样一个表述——通过指责工作人员来应对美方可能提出的批评。但温茨凯尔工厂的员工们认为这番话非常龌龊。他们本以为自己是受害者，而非事故责任人，理应凭借他们的英勇表现受到政府的赞扬，而非谴责。"当时，我们很气愤。"彼得·詹金森回忆道。"太可耻了，"另一位业内人士 J. V. 邓沃思（J. V. Dunworth）说道，"指责一些完全没法为自己辩护的底层工作人员。"[76]

不过，彭尼和在公开声明中采用"判断失误"说法的麦克米伦既没时间也无兴致关心温茨凯尔员工们的感受。他们完成了自己的任务，生产了足够的钚和氚，确保了英国首枚氢弹成功试爆。这枚氢弹由彭尼牵头设计，大部分原料都是温茨凯尔工厂生产的钚和氚。1957 年 11 月 8 日，周五，当地时间晚 8 点 47 分，一架英国轰炸机将氢弹投至圣诞岛（Christmas Island）的一角，这里是英国在澳大利亚沿岸的常用试验场。核试验大获成功，爆炸当量达到了180 万吨，超出了所有人的预期——他们预计的当量只有 100 万吨。爆炸损坏了一些建筑物以及参与任务的直升机，不过没有人员受伤或受到辐射影响。英国人非常希望有外国人见证这一伟大的成就：最好是两名美国军官，一名代表海军，一名代表空军。但这个想法并没有实现。[77]

威廉·彭尼很满意。他不仅成功试爆了氢弹，而且这一天恰逢麦克米伦公布白皮书，公众的注意力全都集中在氢弹上。彭尼立即乘飞机前往华盛顿，准备与美方开始交换信息，履行上个月麦克米伦与艾森豪威尔会面时的约定。但作为回报，美国人想得到英方的机密，其中就包括温茨凯尔工厂大火的细节。[78]

在彭尼的支持下，麦克米伦成功遏制了温茨凯尔工厂大火的政治余波。事实证明，此次事件更像是苏联乌拉尔地区的克什特姆核事故，是核军备竞赛中的小插曲，而不像"布拉沃城堡"事故那样让全世界都意识到了核武器的危险性。不过，任何政治粉饰都无法消除温茨凯尔工厂大火的放射性沉降物及其对人体、环境造成的影响。温茨凯尔工厂事故的影响虽不及"布拉沃城堡"和克什特姆核事故，但波及的范围也很广。与克什特姆核事故类似，温茨凯尔的放射性物质在很长一段时间内持续释放，1957 年事故的影响和以往其他事故的遗留问题有时很难区分。

装在 1 号反应堆烟囱上的过滤器"考克饶夫荒唐事"拦截了大部分辐射物，避免了温茨凯尔工厂大火演变成更大规模的健康和环境灾难。但过滤器无法拦截所有辐射物。据估计，1954—1957年，通过温茨凯尔反应堆的烟囱逃逸至外界的铀累计达到 12 公斤；可影响肺功能的同位素氙 –133，辐射值达 32.4 万居里；可攻击甲状腺的碘 –131，辐射值达 2 万居里；可滞留在全身软组织中的铯 –137，辐射值达 594 居里。

1984 年，英 国 国 家 辐 射 防 护 局（National Radiological Protection Board）的科学家们编写的一份报告表示："集体辐射剂量主要是通过呼吸积累的。……碘 –131 是最主要的放射性核素，贡献了几乎全部的甲状腺集体辐射剂量，以及大部分的有效集体剂量。钋 –210 和铯 –137 也有很重要的影响，其中铯 –137 可以通过地面沉积物和被污染的食品长期产生作用。"[79]

　　牧场受到污染，导致牛奶中也出现了碘–131，这方面已有详细的记录。1954—1957年，在温茨凯尔工厂附近的农场，牛奶中的锶–90浓度是其他地区农场的3—5倍。鲜为人知的是，风将放射性烟羽吹向爱尔兰海，同样对人体健康和环境造成了负面影响。放射性沉降物飘向大海，也有可能会影响海洋生物，并由此进入人类的食品链。1967年6月，也就是温茨凯尔工厂核事故发生近10年后，科学家们还会收集牡蛎，并测量牡蛎的伽马能谱，以帮助确定温茨凯尔工厂释放的放射性物质。[80]

　　比计算温茨凯尔工厂释放的辐射总量更难的是评估辐射对人体的确切影响。从科学角度来讲，这已经是一个棘手的问题，再加上可能产生的法律和经济后果，以及相关的既得政治利益和集团利益，这个问题几乎不可能有一个明确的回答。随着时间的推移，不同的人和机构给出了不同的答案。

　　尽管民众尽力收集并销毁温茨凯尔地区内农场生产的牛奶，但他们一开始并不知道辐射对人体的影响，甚至还被人刻意误导。在当时，没有人知道辐射意味着什么。在核工业专家的鼓动下，媒体发布信息称人们可以轻松洗掉放射物，如果有人不慎接触到了放射物，辐射也会在几天内自行消散。在一则媒体报道中，医生禁止一位曾暴露在辐射中的温茨凯尔工程师亲吻他的妻子。但4天后，盖革计数器的检测结果证明这位工程师的身体十分健康：他可以回家拥抱、亲吻妻子了。从报纸上登出的照片来看，全家人比以往还要幸福快乐。[81]

　　彭尼的报告虽然未向公众公开，但在事故处理者所受辐射影响这方面，报告的态度要更诚恳坦率、实事求是。报告表明"目前，员工中测得的甲状腺碘活度最高为 0.5（毫居里）"，并承认这一数值是正常水平的 5 倍。根据这份报告，14 名操作员吸收的辐射超过了 3.0 伦琴的剂量上限，还有一人吸收的辐射剂量达到了 4.66 伦琴。此外，报告还表示，第一批打开反应堆装料壁上的塞子、查看燃料通道以评估火势的员工受到了更高剂量的辐射，但具体数值仍有待确认。"有些人没戴头部胶片剂量计，只佩戴了普通的胶片剂量计，"报告写道，"除了普通胶片剂量计记录的全身辐射剂量以外，这些人的头部还可能受到了一定辐射，剂量为 0.1—0.5 伦琴。" [82]

第一个打开 20-53 燃料通道塞口查看情况的亚瑟·威尔逊，一直不知道那天自己吸收了多少辐射。20 世纪 80 年代末，威尔逊接受采访，谈及他在温茨凯尔工厂工作的经历。此时他已经在轮椅上坐了很多年了。他 36 岁时就从工厂病退，行动不便，只能拄拐行走。温茨凯尔工厂大火前他就经历了多起危险事故，因此医生没有把他的病症与核辐射联系起来。威尔逊若有所思地说道："他们怎么能一会儿说不知道是什么病，一会儿又排除了辐射的影响呢？"他的养老金为一年 400 英镑。[83]

不同的人对于小剂量辐射的反应各不相同。令人敬畏的叶菲姆·斯拉夫斯基于 20 世纪 40 年代运行了苏联首个（也是危险系数最高的）核反应堆"安努什卡"，处理了 20 世纪 50 年代的克什特姆核事故，以及 20 世纪 80 年代的切尔诺贝利核事故，最终他以 93 岁的高寿离世。按理说，很多同行和他吸收的辐射剂量相当，却没有活到 60 岁，包括伊戈尔·库尔恰托夫。温茨凯尔工厂的员工中也有人活到了 90 多岁。汤姆·图伊为了确保自己能留在事故现场，后来干脆没有佩戴辐射剂量计，在事故中吸收的辐射剂量肯定是最高的，而他享年 91 岁。同斯拉夫斯基一样，直至人生暮年，他都没有遇到严重的健康问题。

媒体称汤姆·图伊为"坎布里亚郡的救星"。与大部分同事不同，图伊从未抱怨过彭尼的报告。事实上，他认为自己和同事受到了"调查委员会的赞许"。他一定想到了报告中的那句"事故一经发现，他们采取了迅速、高效的措施，所有人都展现了大无畏的奉献精神"。他也不认为辐射对自己有什么影响。"只能说，人体可以承受的辐射量远远大于那些规定值，而且不会有什么实质性的负面影响，"图伊于 20 世纪 80 年代末接受采访时谈道，"我就是一个活生生的例子，不论有没有辐射，我都身强体健，马上就 72 岁了。关于白血病和其他病症的夸张说法完全是无稽之谈。"直至生命的最后一刻，图伊都坚称辐射没有对他造成任何影响。[84]

1982 年，据英国国家辐射防护局估计，温茨凯尔工厂大火共造成 32 人死亡，超过 260 人患上癌症。温茨凯尔工厂受事故直接影响的工人和工程师接受了长达 50 年的医学观察，从 1957 年一直持续到 2007 年。2010 年，一组医生和学者发表了他们的观察结果。他们发现，对比英格兰和威尔士的普通民众，这批观察对象中死于循环系统疾病和心脏病的病例比例更高。但如果将温茨凯尔工厂的工人与英格兰西北部工厂附近的民众相比较，这个比例便有所减少。对比温茨凯尔工厂参与灭火的员工和没有参与灭火的员工，两组人群中的心脏病病例数在统计学意义上无显著差异。

从这些数字中可以得出一个可能性结论，即 1957 年的大火并非温茨凯尔工厂唯一的辐射源，而且受辐射影响的不仅包括温茨凯尔工厂的工人，也包括该地区的广大居民。但报告的作者对研究结果持更乐观的看法。报告中写道："虽然因工人样本量相对较小，本研究在检测微小的负面影响方面的统计功效不高，但研究确实证明了，即使经过50年的跟踪调查，也没有发现1957年的温茨凯尔工厂大火与严重的健康危害之间存在关联。"不过，在一则案例中，作者认为他们的数据确实提供了一个具有统计显著性的结果。该组数据对比了吸收外部辐射剂量较高和较低的人群，统计了两组人肺癌死亡率的差异。结果显示，工人受到的辐射越高，死于肺癌的可能性越大。[85]

科学家和医务人员之间有一个共识：直至20世纪90年代，与英格兰其他地区相比，在温茨凯尔工厂和科尔德霍尔工厂所在的塞拉菲尔德地区生活的居民患白血病和淋巴癌的比例更高。据估计，该地区患白血病和淋巴癌的病例数是全国平均值的14倍、邻近地区的2倍。数值是否确实这么高存在一定争议，但医务人员一致认为，塞拉菲尔德地区附近患白血病和骨癌的病例数要高于英国其他地区。2005年，英国环境辐射医学委员会（Committee on Medical Aspects of Radiation in the Environment）发布了一份报告，证实了此前关于"塞拉菲尔德附近锡斯凯尔小镇的癌症患儿过多"的调查结果。在英国，还有一个地方有类似的结果，即敦雷（Dounreay）附近的瑟索（Thurso）镇，那里建有一个核反应堆试验场，海军的核反应堆也在那里进行试验。[86]

1957年秋，大火直接导致温茨凯尔工厂的反应堆停堆。这实际上承认了这样一个事实：在当时，温茨凯尔反应堆技术落后、危险性高，但报告完全没有提及这一点。1958年，两则独立的公告宣布，两座反应堆都不会再重启。但温茨凯尔工厂的这两座反应堆并未由此终结，而是开启了数十年的善后过程。关闭一个核设施从来都不是简单的事。由于反应堆的石墨中仍存有维格纳能，反应堆的情况需要持续监测。同样，那些储存反应堆辐照过的铝制燃料保护层（也就是臭名昭著的包壳）的仓库也需要时刻进行监测。数十年来，这个场区始终缺少放射性去污工作所需的技术和正规设备。直至1999年，最后15吨燃料才从1号反应堆的受损区域中卸出。[87]

到了21世纪，温茨凯尔反应堆内的燃料已经清除完毕了，但日益破败的烟囱仍骄傲地直插云霄，危险依旧存在。2019年2月，烟囱的拆除工作终于启动了。英国核退役管理局（Nuclear Decommissioning Authority）和负责清理温茨凯尔和科尔德霍尔核场区的塞拉菲尔德有限公司（Sellafield Ltd.）发布了一则新闻，记录了这一漫长的拆除过程。"由于烟囱周围环绕着储存核材料的厂房，"报道写道，"无法使用像爆破这样的传统拆除技术。"他们计划在2022年之前移除烟囱"顶部的方形'扩散器'"。[88]

毋庸置疑，清除反应堆比建造反应堆的耗时更长，而且耗资甚巨。2016年，据估计，整个塞拉菲尔德核场区的清理成本高达20亿英镑。温茨凯尔工厂大火和该地区其他核事故的人力成本更是难以估计。考虑到现代科学尚无法确定低剂量辐射和疾病之间是否存在直接关联性，一些医务人员提议制订一个政府赔偿计划，为事故发生后20年内温茨凯尔地区所有患甲状腺癌的人提供经济补偿。然而，无论是政府还是核工业，都没有采纳这样的计划。癌症患者在家人和工会的支持下一直在法庭上奋力抗争，逐案争取从核工业那里得到赔偿，然而结果不一，有喜有忧。[89]

  温茨凯尔工厂大火是首例由反应堆引起的大规模核事故，释放的辐射远少于"布拉沃城堡"和克什特姆核事故，但却开启了反应堆事故和堆芯熔毁的新纪元。以下各章所讨论的核事故均与反应堆有关，令温茨凯尔事故都相形见绌。

第四章　和平之核：三里岛

1958 年 5 月 26 日，美国白宫上演了一场"魔术"。在摄像机镜头和摄制组人员的见证下，美国总统艾森豪威尔拿起了一根末端镶有一颗球体的小棍，在中子计数器的上方挥动了几下。这根小棍也被媒体称为"中子魔杖"。真正的魔法发生在 280 英里之外宾夕法尼亚州西部的希平港（Shippingport）核电站。在那里，一台电动机启动了，打开了主涡轮机的节流阀，将核电站的发电量提升至60 兆瓦时，在当时足以为一个有 25 万人口的城市供电。[1]

希平港核电站于 1957 年 12 月首次并网，此时正式投入运行。艾森豪威尔总统称之为"世界上第一座大型核电站，仅为和平事业所用"。他高度赞扬这座核电站的国际价值："这座利用原子能提供电力的核电站，不仅美国可以有，全世界都可以有。"听了这番话，并非所有人都觉得称心如意。"英国媒体对艾森豪威尔的声明表示异议，"《纽约时报》报道称，"他们表示英国的科尔德霍尔核电站已经发电数月，它才是世界第一。"这里提到的科尔德霍尔核电站拥有镁诺克斯反应堆，与温茨凯尔工厂仅一河之隔，于

1956 年建成，并于同年 10 月由伊丽莎白女王亲手启动。苏联人则习惯性地称苏联于 1954 年在奥勃宁斯克（Obninsk）启动的核电站为"世界上第一座核电站"。[2]

美国人在原子弹和氢弹制造上的确先人一步，但在建造核电站上却落后于苏联和英国。艾森豪威尔虽急于宣告美国在核能领域的领先地位，但也斟酌过自己的措辞。给他写演讲稿的人并没有搞错：希平港核电站确实是第一座仅用于发电的大型核电站。奥勃宁斯克核电站的净装机容量为 5 兆瓦电力（MWe）[①]；而科尔德霍尔核电站首座大型反应堆的装机容量为 50 兆瓦电力，具备双重用途，可为核弹生产钚，也可以生产民用电。希平港核电站无法生产武器级的铀和钚，这并非一时疏忽，而是有意为之。[3]

1953 年 12 月，艾森豪威尔在联合国大会上发表演讲，启动了"服务于和平的原子能"计划，希平港核电站是该计划的首个实质性成果。在这次演讲中，艾森豪威尔承诺将美国核计划的未来"交给那些知道如何拆除其军事外壳，并使之能为和平所用的人"。在全新的核时代中，这个计划是精明务实的美国现实主义和威尔逊理想主义的经典结合。在 1952 年 11 月美国的"常春藤麦克"热核装置试爆成功之后，国际社会和美国民众都需要一颗定心丸。艾森豪威尔向国际社会（尤其是美国的欧洲盟友）承诺，他并非为了发动核战争而制造核武器。事实上，美国政府准备分享美国的技术，帮

---

① 装机容量是指发电机组的额定有效功率。在核电中，MW 代表热功率，MWe 代表电功率；而在风电、水电中，不存在热功率的说法，因此 MW 即代表电功率。

助其他国家开发核能的非军事应用。艾森豪威尔宣称："我的国家希望发挥建设性作用，而非破坏性作用。"

这位总统还向美国民众承诺将利用能发电的"好原子"。此前，原子让人们联想到的是在广岛和长崎释放的毁灭性力量，现在，原子将成为一股积极的力量：用于发电、治愈疾病，并教育各年龄段的学生。艾森豪威尔需要改变美国民众对核能的看法，以赢得他们对加大核军备投资的支持。为此，美国政府发起了一项代号为"秃鹰行动"（Operation Condor）的大规模公关运动，其目的是增进公众对核军备和核能的了解。此外，鉴于政府对核武器的依赖与日俱增，该运动还意在说服美国民众支持政府的核决策。[4]

希平港核电站始建于 1954 年，它的建立在很大程度上证明了艾森豪威尔口中的"和平事业"并非虚言。同年，国会取消了政府在建造和运营核电站方面的垄断权。这个核电站项目被设想成政府与私人企业之间的合作，但实际上它还是由美国政府资助的，需要用政府补贴、担保和立法保护来吸引私人资本。有批评者认为，整个合作计划不过是个幌子，用以掩盖核电站实际上是由政府出资建造的事实。来自加利福尼亚州的民主党议员切特·霍利菲尔德（Chet Holifield）在国会上声称，希平港核电站的运营商杜肯电力公司（Duquesne Light Company）的出资额仅有 500 万美元，政府则投入了 7250 万美元，如果再加上研发资金，那么美国纳税人负担的总额将超过 1.2 亿美元。[5]

这并非政府最后一次插手希平港核电站这个项目。核电站的建造工程基本完成时，还没有人为新建的发电厂投保。为了促成此事，1957 年 9 月，艾森豪威尔签署了《普莱斯－安德森法》（Price-

Anderson Nuclear Industries Indemnity Act），将核事故的保险额度上限定为 6000 万美元，这也是保险公司将提供给杜肯电力公司的最高保险金额。鉴于核事故可能造成的危害，这个保险金额即使在 20 世纪 50 年代也不算高。因此，《普莱斯 – 安德森法》承诺，政府将在保险公司提供的 6000 万美元保额之外再提供 5 亿美元。"这基本上就是一家设在厂房里的政府企业，"《纽约时报》的一篇文章在报道核电站正式启动时写道，"核电站仍旧是政府资产，只是作为私营企业的一部分来运营。"[6]

使艾森豪威尔"服务于和平的原子能"这一愿景成为现实的是海军上将海曼·G. 里科弗（Hyman G. Rickover），他是从沙俄出逃的犹太难民，也是美国的"核动力海军之父"。1954 年 1 月，在接手希平港核电站建造项目之前，里科弗主持建造了世界上第一艘核动力潜艇"鹦鹉螺号"（Nautilus）。专注、执着、心直口快的里科弗被派往核电站完成任务。他功勋累累，其中一项就是研发了压水反应堆（pressurized water reactor，简称压水堆），迅速重振了美国的核动力海军和核工业。这种反应堆利用水而非石墨来减缓反应，安全性远高于橡树岭、汉福德、奥焦尔斯克、奥勃宁斯克和温茨凯尔的石墨反应堆。在希平港核电站，西屋电气公司（Westinghouse Electric Corporation）的工程师将里科弗研发的小型核潜艇反应堆改造为巨型工业反应堆。1957 年 12 月，反应堆达到临界状态并接入电网。[7]

里科弗式压水堆由不同公司制造，设计细节上多有改动，这些反应堆成为美国核计划的支柱。后来，一名核机构的官员回忆说，人们认为这些反应堆安全可靠，设计极佳，不会发生像堆芯熔毁这样的事故——就像没人能预想到泰坦尼克号会沉没一样。核工业不仅从里科弗那里得到了反应堆的基础设计方案，还获得了必不可少的技术骨干：大多数核电站的反应堆操作员都曾在海军服役，对反应堆物理学、培训和安全文化都有一定了解。他们将接受短时间的再培训，学习如何在短时间内运行大批量的新一代巨型反应堆。核产业的规模进一步扩大，需要更多人手，海军也会参与进来，帮助培训员工。[8]

艾森豪威尔不计代价，只希望他的计划顺利进行。最终，他如愿以偿。1959 年 10 月，在伊利诺伊州的德累斯顿（Dresden）核电站，一座反应堆达到临界状态；1960 年 8 月，扬基·罗（Yankee Rowe）核电站启动了一座新反应堆。到了 1971 年，美国在运的核反应堆达 24 座，发电量占全美总发电量的 2.4%。虽然一开始的成绩平淡无奇，但核能产业的发展有目共睹。1973 年，订单纷至沓来，核反应堆的订购数量达到 41 座，创下历史新高。次年，在伊利诺伊州的莱克郡（Lake County），锡安（Zion）核电站启动了第一座装机容量达 1000 兆瓦电力的核反应堆。"服务于和平的原子能"计划正在兑现以核能造福人类的承诺。核电站促进了全美数十个社区的就业和经济发展，给未来带来了光明和希望。[9]

1973 年，美国总统理查德·尼克松（Richard Nixon）呼吁在 20 世纪结束之前建成 1000 座核反应堆。由于阿拉伯国家对美国实行石油禁运，美国的能源部门和经济遭到重创，核能的前景可谓空前光明。1975 年 1 月，美国核管理委员会（Nuclear Regulatory Commission）正式成立。作为给核电站和运营商颁发许可证的政府机构，这个委员会全天候运转，处理与日俱增的单位和人员审批需求。委员会的核监管主任哈罗德·登顿（Harold Denton）回忆说："我们无法控制前来申请许可的核电站的数量，我们就像是办理驾照的车管所，人们在办公桌前排起长队，等待视力检查和驾驶员考试。"[10]

然而，这一繁荣之景却戛然而止，像它的开始一样突然。1973年石油禁运引发的经济衰退一直持续到1975年，终结了二战后美国经济的长期增长，而美国最新的产业——核工业也迎来了同样的命运。到了1975年，美国电力业的产能过剩。政府政策加上油价上涨，导致了通货膨胀——在70年代结束前，通胀率达到了12%。通过贷款来建设核电站这样的长期项目，风险变得极高，尤其是当时的电力需求还在下降。1978年，美国没有接到一张核反应堆的订单。如果说在法国，石油危机促使政府积极开展核电项目，建造核电站并将核电机组标准化；那么在美国，核工业则陷入了停滞，亟待复兴。然而，复兴之日遥遥无期。事态仍未见起色，甚至每况愈下。[11]

1979年3月是美国核工业有史以来最糟糕的一个月，即使从现在来看也是如此。一切始于3月16日，灾难惊悚片《中国综合症》（*The China Syndrome*）①上映。这部电影由好莱坞影星简·方达（Jane Fonda）和杰克·莱蒙（Jack Lemmon）主演。尚未成名的

---

① 片名来源于电影中的一句台词，台词大意是：核反应堆的冷却水如果烧干，会发生可怕的事，堆芯会把地球烧穿，到达地球的另一面，即中国。

迈克尔·道格拉斯（Michael Douglas）担任制作人并出演配角。电影剧本对"服务于和平的原子能"的宣传可谓有损无益。

电影中，杰克·莱蒙所扮演的核电站轮班主管杰克·戈德尔（Jack Godell）是"吹哨人"的化身——"吹哨人"这个词在20世纪70年代初发展出其当代意涵[①]。戈德尔遇到了一次险境：反应堆堆芯险些熔毁。业内一般把这种情况称作冷却剂丧失事故（loss of coolant accident，简称LOCA）[②]，但戈德尔很快发现事故的原因是主设备中一个泵的焊接有问题。他上报了这个问题，上司却拒绝采取措施，因为解决这个焊接问题需要花费数百万美元。后来，戈德尔找到了两位盟友：一位是同样具有反叛精神的电视记者，由简·方达扮演；另一位是她的摄像师，由迈克尔·道格拉斯扮演。但戈德尔无力阻止核电站管理人员继续操作存在安全隐患的反应堆。最终，他在控制了反应堆后被警察射杀。而他预言并全力阻止的事故随即成了现实。[12]

这部电影的剧本由工程师出身的迈克·格雷（Mike Gray）创作，情节部分取材于20世纪70年代初发生的两起相对轻微的核电站事故。格雷对道格拉斯说："这将是一场电影创作和重大核事故之间的赛跑。"这部电影反映了公众对核电站安全性的忧虑与日俱增。反对核能的声音最早出现于20世纪50年代末，到了60年代，

————————

① "吹哨人"原本是19世纪英国警察执法的一种规定动作，后来引申出了"告密"的含义。在20世纪70年代早期，美国社会活动家拉尔夫·纳德（Ralph Nader，本书后文也提到他是核工业的批评者）用这个词来指代那些检举、揭发在私人或公共组织中存在的非法、不道德、不安全等行为的举报人。

② 指反应堆主回路管道发生破裂，导致一部分或大部分冷却剂泄漏的事故。

采购廉价电力的公用事业公司也开始追赶核能的热潮，导致核电站建设急剧扩张，反核主张随之声势渐长。然而，直至 20 世纪 70 年代末，反核运动都不足以阻止或撼动核工业的增长势头。许多关于安全性问题的主张似乎很牵强，因为公众不太了解核电站所发生的事故。[13]

唯一的例外发生于 1966 年，距底特律（Detroit）30 英里的恩里科·费米（Enrico Fermi）核电站发生了反应堆堆芯局部熔毁的事故，约翰·格兰特·富勒（John Grant Fuller）在 1976 年出版的《我们差点失去底特律》（*We Almost Lost Detroit*）一书对这次事故做了全面的介绍。而在 1975 年，39% 的美国人担心核电站事故会引发核爆炸。人们对于核能使用的忧虑不断加剧，1976 年，随着吉米·卡特（Jimmy Carter）当选美国总统，这种忧虑情绪不仅体现在街头集体抗议中，还在白宫中蔓延。政府不再资助新核科技的开发。人们对核能发电的态度正在发生变化，《中国综合症》就是对新现状的如实反映。[14]

这部电影受到了评论家和观众的一致好评，上映第一周的票房就超过了 400 万美元。但核工业的巨头们则非常不满。作为核电站的设备生产商，通用电气公司（General Electric Company）取消了对一档电视节目的赞助，因为在其中一期节目中，主持人芭芭拉·沃尔特斯（Barbara Walters）采访了影星简·方达。还有人反对电影对核工业主管的形象描绘，反对者包括大都会爱迪生公司（Metropolitan Edison Company）的总裁沃尔特·克雷茨（Walter Craitz）和副总裁约翰·G. 赫尔本（John G. Herbein）。大都会爱迪生公司隶属于通用公用事业公司（General Public Utilities

Corporation），为宾夕法尼亚州的东部和中南部地区提供服务。电影中有一句台词，讲到核电站爆炸会让"相当于宾夕法尼亚州那么大的地区变得永远无法居住"，这对于该州的核能形象可谓有百害而无一利。[15]

在宾夕法尼亚州的米德尔敦（Middletown）附近，距首府哈里斯堡（Harrisburg）约 10 英里处，有一座三里岛（Three Mile Island，简称 TMI）核电站，大都会爱迪生公司持有这个核电站的部分股份并负责其日常运营。该核电站坐落于萨斯奎汉纳河（Susquehanna River）的一座狭长小岛上，装配了两台由巴威公司（Babcock & Wilcox Company）建造的压水堆机组。这家公司与美国海军有长期的合作关系：二战期间，美国海军舰艇所用的锅炉有半数以上都由该公司旗下的工厂生产；如今，公司转向核工业，建造了里科弗主持设计的第一艘核潜艇"鹦鹉螺号"。三里岛核电站两座反应堆中的第一座始建于 1968 年。三里岛 1 号（TMI-1）机组造价为 4 亿美元，装机容量为 819 兆瓦电力，约为希平港核电站第一座反应堆的 14 倍。1974 年 9 月，1 号机组开始运行，正好可以在 1973 年阿拉伯国家实行石油禁运之后，为美国提供其亟需的能源。

1978 年 9 月，核电站的第二座反应堆建成并投入运行，装机容量为 906 兆瓦电力。三里岛 2 号（TMI-2）机组始建于 1969 年 6 月，并于 1978 年 2 月获得了运营许可，同年 12 月获得了商业许可。1978 年 9 月，2 号机组首次发电成功。这一年，核电站共发生 2 起事故和 20 起反应堆停堆事件——这对第一年运行的反应堆来说不足为奇，但仍高于行业平均水平。三里岛核电站带着人们的殷切期望进入崭新的 1979 年，两座核反应堆均顺利无阻地运行、发电。唯一值得担心的是在附近哈里斯堡机场降落的飞机有可能会撞上反应堆，但人们普遍觉得发生这种情况的可能性是极低的。[16]

1979 年 3 月 27 日晚，三里岛两座反应堆由夜班工人轮值。此时是晚 11 点，领导夜班团队的是 33 岁的反应堆操作员兼主管比尔·策韦（Bill Zewe）——他于 1972 年来到核电站，后升至轮班主管一职。高中毕业后，策韦曾在海军服役了 6 年，其间接受了潜艇反应堆操作和电子技术方面的培训。他在三里岛核电站从辅助操作员做起，随后成为值班长，负责一座反应堆的运行工作，并最终成为轮班主管，负责运行核电站的两座反应堆。从海军到三里岛核电站的 12 年里，策韦已经积累了运行不同类型反应堆的大量经验。

后来有人问策韦，他和他的手下都曾是海军军人，这种情况在核工业中是否常见？他给出了肯定的回答。在策韦的团队中，大部分人都曾在海军服役。比如 2 号机组的值班长弗雷德·沙伊曼（Fred Scheimann）曾在海军服役了 8 年，先后在 3 艘核潜艇上担任电气操作员。沙伊曼领导的两名控制室操作员埃德·弗雷德里克（Ed Frederick）和克雷格·福斯特（Craig Faust）也曾是海军军官。弗雷德里克曾在海军服役 6 年，其间接受了为期一年的培训，其中半年的时间都用来操作一台西屋电气公司制造的模拟样机。完成培训后，他被分配到一艘潜艇上，此后 5 年都在运行潜艇反应堆。[17]

对策韦和他的团队来说，三里岛反应堆和他们在海军服役时运行的反应堆没有太多差别，但三里岛反应堆的规模明显更大，功率也更大，管道、阀门和机械零件更多，还有一系列不同的技术和安全问题需要解决。因此，策韦四人全都接受过大都会爱迪生公司的培训，学习如何运行工业压水堆，并拿到了美国核管理委员会颁发的执照。那晚，策韦班组中持有执照的操作员和十多位没有执照的辅助操作员协同工作。他们的共同任务是监测控制台上的数百个指示灯和指示器，确保反应堆平稳运行，并在必要时采取行动。

凌晨4点后的某个时刻，策韦正坐在2号反应堆控制室后面的小办公室内。突然，他听到了警报声。策韦从办公室窗口向外望去，看到综合控制系统控制台上的报警指示灯不断闪烁。"我从椅子上跳了起来，随后来到控制室。"策韦后来回忆说。很快，他意识到安全系统已经关停了汽轮机。"我大声呼喊：'汽轮机跳闸（turbine trip）了！'"策韦用了表示停机的行业术语。随后，另一个报警指示灯变成了红色。"刚才反应堆也紧急停堆了！"策韦喊道。他随即用核电站的呼叫系统通知了这则消息。整个停堆过程只用了7秒。[18]

比尔·策韦、克雷格·福斯特、埃德·弗雷德里克遵循反应堆紧急停堆的应急程序执行操作。像所有压水堆一样，三里岛2号反应堆有两套冷却系统，或者说两条冷却回路——一回路和二回路。一回路将水注入反应堆堆芯处加热。主泵会给注入一回路的水施加高压，以免水沸腾和蒸发，同时能让水有效带出堆芯释放的热能，将其传递给二回路。在蒸汽发生器内，一回路中高温、高压的水遇到二回路中低温、未加压的冷却水，冷却水变为蒸汽，驱动汽轮机发电。蒸汽的温度下降后在冷凝器中冷凝成水。随后，水再度回到蒸汽发生器，被一回路中的水加热蒸发。如此不断循环往复，直到发生像那晚一样的故障。[19]

当晚轮班的早些时候，前一个班次遗留了一个问题。这个问题与凝结水精处理系统中 8 台混床中的一台有关。混床是用于净水的容器，每台混床的容量为 2500 加仑。在水通过了冷凝器之后，混床会将水净化，再由水泵将净化后的水注入反应堆。冷凝水在系统内不断循环的过程中，混入了金属锈和多种杂质，而混床内的树脂小球可以吸附水中的杂质；这些树脂也需要定期更换。更换树脂有时并不容易，因为结块的树脂时常会堵塞处理系统。现在，7 号混床就发生了这样的情况。前一班次的工作人员曾试图借助压缩空气除掉树脂，但其中一名工人忘了关闭气闸，使一部分水进入了压缩空气系统，影响了多个阀门的正常运行。[20]

策韦和他的手下并不知道此事，但很可能就是这个原因导致了他们需要处理的跳闸问题。事实上，紧急关停的不止两个设备，而是三个：在反应堆自动紧急停堆和汽轮机跳闸之前，主给水泵已经停机了，所以才引发了汽轮机跳闸和反应堆停堆。虽然情况严峻，但这难不住策韦和他经验丰富的手下。操作员们开始检查控制台上的指示灯，关闭警报，确认阀门的状态。然而，反应堆停堆几分钟后，策韦等人又遇到了新的问题：两台高压安注系统（high-pressure injection system，简称 HPI）的水泵突然启动，开始注水。这个功能原本是一个安全保护措施，用以确保冷却系统中保持足够的水量。水泵为什么会启动？操作员们并不清楚。

当时他们并不知道一回路的一个阀门发生了故障。发生故障的阀门是安装在稳压器顶部的先导式卸压阀（pilot operated relief valve，简称 PORV）。稳压器是安装在反应堆主冷却系统内用以维持水压的加热器。一旦稳压器需要减压，先导式卸压阀就会自动开启；压力恢复正常后，阀门会恢复到关闭状态。这个先导式卸压阀确实有些问题，当晚早些时候沙伊曼就跟策韦说过先导式卸压阀有少许泄漏的情况，但这个问题似乎微不足道，不需要立即采取措施。现在，先导式卸压阀自动打开了，但操作员们不知道的是它后来一直没有关闭，使得水源源不断地从反应堆的一回路中流出。

这就是 HPI 水泵突然启动的原因。但操作员们并不知道先导式卸压阀发生了故障。福斯特和弗雷德里克唯一能在控制台上看到的阀门指示器是一个绿灯，用于显示关闭信号是否已传达至阀门，但控制台上并没有安装显示阀门是否关闭的指示灯。"我恨不得扔掉这个报警控制台，"福斯特后来说，"它没有给我们提供任何有用的信息。"紧急情况应对手册也没有关于阀门故障引起冷却剂丧失事故的说明。"因此，我们相信反应堆的运行已经恢复平稳，"弗雷德里克回忆道，"我们就继续试着调整设备，同时监测冷却系统的情况。"[21]

但现在 HPI 水泵开始注水，负责监测稳压器内水位的弗雷德里克开始紧张了起来，他说："我担心的是稳压器内完全充满水，因为完全充满水的主系统是很难控制的，我们从未处理过这种情况。"通常，稳压器内水的空间占比不应超过 80%，从而为起缓冲作用的汽腔留出空间，以免供水系统突然发生振动。如果没有缓冲汽腔，振动可能会损坏稳压器，也可能对反应堆本身造成严重损害。[22]

惴惴不安的弗雷德里克决定关闭进入稳压器的水流。他后来回忆道："当时，我关闭了应急保障系统……并按下了 6 个闭锁按键，将系统切换到手动控制。"控制系统之后，他关闭了一个 HPI 水泵，从而将注入反应堆内的水流减半，但这似乎没有太大效果。"我看到水位稍有变化，但随后又继续快速上升。"弗雷德里克回忆道。很快，稳压器的水位指示器就爆表了。"马上就要水实体了。"弗雷德里克对值班长弗雷德·沙伊曼说。他所说的"水实体"就是指稳压器内完全充满水的情况。于是，他们决定关闭两台 HPI 水泵。然而，关闭应急系统、切断应急供水是一个严重的错误。HPI 水泵的作用是提供冷却水，以防止反应堆过热。而现在，反应堆的主要水源被切断了，距离反应堆堆芯熔毁又近了一步。[23]

一位研究三里岛核事故的历史学家指出："如果当时操作员不小心把自己锁在控制室外，那么这起事故将永远不会发生。"调查事故起因的总统特别委员会也持有相同的观点。"如果操作员（或者监督他们的主管）在事故初期不关闭应急冷却系统，那么三里岛核事故就会是一起微不足道的小事故，"委员会在报告中这样写道，"然而，操作员接受的培训就是维持稳压器内的规定水位，并且担心发生水实体。因此，他们将高压安注系统的流速从每分钟 1000 加仑降低到不到 100 加仑……最终导致 3 月 28 日当天大部分堆芯长时间暴露，进而导致堆芯严重受损。"[24]

在第一声警报响起后，策韦、福斯特、弗雷德里克和沙伊曼便一同来到控制室，他们试验了不同的猜想，尝试了不同的操作程序，但始终不明白反应堆发生了什么问题。在控制台上，100 多个警报器纷纷响起，操作员们手足无措，也很难确定危机处理的优先级。还有一部分指示器爆表，无法在事故条件下正常运行，使得操作员无法得知一些重要系统的运行情况。还有一些信号是无法从控制台上看到的，操作员也就很难监测它们。他们最需要的是显示先导式卸压阀是否关闭的信号，但控制台面板上却没有安装相应的指示灯。[25]

他们的运气也不太好。策韦曾怀疑先导式卸压阀出了问题，便让一名操作员看一下阀门上方的温度，这个温度可以作为阀门是否关闭的一个指标。操作员却错读了另一个仪表上的数值：他告诉策韦的温度是 228 摄氏度，而真实的温度是 283 摄氏度。这 55 摄氏度的温度差至关重要，使得策韦误以为先导式卸压阀已经关闭。他们最后的希望是机组的计算机，但由于数据量太大，计算机也已经超负荷了。"100 多个警报同时响起，"弗雷德里克回忆说，"IBM 打印机每次只能打出一条。所以当大量警报信号以大概每秒 10—15 个的速度涌现之时，打印机的速度就完全跟不上了。"打印出来的数据读数有两三个小时的延迟，有些页面上还满是乱码、问号、句号、破折号挤成一团。打印机还一度卡住不动了。[26]

策韦和他曾在海军服役的手下们孤立无援，只能凭直觉来操作，而直觉主要来自他们当初作为潜艇反应堆操作员的工作经验。跟所有潜艇反应堆操作员一样，他们首要关注的就是避免稳压器以水实体工况运行。对于停堆的潜艇反应堆来说，冷却剂丧失并不是大问题，因为在这一阶段，小型反应堆产生的热量不足以损害堆芯。但对于巨型的发电反应堆来说，冷却剂丧失带来的威胁远大于稳压器以水实体工况运行。显然，这些海军军人没有在直觉层面抓住这一重要差别。相反，直觉告诉他们要竭尽全力，避免稳压器以水实体工况运行。[27]

与此同时，水通过打开的先导式卸压阀不断从一回路流出。水首先流入排水接收槽，再流到反应堆厂房的地面上。事故发生半小时后，反应堆安全壳[①]内的排水泵自动启动了——策韦等人并不知道这个情况，因为他们正忙着处理一回路中溢出的数千加仑的水。在两个半小时内，一回路流出的水达到了 3.2 万加仑。策韦下令关闭排水泵，因为他知道，水泵把水从安全壳导向了辅助厂房，而辅助厂房内的空间不足以容纳这么多的水。[28]

由于一回路中严重缺水，冷却系统水泵的运行也受到很大影响，当时水泵输送的已经不再是水，而是蒸汽，水泵也开始振动。后来，弗雷德里克回忆道："反应堆冷却系统的水泵开始出现问题。"很快，不仅水泵在振动，连他们脚下的地板也在晃动。操作员们关闭了一个水泵，随后又关闭了另一个。"我们感觉，水泵无论如何也救不下来了。"策韦回忆道。到凌晨 5 点 41 分，他们共关闭了四个水泵——两个应急水泵、两个常规水泵。稳压器进入水实体工况的风险彻底消除了，但一回路中也没有任何冷却剂了。反应堆停堆后很快就产生了 247 兆瓦的热量，而在当时，这么多热量完全被"放任自流"，过热的燃料可以熔化反应堆堆芯中的一切。[29]

到了上午 6 点 20 分，也就是事故发生两个多小时以后，策韦决定试验一下布赖恩·梅勒（Brian Mehler）向他提出的想法。梅勒是下一个班次的值班长，他前来接策韦的班，却发现操作室内的

---

① 反应堆安全壳也被称作围阻体、安全厂房，是核反应堆最外围的建筑，一般用钢板或钢筋混凝土制成，用以容纳核反应堆压力容器以及部分安全系统，将其与外部环境相隔离，防止堆内放射性物质外泄。

众人已经大难临头。梅勒觉得先导式卸压阀可能是所有问题的原因，居高不下的排出温度尤其证明了这一点。"拖得太久了，让我们抓紧时间，检查一下阀门。"策韦记得自己当时是这么说的。他回忆道："我们最终确定阀门没有完全关闭的唯一做法是，关掉了卸压阀对应的隔离阀——也可以把它叫作下游阀。"他们看到一回路中始终很低的气压开始攀升。"那时我们才意识到，卸压阀没有完全关闭，将水排到了直接通向辅助厂房的排水接收槽。"[30]

　　等到他们查明真相并关闭先导式卸压阀之时，一场重大事故已经无法避免。反应堆堆芯即将熔毁。操作员们解决了一个问题，却无意间引发了新的问题。发生故障的阀门打开时，尚能使部分热量逸出反应堆，而关闭阀门后，热量就被完全封闭在反应堆内了。"反应堆的计数率不断上升。"策韦回忆说，他指的是测量反应堆堆芯中子通量的探测器读数记录图。当时，他意识到"遇上大麻烦了"。危机发生以来，他第一次产生了"反应堆堆芯或许已经熔毁"的想法。

　　到了差不多6点半，他们将硼酸水和硼注入加压冷却系统，以帮助减缓反应。但在上午6点50分，辐射监测面板突然失控，所有的指示器都变成了琥珀红色。水正从反应堆安全壳流到辅助厂房之中，监测器检测到了水中不断上升的辐射水平。策韦承认："那时，我知道我们遇到了极其严峻的问题。"20分钟后，一份水样证实了他们最可怕的设想：水的放射性水平非常高。策韦瞬间茫然失措，此前他考虑过堆芯熔毁的可能性，但始终不愿多想。"我确实不认为堆芯会熔毁。"他回忆道。他希望发生的是"原料迸发"，即裂变材料于停堆期间通过冷却系统一次性涌入水中的情况。

不管是什么原因，辐射水平都在不断上升，策韦必须采取相应的行动。上午 6 点 56 分，他在核电站的内部对讲系统上通知发生了"厂区紧急事故"，这意味着核电站区域内有可能发生了不受控制的辐射泄漏。实际上，辐射泄漏已经成为事实了。[31]

大约在上午 7 点 10 分，三里岛核电站的总经理加里·米勒（Gary Miller）来到了 2 号机组的控制室。"各项辐射指标不断攀升，"他回忆道，"核电站里到处都是如此。"7 点 20 分，他宣布发生了"全面紧急事故"，这意味着"可能对公众的健康安全造成严重的放射性后果"。米勒随即召开高级管理层会议，核电站高层中的大部分人都已经在控制室内了，他为每个人分配了具体的任务。本地政府和联邦政府有必要知晓当下的情形。[32]

米勒依旧全权掌管着核电站，即便是公司总裁也无法干预他的决定。当下的首要任务是拯救反应堆。同策韦一样，米勒也当过海军，他不相信，或者更确切地说，不愿相信反应堆堆芯熔毁的事实。"我们中的大部分人都为这项事业鞠躬尽瘁，不相信会发生这种事故。"核工程师鲍勃·朗（Bob Long）回忆道，"我们有着极其出色的安全系统，配有一套又一套备用方案，这就是我们当时的心态……这种心态让我们很难真正面对已经发生的严重损害。"[33]

如今，只有一种办法阻止堆芯熔毁——冷却反应堆。他们尝试重启给水泵，但没有成功。冷却系统中有大量的空泡，水无法穿过这些蒸汽气泡。他们继续尝试。"我们从未执行过现在这样的操作程序，"米勒回忆道，"我有 50 万磅的水，足够我泵上一整天。"到了下午 3 点左右，仪表显示部分蒸汽气泡已开始消失。由于油泵发生故障，应急进程被进一步推迟。不过，油泵最终修好了，下午6点后，他们重新开始泵水。到深夜，水压已经消除了一回路中的大部分蒸汽气泡。"我们注入反应堆的水就像苏打水一样，水里有大量的气体。"米勒回忆道。状况有所好转。他们成功注入了反应堆亟需的冷却剂。[34]

然而，解决了一个老问题，又来了一个新问题。他们持续泵入的水流到了接收槽，又沿着接收槽流入了辅助厂房。问题不在于水量的聚积，而在于水中的高强度核污染。大部分水最终流到了辅助厂房，这里的辐射水平达到了300伦琴。"那天，我们知道有（辐射）泄漏，"米勒回忆道，"因此不停东奔西走，将聚乙烯铺在地上，试图尽力消除过量辐射的影响。当时，我们要面对大量辐射，需要让工作人员穿上防护服、戴上防毒面具。"[35]

水并不是唯一的辐射源，反应堆成了更大的辐射源。部分燃料的温度从正常运行水平的315.5摄氏度升至2760摄氏度，高温致使燃料熔化、锆包壳破损，放射性物质进入蒸汽中。到上午9点，反应堆安全壳内的辐射已达到6000拉德/小时。安全壳是封闭的，虽然已有放射物进入了控制室，但核电站外的辐射读数似乎相对较低。"我当时认为，我们无须疏散全郡。"米勒后来回忆道。据他所说，附近地区的辐射读数一直在30毫雷姆/小时以下，并不比正常值高多少。因此，他认为没有必要疏散居民。"我有一个女儿就住在距离核电站10分钟路程的地方，我从来没让她搬走，"米勒后来解释道，"我肯定不会害我的女儿。"那年，他的女儿仅有10岁。[36]

3月28日，不到上午8点，宾夕法尼亚州州长理查德·L.索恩伯勒（Richard L. Thornburgh）接到了一通与事故相关的电话。当时，这位 46 岁的州长正在宾夕法尼亚州首府哈里斯堡的家中，距核电站约 12 英里。打来电话的人是宾夕法尼亚州应急管理局（Pennsylvania Emergency Management Agency）局长奥兰·K. 亨德森（Oran K. Henderson）。索恩伯勒想到了疏散核电站周边地区居民的可能性，但觉得还是应该多了解一下事故的情况。他指示亨德森与副州长威廉·W. 斯克兰顿三世（William W. Scranton III）取得联系，斯克兰顿也是宾夕法尼亚州应急委员会（Pennsylvania State Emergency Council）的主席。[37]

索恩伯勒之前在美国司法部刑事司任首席检察官助理，他在 1 月 16 日刚刚当上州长，上任仅几周。威廉·斯克兰顿是他在这场危机中的特派员，此人在该州有着深厚的家族背景和政治根基。斯克兰顿市就得名于他的一位祖先，而他的父亲曾在 20 世纪 60 年代担任该州州长。斯克兰顿年仅 33 岁，资历尚浅，除了在前一年赢得了选举以外，值得一提的只有耶鲁大学的文凭和运营家族出版企业的几年经验。如今，初入政界的索恩伯勒和斯克兰顿就这样被推到了美国历史上最严重的核危机事件的中心。[38]

那天，斯克兰顿本应于上午 10 点出现在记者面前，与他们一同探讨能源问题。而当时，核能似乎成了唯一的议题。在事故消息传到州长办公室之前，媒体就探到了事故的风声。大约上午 7 点半，一名外号为"戴夫队长"（Captain Dave）的本地交通记者偶然听到了警官们谈论核电站紧急情况的对话。"戴夫队长"立即打电话给迈克·平特克（Mike Pintek）——平特克在哈里斯堡的 WKBO 电台任新闻总监。"戴夫队长"对他说："在三里岛，他们一直在调动消防设备和应急人员。"

"噢，顺便说一句，核电站的冷却塔没有蒸汽冒出来。""戴夫队长"补充道。平特克给核电站打了电话，接线员立即为他转接到 2 号反应堆的控制室。"我现在不方便说话，我们遇到麻烦了。"电话那边的人答复说。平特克又打电话给核电站的所有者——大都会爱迪生公司，并得到了公众不会有危险的保证。上午 8 点 25 分，WKBO 电台播出了事故新闻。半小时后，美联社发布了相关报道，声称三里岛核电站发生事故，但没有造成核泄漏。[39]

威廉·斯克兰顿也给三里岛核电站打了电话。他和宾夕法尼亚州辐射防护局（Pennsylvania Bureau of Radiation Protection）的威廉·E.多尼斯夫（William E. Dornsife）一道，打通了核电站总经理加里·米勒的电话。当时是上午 9 点，米勒正忙得焦头烂额（他后来说自己"别无选择，只能与斯克兰顿通话"）。米勒向斯克兰顿说明了情况：反应堆紧急停堆了，问题出在二回路，而非反应堆本身，但"部分反应堆冷却剂泄漏到了反应堆的地面上"，而且"含有放射性"。听了这番话后，多尼斯夫以为核电站运行平稳，局面已经得到了控制。但与斯克兰顿通话后不久，米勒向大都会爱迪生公司的上司汇报时，语气就没那么有把握了。"你看，我们的处境很微妙，因为我们核电站的诚信实际上已经打了折扣。"米勒说道。[40]

斯克兰顿过了很久才出现在记者面前，但他的说辞无法让等候多时的记者们满意。"大都会爱迪生公司通知我们，三里岛核电站的 2 号机组发生了事故，"斯克兰顿读着事先准备好的发言稿，"一切尽在掌控之中，事故不会危及公众的健康安全。"他向记者保证，虽然有少量辐射释放到大气中，但"并未发现辐射水平有上升的迹象"。然而，下一位发言的多尼斯夫直接推翻了这一说法。他告诉记者：他刚刚得知，在核电站附近的戈尔兹伯勒（Goldsboro）检测到了"少量放射性碘"。记者们连珠炮似的提出了一大堆有关辐射水平的问题，但多尼斯夫也讲不出更多实质性的内容。[41]

新闻发布会不仅没有澄清真相，反而增添了几分迷惑。州政府官员同样一头雾水。"这样的事情之前从来没有发生过，"斯克兰顿几十年后回忆道，"它并非能看、感、尝、触的实体。我们讨论的是引发了高度恐慌的辐射。"事实上，多尼斯夫说错了：大都会爱迪生公司告诉斯克兰顿，在戈尔兹伯勒并未检测出辐射。然而，一则新消息传来：经检测，哈里斯堡的辐射水平有所上升。据说，核电站没有征询州政府的意见就私自排放蒸汽。斯克兰顿勃然大怒。数年后，他回忆称："那天早上，我刚说了'厂区外无明显辐射泄漏'，还没过多大一会儿，就证实厂区外确实有泄漏……我现在还记得当时涌上心头的愤慨。我至今都没有释怀。"[42]

斯克兰顿要求核电站管理层提供一份报告。三里岛核电站的高层只好赶往哈里斯堡与副州长会面，加里·米勒自然也在其中。会议进展并不顺利。斯克兰顿对核电站未经授权且未经公布就排放蒸汽提出抗议，认为核电站要为辐射水平的上升负全责。可靠信息过少，无法在公司和州政府之间营造相互信任的氛围。早上或许尚存的一丝信任，到了下午就荡然无存。"我走出会议室时，对他们的态度非常不满，"一位政府官员回忆道，"他们的态度就是：别来烦我们，我们知道发生了什么，也能处理好这些问题。"

斯克兰顿回忆道："那时我意识到，我们不能依靠大都会爱迪生公司来获取决策所需的必要信息。"他发现大都会爱迪生公司的代表们都心存戒备。那天晚些时候，他又召集记者开了一次媒体吹风会，宣称大都会爱迪生公司"所提供的信息自相矛盾"。他告诉记者，核电站排放的蒸汽含有"可检测到的"辐射量。当然，他说的这番话不对。辐射来自流入辅助厂房的水，而不是排放的蒸汽。"此刻，我们依然相信公众健康不会受到威胁。"斯克兰顿补充说。[43]

为了寻找比大都会爱迪生公司更可靠的信息源，斯克兰顿向美国核管理委员会寻求帮助。自从上午晚些时候开始，该委员会的代表始终在事故现场。但核管理委员会在收集和传达信息方面也有自己的问题。约下午5点，委员会发布了一则新闻，证实了人们已经知道的信息：核电站外的辐射读数高于正常值，最高读数达到了3毫雷姆/小时，这相当于建议辐射上限的3倍。核管理委员会的新闻稿并未说明这是在哪里采集的读数，并且还错误地声称辐射来自反应堆安全壳，要知道，安全壳的混凝土墙体厚度接近3.7米。实际上，真正的辐射源是流入辅助厂房的放射性污水。"后来，核管理委员会于当天晚上现身，并开始告诉我们详情，但他们提供的信息也没太多差别。"一名政府官员回忆道。[44]

由于缺少可靠的证据，美国媒体开始做出最坏的假设。沃尔特·克朗凯特（Walter Cronkite）① 在哥伦比亚广播公司晚间新闻（CBS Evening News）上宣称，这场事故"只是核噩梦的开端"。3月29日上午，危机发生的第二天，斯克兰顿决定亲自去核电站看一看，核实一下他所得到的信息。"总得有人去那里，看看现

---

① 冷战时期美国最负盛名的电视新闻节目主持人，哥伦比亚广播公司的明星主持，有"美国最可信赖的人"之称。

场的情况并查明问题。"他后来解释道。他花了45分钟穿好防护装备，终于被允许进入辅助厂房。据斯克兰顿说，厂房里已经是一片汪洋，"看起来就像是地下室里满满的积水，只是碰巧发生在核电站的辅助厂房"。他佩戴的放射量测定器所显示的辐射读数为80毫雷姆，而空气中的辐射为3500毫雷姆/小时。不过，他注意到核电站的操作员和工人都平静如常，各自忙着手头的工作。这番景象令他感到宽慰，斯克兰顿在返程途中也是这样向州长索恩伯勒汇报的。[45]

然而，到了深夜，核管理委员会的官员告诉索恩伯勒，情况不容乐观，而且仍在恶化。下午2点后不久，一名直升机飞行员在2号反应堆烟囱上方采集了空气样本。辐射读数高得惊人，达到了3000毫雷姆/小时。当晚晚些时候，冷却水的辐射读数达到了1000拉德/小时，这表明反应堆堆芯已严重受损。反应堆内部居高不下的温度也有力验证了这个假设。反应堆紧急停堆已经超过了36个小时，但依旧没有冷却下来。[46]

3月30日一大早，迎接索恩伯勒州长的是核管理委员会发来的更多坏消息。辐射读数已升至1200毫雷姆/小时。核管理委员会建议疏散核电站周围5英里范围内的居民区。离核电站最近的几个郡已经得到了可能要疏散的通知，其中一个郡还发布了广播声明。目前看来，无论索恩伯勒是否同意，疏散都成了板上钉钉的事，不过根据法律，这个决定仍须索恩伯勒来做，而他不想草草决断。[47]

索恩伯勒决定先与顾问和州政府相关负责人商议此事。"我们集结了所有的团队成员，在我的办公室里待了大约45分钟，开始紧急讨论是什么原因促使联邦政府发布了疏散建议。"索恩伯勒后来回忆道。他的几名助手没有打通核管理委员会主席约瑟夫·M.亨德里（Joseph M. Hendrie）的电话。索恩伯勒决定先审查各郡提交的疏散方案，结果发现各郡之间完全没有沟通和协调。哈里斯堡所在的道芬郡（Dauphin County）和位于萨斯奎汉纳河对岸的坎伯兰郡（Cumberland County）都计划将本郡的居民疏散到对方的管辖区，正如索恩伯勒后来回忆的那样，"两地疏散的居民可能在桥中央迎头撞上"，州长表示这个发现让他不寒而栗。[48]

这些郡曾经因河流洪水疏散过民众，但洪水肉眼可见，辐射却是人们看不到的。索恩伯勒回忆说："这种疏散在地球上还是头一遭。"此外，他也有其他顾虑。有一些居民是无法自行离开的，需要州政府帮助他们从医院或养老机构中撤离，州长担心他们的健康情况。此外还有造成恐慌的可能性。"讨论到疏散核反应堆厂区 5 英里半径范围内的居民时，"索恩伯勒在解释自己为何不愿匆忙组织疏散时说道，"必须意识到在 10 英里半径、20 英里半径、100 英里半径范围内……辐射都会引发一些后果，而核泄漏是人们看不见、听不到、尝不着、闻不出的。"[49]

随着会议的进行，秘书终于成功为索恩伯勒联络上了位于贝塞斯达（Bethesda）的核管理委员会总部。委员会主席亨德里接了电话，但他对辐射的严重程度所知甚少。"我们掌握的信息不比你们多到哪里去。"他对这位忧虑的州长说。亨德里私下里向下属抱怨道："我们几乎是在一片漆黑中前行。他得到的信息模棱两可；我得到的信息要么是'不存在'，要么是'不知道'。我们就像是两个盲人来回摸索，试图做出决定。"[50]

索恩伯勒想知道核管理委员会是否坚持要疏散，但亨德里的态度有些含糊，表示要和下属核实之后再回电。亨德里提出了一个临时措施，建议住在核电站下风方向 5 英里范围内的民众居家。不过，促使所有人采取行动，并使核管理委员会官员提出疏散建议的源头——1200 毫雷姆 / 小时的辐射读数却是源于误解和混淆。那天一早，2 号机组的操作员曾为反应堆排气，这是一种受控的辐射释放，却被飞过反应堆烟囱上方的直升机检测到了，这次排气甚至没有通知核电站管理层，更不用说核管理委员会和州政府了。实际上，辐射读数迅速下降，回到了正常水平，但核管理委员会对这个读数做出了反应，并建议疏散民众。[51]

等待亨德里的电话期间，索恩伯勒通过广播呼吁公众保持镇定，同时他的新闻秘书建议住在核电站 10 英里半径范围内的居民不要外出、关好门窗。上午 11 点 20 分，民防警报突然在哈里斯堡市中心响起，民众的焦虑情绪又骤然加剧。那时，一位大都会爱迪生公司代表举行的新闻发布会刚进行了 20 分钟。警报声惊动了许多人，也让索恩伯勒感到震惊和困惑。"警报声就像插入我胸口的一把尖刀，"索恩伯勒回忆道，"到底怎么回事？警报声从哪里传来的？"过了几分钟，斯克兰顿才下令关闭警报。原来，一位不明就里的官员误解了州长此前的声明，误发了这次警报。[52]

当天约中午时分，亨德里给索恩伯勒回了电话，他不再建议疏散民众，而是有了一个新的建议。"我们确实不清楚事态的发展，"亨德里说，"核电站已经失控，运行出现异常。"作为预防措施，他提议疏散核电站附近地区的孕妇和幼儿。这个建议与索恩伯勒手下专家的意见不谋而合。[53]

下午 12 点半，索恩伯勒对着满满一屋子记者发表了讲话。他宣布："根据核管理委员会主席的意见，我建议，在另行通知以前，三里岛核设施 5 英里半径范围内的孕妇和学龄前儿童撤离该地区。"他还宣布了学校停课的计划。除了颁布一系列措施以外，他还保证三里岛附近地区的辐射水平并不高。"我再声明一下，颁布这些应急措施是因为我坚信小心驶得万年船。"索恩伯勒这样说道。他也抱怨缺乏可靠的信息。"似乎发生的每起事件都有许多自相矛盾的说法，"他对记者说，"我要跟大家说的是，我们和大家一样沮丧。查明事实的难度很大。"⁵⁴

据记者们了解，州长和大都会爱迪生公司的约翰·赫尔本暗中打了一场公关战。自危机一开始，赫尔本就成了大都会爱迪生公司的发言人。赫尔本试图反驳核管理委员会关于辐射水平升高的说法，他非常确信地表明未发生"核泄漏失控"的情况，并声称辐射水平为 300—350 毫雷姆 / 小时，而非核管理委员会所说的 1200 毫雷姆。他坚称"没有理由执行紧急程序"。然而，记者们并不相信他的这番保证。"赫尔本先生，你不觉得你有责任让住在核电站周围的 100 多万人知道真相吗？"一名记者问道。"你们把那东西给熔毁了，不是吗？不是吗？"最先披露事故消息的 WKBO 电台新闻总监迈克·平特克吼道。

三里岛核电站的管理层和大都会爱迪生公司迟迟没有把 2 号机组出现的问题告知州政府官员，再加上赫尔本不屑一顾的态度，让公众觉得大都会爱迪生公司有意掩盖真相。"大都会爱迪生公司的人看起来早有预谋，像是要隐瞒什么事情，"《波士顿环球报》(*Boston Globe*) 的记者柯蒂斯·威尔基 (Curtis Wilkie) 写道，"他们看起来就像理查德·尼克松。"三里岛核事故发生时，水门事件刚过去不到 7 年，越南战争结束不到 4 年。因此，人人都怀疑官方掩盖真相，官方的公信力降到了历史最低点，这个纪录一直保持至今。[55]

在这场涉及大都会爱迪生公司、核管理委员会和州长办公室的公关拉锯战中，重建事实是一项艰巨的任务，而且时常不如人意。除了信任危机外，还有可见性危机。毕竟，人们看不到辐射，也无法一窥反应堆内部。到 3 月 30 日下午，对大都会爱迪生公司、核管理委员会的专家和政府官员来说，缺少关于反应堆现状的信息成了主要问题。反应堆的温度高达 371 摄氏度，引起了众人的担忧，因为高温有可能损坏燃料通道，现存的过热燃料也可能造成反应堆堆芯全面熔毁，还有可能使核电站和周边地区遭受比以往更严重的辐射，并引发其他后果。[56]

有专家推断，由于蒸汽和锆包壳相互作用，反应堆安全壳的顶部产生了氢气气泡——事实证明这个推断是正确的。气泡产生的压力达到了每平方英寸 28 磅，并阻碍了正常的水循环，由此影响了反应堆的冷却。气泡还会造成堆芯进一步损坏，一旦氢气与氧气结合，整个反应堆都会爆炸。相比核爆炸造成的后果，核电站管理层和州政府处理过的其他灾情都是小巫见大巫。[57]

在下午早些时候的通话中，核管理委员会主席约瑟夫·亨德里对索恩伯勒说，氢气气泡发生爆炸的可能性可以忽略不计。但当天晚些时候，他改变了想法，意识到反应堆中的反应可能产生氧气，一旦氧气与氢气结合，就会炸毁反应堆安全壳，让辐射蔓延至全国。"如果说目前有什么我不愿意看到的情况，"亨德里对其他委员说，"那就是……这些处于易燃易爆状态的气泡。"核管理委员会的一些官员要求即刻疏散核电站附近的所有居民，而非只是采取索恩伯勒宣布的权宜之计。"我们面临着反应堆堆芯熔毁的终极风险，"核管理委员会的达德利·汤普森（Dudley Thompson）告诉记者，"即使这种可能性很小，我们也推荐采取预防性的疏散措施。"[58]

与此同时，疏散民众的工作已经开始了。按照索恩伯勒的建议，第一批撤离的是核电站 5 英里半径范围内的孕妇和学龄前儿童。该地区 80% 以上的孕妇和学龄前儿童撤离了，约 3500 人。其中一部分人去了赫尔希体育馆（Hershey sports arena）——这个建筑群建于 20 世纪 30 年代，可容纳 7000 多人。3 月 30 日晚，记者们在这里发现了 150 余名妇女和儿童。当时在体育馆内的儿童有 83 人，6 岁的阿比·邦巴赫（Abby Baumbach）解释自己为何在这里时说道："空气出了问题。我妈妈告诉我，它可能会让我没命。"州长也赶到体育馆慰问并鼓励撤离的群众。"别灰心，"他对阿比说，"你很快就能回家了。"[59]

还有一些人也在陆续离开，他们开着轿车或皮卡，车上装着大包小包的行李。离开该地区的绝大多数人都没有去疏散中心，而是前往宾夕法尼亚州乃至全美的其他地区投奔亲友。无论政府是否提供帮助，他们都已下定决心离开，哪怕这样做有违政府的意见。玛莎·麦克亨利（Marsha McHenry）在当地的一家老牌杂货店做小生意，她回忆起当时她的邻居即将离开，还邀请她同行。"我准备去他们家找他们。他们准备了枪、电锯和一辆大卡车。他们要开上高速路，不管路上遇到什么障碍，都要杀出一条生路。"

她回想道。[60]

在戈尔兹伯勒，第一天就有五六千人离开。"如今这里看起来像一座鬼城。"市长肯·迈尔斯（Ken Myers）对记者说。人们丢下了自己的房屋和财产，希望市政府能帮忙照管。"我记得我站在街角，看到一辆辆军车疾驰而去，人们把身子探出车窗大声叫喊。"米德尔敦市市长罗伯特·里德（Robert Reid）回忆道。他们向他喊道："照看好这座城！"市长回应道："没问题，我就站在这儿。"他给警察下令，如果遇到有人抢劫就果断开枪。幸运的是，并没有人抢劫——抢劫犯也离开了。据估计，在核电站 15 英里半径范围内共有 14.4 万名居民离开。大多数人在 3 月 30 日离开，索恩伯勒在那天刚刚发布了疏散的建议。[61]

与此同时，在距离三里岛最近的几个郡，官员们正在日以继夜地忙碌，准备新版本的疏散计划。一开始，他们为 5 英里半径范围内的居民制订了疏散计划，但很快，宾州应急管理局要求他们将计划区域的面积翻倍。3 月 30 日深夜，应急管理局下达了新指令：为 20 英里半径范围内的区域制订疏散计划。这项工作说起来容易，做起来难。如果说 5 英里半径的区域涉及 3 个郡，受影响的成年人和儿童总数约 2.5 万人，那么 20 英里半径的区域则涉及 6 个郡，影响了 65 万人。政府还须转移 13 家医院和 1 座监狱。整个周末，大家都在为疏散做准备。[62]

3 月 31 日，周六，这天深夜，索恩伯勒在哈里斯堡举行了另一场例行新闻发布会，近 200 名记者把房间挤得满满当当。每个人都在等待答案。前不久，美联社根据核管理委员会主席亨德里早先的发言，发布了一篇报道。报道称，反应堆内部的氢气气泡"显示出可能发生爆炸的迹象"，且"两天内可能达到临界点"。考虑到反应堆就在附近，记者们想知道他们是否应该撤离。州长则希望这些记者留下，因为危险尚未达到迫在眉睫的程度。他在新闻发布会的结束语中说，总统吉米·卡特明天就会来到三里岛核电站。几小时前，总统刚刚宣布了这一消息。[63]

　　吉米·卡特懂的核科技知识，比前前后后所有美国总统加起来还要多。他是唯一一位有第一手核能经验的总统。1949 年，25 岁的吉米·卡特还是一名海军中尉，他被时任艇长、后任海军上将的海曼·里科弗亲手选入海军核潜艇开发计划。里科弗工作勤勉、正直敢言、要求严格，而且时常不拘小节。卡特把里科弗视作除父母外对自己影响最大的人。在核潜艇计划的面试中，里科弗问他："为什么不做到最好？"[①]后来，卡特就用这句话作为自己回忆录的书名。[64]

　　在里科弗建造第一艘核动力潜艇"鹦鹉螺号"的过程中，卡特是少数参与这一工作的年轻海军军官之一。1952 年 6 月，他还出席了哈里·杜鲁门为该艇安放龙骨的仪式。这些海军军官不仅要向海军汇报，还要向美国原子能委员会汇报，卡特自然也不例外。他不仅参与了核潜艇的开发，还参与了核反应堆的工作。如果说他在潜艇中的工作经历都是积极、正面的，那么他与反应堆相关的工作

---

　　①　根据吉米·卡特的回忆录，在面试中，里科弗问卡特在海军学校的毕业成绩怎么样，卡特如实回答后，里科弗又问："你一直都做到了最好吗？"卡特一开始回答"是的"，然后又迅速改口："不，长官，我并没有一直做到最好。"里科弗注视了卡特许久后，反问道："为什么不做到最好？"

经历则完全是消极、负面的。1952 年 12 月，卡特和他的同伴被送往加拿大安大略省的乔克里弗实验室，处理该实验室核研究反应堆堆芯熔毁的善后工作。[65]

由于场区的辐射水平极高，每个人能进行工作的时间非常有限，因此加拿大人需要帮助。因为反应堆是绝密的核设施，有资质且有安全许可的人员很快就不够用了。于是，美国便安排了 150 名海军军官前去支援，吉米·卡特也在其中。等待着他们的工作极其危险：他们必须卸出受损的燃料棒。"我们在 1 分 29 秒内吸收了一年可承受的最大辐射剂量。"卡特回忆道。为了缩短卡特等人卸出燃料棒所需的时长，工作人员在附近建造了一座模拟反应堆，以供他们练习。此后的几个月，他们也接受了医学观察。"遭受辐射没有给我们造成明显的后果——只是我们自己会开很多类似'是送命还是不育'的无良玩笑。"卡特写道。[66]

乔克里弗实验室的反应堆规模较小，设计运行的热能为 20 兆瓦。对比当时及此后的大部分反应堆来说，这座反应堆的不同之处在于其使用不易生产的重水来减缓反应，而非石墨或普通水。但在其他方面，乔克里弗实验室的这次事故却具备了未来核反应堆事故的全部特征。事故由操作员的一系列失误和误解引起，仪表也存在缺陷，尤其是控制系统无法精确及时地显示控制棒在反应堆堆芯的位置。最终，堆芯部分熔毁，还生成了氢氧混合气体，引起反应堆爆炸。用作反应堆冷却剂的水受到高度核污染，最后被倾倒在实验室附近的沙地中，共含一万居里的辐射。[67]

在乔克里弗实验室的工作经历没有动摇青年卡特对核能的一腔热血。几年后，他欣喜地得知，他帮助修复的反应堆重新开始运行了。但在 1976 年竞选总统时，卡特却表达了广大选民对核能安全的忧虑。"美国对核电的依赖应该保持在满足需求的最低限度，"他于 1976 年 5 月在联合国大会上说道，"我们在管理核电时要实施更强有力的安全标准。在核电的问题和危险性方面，我们必须对人民开诚布公。"卡特在任期间，因决定暂停乏燃料商业后处理 ①而受到了核能支持者的攻击，但同时核能反对者也批评他，认为卡特没有给予他们足够的支持。[68]

1979 年 3 月 30 日上午，卡特从国家安全顾问兹比格涅夫·布热津斯基（Zbigniew Brzezinski）那里首次得知了三里岛核电站的事故，他收到的信息包括（有误的）1200 毫雷姆／小时的辐射读数。为了帮助各个政府分支机构协同工作，卡特任命哈罗德·登顿代表他前往三里岛厂区。43 岁的登顿是美国核管理委员会核反应堆监管办公室的主任，负责签发核反应堆许可。刚到 3 月 30 日下午，登顿就已经抵达了三里岛，并与卡特进行了第一次电话沟通。这是二人首次接触，两位核专家非常合得来。最终，核管理委员会得以穿过官僚主义的层层阻碍，越过大都会爱迪生公司和州长办公室的相互猜忌，打通了一条直通白宫的沟通渠道。[69]

索恩伯勒州长发现登顿不仅值得信任，而且很善于安抚他人。在自己的例行发布会上，他充分地利用了登顿的才能。登顿略微有些驼背，秃顶，长着大鼻子，微笑和善，举止友好，他能轻松地赢

---

① 乏燃料又称辐照核燃料，是核反应堆经受过辐射照射、使用过的核燃料。乏燃料的处置方式有商业后处理（提取核素循环利用）、一次通过（冷却封存后直接埋于地下深层）和中间暂存三种。出于核不扩散和商业方面的考虑，卡特政府于 1977 年暂停了美国的乏燃料商业后处理。

得别人的信任，并能以一种不引起恐慌的方式呈现令人不安的事实。"他语速有点慢，带些南方口音，他能让你不自觉地放松下来，让你感到更加舒适安全。"迈克·平特克回忆道，这位首次在电台里披露事故的记者曾向大都会爱迪生公司的发言人约翰·赫尔本大吼，认为赫尔本应为核电站发生的事负责。赫尔本和登顿均是核工业的管理人员，之前都没有跟媒体打过交道，但他们的首次公开亮相产生的效果大相径庭。如果说人们认为赫尔本傲慢自大、不可信任，那么登顿则散发着泰然自若、胸有成竹的气质。"就是这种感觉，"平特克补充说，"终于来了个我们能够信任的人。"[70]

尽管登顿的形象十分可靠，但他领导的一群科学顾问在反应堆是否即将爆炸的问题上还没有达成一致。登顿的一位下属罗杰·J.马特森（Roger J. Mattson）是核管理委员会核反应堆监管办公室的系统安全主管，他相信反应堆容器内已经生成了氧气，爆炸只是时间问题。他的观点源自他本人负责协调的两组核管理委员会专家提供的计算数据。而核管理委员会特派小组的另一名成员维克托·斯特洛（Victor Stello）则认为反应堆内没有氧气，爆炸是不可能发生的。此时，斯特洛跟随登顿一起去了三里岛，而马特森则留守在核管理委员会的贝塞斯达总部。[71]

登顿同意斯特洛的看法，但直到卡特宣布他将亲自前往三里岛之时，这两位专家依旧争论不休。卡特身边的工作人员建议总统前往核电站，以展现他的领导力，并显示对当地撤离人员和滞留人员的关心。当下的问题是总统此刻前往三里岛是否安全。一位白宫官员给登顿打来电话，询问他的意见，但接电话的却是维克托·斯特洛。毫无意外，斯特洛向白宫保证总统的来访是安全的。然而，卡特身边的工作人员没有给核管理委员会总部打电话，显然也没有与马特森有过沟通。他们决定将总统的来访安排在第二天，也就是1979年4月1日——愚人节。不到最后一刻，我们都没法确定谁才是这次事件中的"愚人"。[72]

吉米·卡特和妻子罗莎琳（Rosalyn）一同抵达了哈里斯堡——这明显说明总统认为情况已经得到了控制。登顿和他的几位主要顾问在哈里斯堡机场的机库等待着总统，斯特洛也在场，他刚从当地的一个天主教堂做完弥撒回来。令他惊恐的是，在教堂里，牧师认为教区居民都将不久于人世，便为他们集体赦罪。马特森也在欢迎队伍之中——为了警告登顿反应堆即将发生爆炸，他刚刚从贝塞斯达驱车来到哈里斯堡。在机库等待总统到来的时候，斯特洛和马特森依旧吵个不停。

当时，《中国综合症》的编剧迈克·格雷正为一家媒体追踪报道三里岛危机，他见证了比自己的剧本还要精彩的一幕。后来他回忆道："罗杰·马特森进了机库，另一位顶尖的核管理委员会专家维克托·斯特洛也在这里。斯特洛破口大骂：'马特森，你个狗娘养的！你怎么能散布这些谣言，说些什么氢气气泡的胡话。'而马特森则回击道：'维克托，气泡随时有可能爆炸。你怎么连这都看不出来？不会是脑子出了问题吧。'就这样，他们在机库里你一言我一语地向对方嘶吼。"[73]

总统专用直升机降落在了哈里斯堡机场，总统夫妇踏上了停机坪。这时，人人信任的登顿觉得左右为难，决定如实汇报事态进展，并把两位专家之间的分歧告知总统——这是卡特和登顿第一次见面。卡特平静地听了登顿的汇报，然后决定继续他的行程。卡特向留在米德尔敦的人讲话时，语气听起来很谨慎："我想对住在三里岛核电站附近的人们说：如有必要，索恩伯勒州长会请你们和其他人员采取适当的行动，以确保你们的安全。如果他这样做了，我希望大家平静、准确地遵从指示，如同前几天那些人的表现一样。"[74]

短暂的公众见面会结束后，总统带着夫人和少数几名官员上了一辆校车，一同前往发生事故的反应堆。为了防止踩到污水后遭受核辐射，总统和他的随行人员穿着黄色短靴进入了控制室。总统的这次来访短暂而顺利，但在行程接近尾声时，作为"导游"之一的登顿经历了惊魂的一刻。他注意到，配发给总统和总统夫人的剂量计显示的辐射读数非常高。"我的心几乎不跳了，"登顿后来回忆道，"这里发生了什么？我让总统暴露在辐射中了吗？"随后，他们意识到，大都会爱迪生公司发给总统夫妇的剂量计在上次使用后没有把读数清零。他们总算如释重负。控制室中的辐射水平正常，登顿自己的剂量计也没有显示有强辐射。[75]

卡特参观控制室时，位于贝塞斯达的核管理委员会总部内，专家和委员们终于统一了意见：鉴于反应堆的温度不断上升，他们相信氢氧混合后必定会发生爆炸。他们向亨德里建议，强制疏散反应堆 2 英里半径范围内的所有居民。当时，亨德里正在三里岛核电站陪同总统，他收到建议后并未采取行动。维克托·斯特洛联系了许多核领域的专家，他们发现马特森的计算中有一个错误：实际上，氢气的产生抑制了氧气的产生，因此没有爆炸性混合物形成，爆炸也不会发生。[76]

这个结论被迅速上报给了刚刚从控制室回来的总统及其团队。在卡特、索恩伯勒和登顿召开的联合新闻发布会上，没有提及反应堆会发生爆炸。反应堆的状况确实也有所好转：堆芯的温度已经稳定，燃料棒的温度无一超过 260 摄氏度。反应堆安全壳和反应堆容器的状况也有所改善。登顿提到令人恐惧的氢气气泡时称："数据显示气泡在缩小。"卡特在这次来访开始时，尚有反应堆可能发生爆炸的忧虑，但来访最终非常圆满。

卡特离开后，哈罗德·登顿公布了更多的好消息。当天早些时候，总统曾提到了强制疏散，但现在看来，强制疏散的可能性已经大大减小了。"我看到了一些乐观的迹象，明天我将在上午 11 点宣布具体情况。"登顿对筋疲力尽的记者们说。第二天，他宣布反应堆内的气泡已大幅度缩小。《纽约时报》报道了这场新闻发布会，新闻标题是"气泡几乎消失了"。5 天后，即 4 月 7 日，反应堆终于实现了冷停堆（cold shutdown）①。9 日，索恩伯勒州长解除了他对孕妇和学龄前儿童的疏散建议。现在，应该回顾并了解三里岛核电站乃至整个美国核工业究竟发生了什么。[77]

4 月 5 日，也就是访问核电站的 4 天后，吉米·卡特在电视演讲中宣布将成立一个独立委员会，调查三里岛核电站事故的起因，并"为如何提升核电站安全性提供建议"。[78]

到了 4 月 11 日，调查委员会已经组建完毕，成员共 11 人，担任委员会主席的是 52 岁的约翰·G. 凯梅尼（John G. Kemeny）。凯梅尼有多重身份，包括数学教授、计算机 BASIC 语言的发明人之一、达特茅斯学院的校长。与提醒罗斯福抓紧原子弹研发的利

---

① 反应堆两种正常停堆方式中的一种，即核反应堆活动完全停止，达到低温稳定状态。与之相对的是暂时性的"热停堆"。

奥·西拉德和氢弹之父爱德华·泰勒一样，出生于匈牙利的凯梅尼也是逃离纳粹统治的欧洲犹太难民。在白宫，凯梅尼向少数政治家和政府官员保证他不代表任何特殊利益，唯一的目标是"查明真相，并提出合乎国家利益的建议"。卡特则表示："全美乃至全世界都将关注这个委员会。"分配给委员会的预算高达 100 万美元，允许聘用的工作人员达 25 人。委员会须在 6 个月内提交建议。[79]

这是一项艰巨的挑战，特别是考虑到调查委员会的组成。在 1957 年，苏联将主管本国核事务的部长送往奥焦尔斯克亲自调查，英国将本国的原子弹和氢弹之父派去调查温茨凯尔工厂大火，但此时，卡特及其顾问想要的是一个真正独立的委员会，要将所有与核工业相关的人员都排除在外。除了都出生于匈牙利以外，凯梅尼与西拉德和泰勒没有什么共同之处，其他委员会成员也都是核能领域的门外汉。"他们是州政府、工业、工会、学术界、公共事务、公共卫生、法律和环境各个领域的杰出领袖，"委员会的一名顾问写道，"委员中还有一位来自宾夕法尼亚州米德尔敦的家庭主妇，她代表普通公民。值得注意的是，委员会中没有具备核反应堆操作经验的人。"

凯梅尼意识到了这个问题。几周后，他请求政府提供帮助，要求为委员会补充一些核工业的专家。在新加入的专家中，有 43 岁的罗纳德·M. 艾奇逊（Ronald M. Eytchison）上尉，他是美国大西洋舰队核动力检查委员会（Atlantic Fleet Nuclear Propulsion Examination Board）的成员，被海军临时调派到委员会。凯梅尼的大多数顾问都是律师，艾奇逊看起来正合适——既是核反应堆专家，又和核工业没有牵连。他于 1960 年加入了海军核计划，古巴导弹危机期间一直留在当时世界上速度最快的核动力潜艇"鲣鱼号"（Skipjack）上。艾奇逊将在委员会下结论的过程中发挥关键作用。[80]

"我加入调查时，大家似乎普遍认为事故是由卸压阀卡开①引起的，如果重新设计阀门，就可以消除事故隐患，"艾奇逊回忆道，"很多人更关心的是，调查可能导致核管理委员会重组。其他人则更希望暂停核电站的建造。"艾奇逊也有自己的看法，回忆道："受里科弗的影响，我怀疑相比于简单的设备故障，这起事故更有可能是人为失误引起的。"因此，艾奇逊并未质疑里科弗式压水堆的设计。同样深受里科弗影响的卡特试图建立一个真正独立的委员会，然而无论他如何努力，如果没有核工业内部的人提供意见，委员会就无法正常运转。

艾奇逊试图寻找事故中的人为因素，尤其是除操作员失误以外的深层因素。他对核工业的政策和流程很感兴趣，很快就找到了自己想要的东西。在坐车前往三里岛压水堆的设计建造商——巴威公司的路上，一名小职员认为他手中的一份简报可能很重要，就把它交给了艾奇逊。艾奇逊的反应是："这是天大的事！"

这份简报写的是 1977 年 9 月在戴维斯－贝斯（Davis Besse）核电站发生的一起事故，一座巴威公司生产的反应堆与引起三里岛核事故的反应堆表现出了相同的问题：反应堆以较低功率工作时，稳压器中的卸压阀无法关闭。"天大的事"是指三里岛核电站用了同类型的反应堆，其管理人员和操作员却并不知道戴维斯－贝斯

---

① 阀门卡在打开位置，无法正常关闭。

核电站的事故。如艾奇逊后来所写的，"缺乏有效的体系供操作员吸取他人的经验和教训"。艾奇逊发现的另一个问题是对操作员的培训不足，他们在应对所谓的小事故方面没有充分的准备，而一旦小事故处理不当，就会引发重大事故。[81]

艾奇逊上尉的发现极大地影响了委员会的结论。"尽管这起事件演变为严重事故的主要因素是操作员处理不当，但有很多因素共同促成了操作员的处理方式，例如培训不足、操作程序混乱、组织失能以致未吸取以往事故的教训、控制室设计存在缺陷等，"调查委员会的报告中这样写道，"这些短板是由电力公司、设备供应商以及管理核电站的联邦委员会造成的。因此，无论操作员的失误能否'解释'此次事件，我们都确信，由于存在以上这些不足，像三里岛这样的事故最终是无法避免的。"[82]

正如以威廉·彭尼为首的调查委员会在调查 1957 年温茨凯尔工厂大火时所做的结论一样，以约翰·凯梅尼为首的委员会也发现事故的关键起因是人为失误。从某种意义上讲，这种说法论证起来要更容易，毕竟三里岛核电站的操作员们确实关闭了应急系统，还关闭了高压安注系统，这一系列操作成为事故发生的主要原因，而且确证无疑。但或许是因为各自的使命不同，以凯梅尼为首的委员会并不需要在操作员中寻找替罪羊。不同于 1957 年的哈罗德·麦克米伦，1979 年的吉米·卡特无须向他国证明美国的反应堆如何可靠，也无须掩盖事故的严重程度以便美国研制新的核武器。

因此，以凯梅尼为首的委员会指出了操作员培训不足、缺少应急程序以及未向操作人员提供以往事故信息等严重的问题。在组织层面，委员们发现了核管理委员会、电力公司、州政府在危机管理上的重大问题。他们都缺乏信息资源，但委员会认为这并非唯一问题。"紧急情况发生后，相关人员的反应被一种近乎完全混乱的气氛所主导，"委员会报告写道，"各层级之间缺乏沟通。很多关键的建议都是由尚未掌握准确信息的个人提出的，而处理事故的人则迟迟没有意识到业已发生的事件具有何种重要性、将带来何种后果。"

在凯梅尼和其他委员取得的证词中，有一个词的出现频率尤其高，那就是"心态"（mindset）。核管理委员会核反应堆监管办公室的系统安全主管、曾坚信反应堆将发生氢爆炸的罗杰·马特森在 10 分钟内五次提到了这个词。让委员会感兴趣的主要是跟安全问题相关的心态。报告在讨论人们对核工业的态度时写道："在核电站运行多年，且没有证据表明有任何公民曾受到伤害之后，人们对于核电站安全性的'相信'逐渐成为'坚信'。"委员会表示："这种态度必须转变，认识到核电从本质上就有潜在的危险。因此，我们必须不断反思，现有的保障措施是否足以预防重大事故的发生。"[83]

凯梅尼等人并未发现有人故意或系统性地"掩盖"事故真相，这也解释了不同机构和媒体掌握的信息不足所造成的混乱局面。但委员会成员安妮·特伦克（Anne Trunk）并不同意其他委员将媒体的不佳表现简单解释为混乱的说法。特伦克当时 35 岁，是 6 个孩子的母亲，也是米德尔敦公民福利团体（Middletown Civic Club）的前任主席。特伦克在委员会的报告中加入了代表少数意见的"补充观点"。她在提到新闻报道时说："媒体将太多重心放在了'假设'而非'事实'上。结果，心理压力倍增的公众陷入恐慌。与普通的新闻信源相比，大媒体的晚间国内新闻最令人沮丧和恐惧。'混乱'这个说法不能解释如此重大的新闻处置失当。"

委员会将特伦克的观点纳入考量，但角度非常特别。"在考虑核事故期间的信息处理时，不要忘了很多人对核能心怀恐惧，"委员会报告写道，"人类首次运用核能的实例是用原子弹摧毁了日本两座大城市。从那以后，人们对辐射的恐惧始终如影随形，而且辐射不同于洪水或龙卷风，它无形、无声、无味，进一步增加了人们的恐惧。"安妮·特伦克则希望新闻媒体的"每个人都进行自我评估，审查他们在这起事故中的所作所为，这次事故不仅造成了设施的损毁，还有心理上的伤害"。[84]

无论其他委员是否同意特伦克对于媒体的看法和意见，他们都得出了这样的结论："事故对健康的影响主要表现为精神上的压力。"从未离开该地区或离开时间较晚的孕妇担心她们未出世的孩子，未生育的女孩则担心自己以后不能生出健康的孩子。在三里岛地区，43% 的母亲都相信，自己孩子的健康会受到放射性沉降物的影响。[85]

由于三里岛 2 号反应堆在事故期间进行了排气，共有 1300 万居里的辐射被释放到大气中。幸运的是，排出的大部分气体都是诸如氙一类的惰性气体，对人体健康没有严重影响。虽然排放物中也有危害性更大、能够导致甲状腺癌的碘 –131，但释放量极少，大部分碘 –131 都在反应堆内与其他元素化合，或者溶于水中，或者附着在反应堆安全壳的金属表面上。当地产出的牛奶中碘 –131 的含量并没有显著升高。

以凯梅尼为首的委员会没有发现操作员和民众的身体健康有受

损的迹象。只有 3 名三里岛核电站的工人所受辐射剂量超过了 3 雷姆的季度上限——而且超出的剂量也不多，最高的辐射量也只有 4 雷姆。虽然辐射的长期后果较难估计，但委员会的专家对此持乐观态度。"约有 50% 的概率不会产生更多的癌症死亡病例，产生一例癌症死亡病例的概率为 35%，产生两例的概率为 12%。基本可以肯定的是，额外产生的癌症死亡病例不会超过四例。"委员会报告这样写道。对于事故期间及之后生活在该地区的居民，相关研究没有发现其中患"对放射线敏感的"癌症的人数有上升的迹象。然而，人们对未来的担忧依然存在，一些言论尤其加剧了这种忧虑情绪，例如哈佛大学生物学家乔治·沃尔德（George Wald）所宣称的："一丝一毫的辐射都是过量辐射。没有所谓的阈值。"[86]

没有太多有害辐射物释放到大气中，这归功于反应堆的安全设计，尤其是安全壳。以凯梅尼为首的委员会声称，这些安全设计可以承受更大的事故，这是美国核工业喜闻乐见的结论。艾奇逊上尉在谈到委员会报告时写道："报告在行业内获得了非常积极的反响。"他将民众的注意力从里科弗式反应堆的设计和核技术转移到了人为因素上，这对核工业来说是一份厚礼，因为只要政府和全社会不再一味质疑技术本身的可靠性，技术就可能为核工业的流程和操作带来变化。的确，技术本身没有受到质疑。

在艾奇逊关于此次调查工作的回忆录中，他自豪地列举了委员会提议的数项措施，这些措施得到了卡特总统的公开支持，而且被行业采纳实施。其中包括成立负责提升行业安全标准的美国核电运行研究所（Institute of Nuclear Power Operations），美国核电培训研究院（National Academy for Nuclear Training）也遵循委员会的建议于 1985 年成立。卡特没有废除美国核管理委员会，反而增强了该委员会对行业的控制力，并加强了委员会主席的权力。但约瑟夫·亨德里并未从这些改变中获益。他在事故期间和之后的行为招致了批评，这使得他不得不辞去主席一职。[87]

约翰·凯梅尼拒绝为核工业的未来发展提出建议，并强调这项工作超出了委员会的职权范围。以拉尔夫·纳德为代表的核工业批评者要求暂停建造新的反应堆，委员会对此并未表态。但即使没有暂停计划，三里岛核事故也使美国核工业遭受了重创。"巴威公司再没卖出过一座反应堆。"研究核工业历史的学者詹姆斯·马哈菲写道。甚至在事故尚未结束之时，核管理委员会就要求这家公司改进其生产的反应堆。多种安全考量和政府监管的加强，抬高了已然不菲的反应堆建造成本，让核电站更难盈利。[88]

行业内部的人很早就看到了不祥之兆。小卡尔·霍恩（Carl Horn Jr.）是位于美国北卡罗来纳州夏洛特（Charlotte）的杜克能源公司（Duke Power Company）的总裁。1979 年 4 月 2 日，他对《纽约时报》的记者说："我们确信会有人努力迫使我们关停反应堆，或许有人会发起请愿，要求停止建造反应堆。"霍恩发表这番评论时，杜克能源公司有 20% 的电力来自核电站；在全国范围内，核能发电量所占比例为 13%。当时，美国有 72 座在运的核电站，核管理委员会已向全美各地发放了 92 份施工许可，其中仅有 53 座核电站完工。[89]

1979 年秋，以凯梅尼为首的委员会向卡特总统提交报告时，三里岛核电站还有很多工作要做，包括辅助厂房放射性气体的排放、2 号反应堆状态的评估、反应堆卸料以及厂区去污工作。完成这些工作耗费了十多年的时间。摄像机缓缓下降，深入反应堆堆芯，传输了一张核反应堆内部堆芯熔毁的影像。"这不是《中国综合症》那部电影，"始终担心可能发生氢爆炸的罗杰·马特森评论道，"但堆芯确实熔毁了。一半堆芯都已损毁或熔化，约 20 吨铀燃料以熔融状态流到了反应堆压力容器的底部。毫无疑问，这是一次堆芯熔毁事故。"1993 年 12 月，也就是事故发生近 15 年后，清理工作正式结束——至此，从反应堆中卸出的燃料有将近 100 吨。仅燃料卸出工作就花费了近 10 亿美元。如今，三里岛的核废料正在爱达荷国家实验室（Idaho National Lab）的钢容器和混凝土容器中慢慢衰变。该对它们采取何种长期处理方式仍未确定，处理的最终成本也只能等待后世偿还。[90]

在经过多年的深思熟虑和其间当地居民的抗议后，事故发生时正在换料的三里岛 1 号反应堆于 1985 年重新并网发电。抗议行动得到了反核运动人士的支持，他们为此专门来到对反核运动具有重要意义的三里岛地区。三里岛核电站终于得以重新开始运行、发电。2019 年 9 月，这座核电站停运了，这并非出于技术原因——核电站运行许可证的有效期一直到 2034 年——而是出于经济原因。整个核工业都陷入了困境。2017 年，包括西屋电气公司在内的许多核能行业巨头都申请了破产保护。同样，三里岛 2 号机组的停堆并非这起事故的终章。据估计，厂区清理工作预计将持续到 2078 年，成本高达 12 亿美元。[91]

从很多方面讲，三里岛 1 号机组的停运是大势所趋，这是自 40 多年前三里岛 2 号机组堆芯熔毁后一直延续至今的趋势。这一趋势愈演愈烈，在另一起核事故发生后更呈现不可逆转之势。这起核事故发生在三里岛核事故近 7 年后，事故地点是远在三里岛 5000 英里之外的乌克兰切尔诺贝利核电站，在当时，乌克兰仍是苏维埃社会主义共和国联盟的一部分。

第五章　末日灾星：切尔诺贝利

很少有人会比 76 岁的苏联科学院院长阿纳托利·亚历山德罗夫（Anatolii Aleksandrov）更担心三里岛核事故对核工业的影响。他是一位物理学家，担任苏联原子能研究所 ① 的所长，也是苏联核项目的创始人之一。亚历山德罗夫从三里岛核事故中看到了核工业面临的重大威胁。他不得不采取行动，消除来自美国的意外影响。[1]

1979 年 4 月 10 日，也就是索恩伯勒解除孕妇儿童疏散令的一天后，三里岛危机告一段落，亚历山德罗夫在苏联主流报纸《消息报》（*Izvestiia*）上发表文章，攻击西方媒体"以极其夸张的方式"呈现三里岛核事故"轻微的不良后果"。亚历山德罗夫将美国媒体对事故的报道定性成竞争对手对核工业的攻击——所谓的竞争对手是指同样对美国政府有重要影响的石油和天然气公司。亚历山德罗夫主张继续发展核工业，并预测石油和天然气的储量将在未来20—50 年内消耗殆尽。由于铀矿储量也面临着枯竭的危险，亚历

---

① 库尔恰托夫原子能研究所。

山德罗夫强烈要求发展快中子增殖反应堆（fast breeder reactor），这种反应堆产出的裂变材料要多于其消耗的燃料。

为了让苏联领导人和公众对核工业更感兴趣，亚历山德罗夫着重强调了原子能研究所正在研发的项目：可为公寓和公共建筑供暖的核反应堆。这位苏联科学院院长写道："这些核反应堆非常安全，甚至可以把它们直接放置在住宅区内。"他承认，这些反应堆的造价不低，但使用的燃料要比煤炭便宜，而且不会污染环境。不仅如此，亚历山德罗夫还提议加大对热核反应堆（thermonuclear reactor）的研究力度，以应对气候问题。他认为，核能的未来以及可从核能中获得的好处是无穷的。[2]

亚历山德罗夫的文章是苏联核能游说团体对三里岛核事故的直接回应，而这起事故有可能让苏联政府改变政策，将重心从核能转向石油和天然气行业。国际局势的缓和打开了新的欧洲市场，石油和天然气行业可为苏联赚取大量外汇。虽然冷战仍在持续，但美苏双方的核工业领袖都在尽可能减少三里岛核事故所带来的负面政治影响。事实证明，苏联核工业的领袖在这方面要更成功一些。亚历山德罗夫仅仅将三里岛核事故形容为核发展道路上的一次颠簸，这种讲法很快就成了苏联媒体的统一口径。

亚历山德罗夫的文章发表一周后，根纳季·格拉西莫夫（Gennadii Gerasimov）也发表了相关评论文章。他是一位颇具影响力的苏联外交事务评论家，后来还创造了"辛纳屈主义"（Sinatra Doctrine）一词，用以指称米哈伊尔·戈尔巴乔夫在东欧实行的自由政策。格拉西莫夫在文章中讨论了电影《中国综合症》和三里岛核事故，他称赞了这部电影，将三里岛核事故归咎于资本主义的贪

得无厌，还攻击了美国和欧洲的反核运动。他将抗议者比作英国
19世纪的卢德分子（Luddites）——一些为维护自己的生计而破坏
纺织机的工人。"在许多西方城市，有人走上街头抗议，要求完全
废止核能——他们这是把孩子连同洗澡水一起倒掉，"格拉西莫夫
说道，"资本主义秩序以极其危险的方式扭曲了这一新能源科学分
支的发展，应该废除的是资本主义制度，而不是这个科学分支。"[3]

格拉西莫夫和苏联核能游说团体赢得了这场"权力走廊"中的
战斗。之前深受苏联媒体称赞和支持的反核抗议者，如今却沦为苏
联核工业的利益牺牲品。1979年11月，年事已高的苏联领导人列
昂尼德·勃列日涅夫（Leonid Brezhnev）在一场重要的政党论坛上
发表了演讲，主张加速发展核能，将其用于供暖、供电，并支持快
中子增殖反应堆和热核技术的应用。亚历山德罗夫是唯一一位参与
讨论的无党派人士、非政府组织官员。不出所料，他对报告表示了
称赞。[4]

1979年，苏联核机构正在庆祝本国发展核电25周年，三里岛
核事故并未影响到苏联核机构高层人士之间的欢腾气氛。1954年6
月，在苏联原子弹之父、原子能研究所前任所长伊戈尔·库尔恰托
夫的领导下，苏联科学家启动了世界上第一座旨在生产电力，而非
武器级铀和钚的反应堆。这个反应堆建于距莫斯科约100公里的奥
勃宁斯克，虽然规模不大，但却是全世界首个核反应堆。此时，亚
历山德罗夫正忙于在国内外发表演讲和文章。[5]

利用此次25周年庆典来宣传苏联核工业的人中，就有时年80
岁的尼古拉·多列扎利，他不仅是苏联核工业的元老，也是设计苏

联核反应堆的关键人物。苏共重要期刊《共产党人》（ *Kommunist* ）的编辑邀请他发表对核工业过去、现在和未来的看法。多列扎利与经济学家尤里·科里亚金（Yurii Koriakin）一同充分陈述了发展核工业的理由，并预测到 2020 年，核能生产的电力将占到全球总发电量的 60%。多列扎利主张在西伯利亚的多个地点建造数十座反应堆，形成一个庞大的超级核电站。他认为，对人口更加稠密的苏联欧洲部分来说，这一工程将减轻核电站对这些地区环境造成的影响，并大幅降低核燃料长途运输所带来的风险。[6]

三里岛核事故发生后，西方专注于讨论核工业安全性的问题，虽然多列扎利本人没想参与讨论，但他的这篇文章却被视作这场辩论的一部分。多列扎利在文章中表达了对苏联核项目发展的愿景，并夸赞了自己的贡献——研发了压力管式石墨慢化沸水反应堆（俄语首字母缩写为 RBMK），即大功率管式反应堆，这项设计在很大程度上被西方评论家们忽略了。"苏联核电站使用管式反应堆，单机容量达 100 万千瓦，这让苏联在全球核电站的发展中占据了领先地位，"多列扎利写道，"外国的核电工程达不到这么高的单机容量。"他设计的反应堆在当时举世无双，被当作苏式反应堆的代表作而为世人所知，这令他十分自豪。[7]

在当时，尼古拉·多列扎利是苏联核工业的在世传奇。他生于 19 世纪末的乌克兰，在莫斯科接受教育并度过了大半生。他一开始在化工行业工作，后来转到了核工业。伊戈尔·库尔恰托夫要求多列扎利设计第一座苏联工业核反应堆，并建议他将美国汉福德所建的石墨水冷 B 型反应堆作为设计基础。多列扎利简化了美国的反应堆模型，将汉福德反应堆原型的燃料通道和控制棒从水平放置改为垂直放置，并且取得了成功。1948 年，多列扎利在奥焦尔斯克附近的马亚克综合厂建造了他的第一座反应堆"安努什卡"。1949 年 8 月，安努什卡反应堆生产了足量的钚，用于苏联首枚核弹的装配。[8]

1952 年，多列扎利掌管了一个专为设计核反应堆而组建的特别研究所 ①。他和项目学术顾问阿纳托利·帕什琴科一起，研制了苏联第一座水－水反应堆（water-water reactor），该反应堆利用轻水 ② 作为冷却剂和慢化剂。多列扎利主持的大部分项目都是绝密的，但奥勃宁斯克的核反应堆除外。项目早期计划建造三种不同类型的反应堆，但苏联政府最终决定只保留一个设计，即多列扎利设计的反应堆。同安努什卡一样，奥勃宁斯克反应堆也是石墨水冷反应堆，装机容量为 5 兆瓦电力，不到今天欧洲之星（Eurostar）高速铁路机车所需电力的一半，不过这不重要。时间和资源有限，苏联政府决定采用老练设计师的成熟设计。[9]

苏联人如愿以偿：他们建成了全世界首座核电站。1955 年，当苏联代表来到日内瓦参加首届原子能国际会议（International Conference on Atomic Energy）时，苏联在该领域的先驱地位已经确立了。1958 年，多列扎利参加了第二次日内瓦会议。会上，他见到了尤金·维格纳——"维格纳效应"的发现者。维格纳把最近出版的一本有关反应堆物理学的书赠给了多列扎利，此书由他和在他之后接任橡树岭国家实验室研究主管一职的阿尔文·温伯格

①　指苏联动力工程研究所（NIKIET）。
②　经过净化后的普通水。

（Alvin Weinberg）合著。1959 年底，在赫鲁晓夫访美之后，多列扎利不仅参观了橡树岭国家实验室，还参观了美国首座工业核电站希平港核电站，并会见了核电站的主设计师兼发起人——海军上将海曼·里科弗。[10]

虽然多列扎利和奥勃宁斯克核电站的其他缔造者在国外广受赞誉，但苏联诸多"服务于和平的原子能"项目的进展却很不理想。20 世纪 50 年代末制订的多个建造新核电站的雄伟计划无一实现，这与经济持续低迷有关。核能发电的成本极高，美苏之间还在进行核军备竞赛，苏联在这两条战线上都面临资源不足的问题。资金都被用于建造水力发电站了。由于第聂伯河和伏尔加河上的水坝数量已经饱和，苏联人便将注意力转向了西伯利亚的叶尼塞河及其支流安加拉河，水坝形成的水库淹没了大片领土，面积约 2.8 万平方公里，接近比利时的国土面积。[11]

20 世纪 60 年代中期，苏联政府才将注意力转移到核工业，并将其列为 1965—1970 年五年计划的优先事项。促成这个转变的其中一个原因是未经开发的河流都在西伯利亚，而能源需求不断增长的则是苏联的欧洲部分，那些地方大多使用生产难度越来越高的水电或火电。另一个原因是在世界范围内，采用核能是大势所趋，苏联原本是核工业领域的先驱，当时却远远落后于竞争对手。1964 年，苏联两个核电站的两座反应堆开始运行，快速推动了苏联核项目的发展，两种反应堆双轨并行、共同发展。第一种是位于乌拉尔山脉地区的别洛亚尔斯克核电站（Beloiarsk nuclear power station）所用的奥勃宁斯克型石墨水冷反应堆；第二种是位于苏联欧洲部分的新沃罗涅日核电站（Voronezh nuclear power station）所用的水－水反应堆，与美国的里科弗式反应堆大致类似。两类反应堆的设计工作均由多列扎利和亚历山德罗夫负责。[12]

现在的问题是接下来该如何发展：是使用水－水反应堆或石墨水冷反应堆，还是使用当时苏联研发的其他设计方案？还是说多种类型的反应堆混用更合适？苏联高层最初的决定倾向于水－水反应堆。多列扎利后来回忆道："直到评估了苏联机械制造厂的生产能力之后，我们才发现这样做不现实。"苏联只有一家工厂有能力生产水－水反应堆所需的容器，要想提高容器的产能，就必须建造新的高科技工厂——按照多列扎利的说法，这将导致大规模扩建核电设施的计划推迟至 20 世纪 80 年代末，苏联政府等不了这么久。高科技解决方案并没有被完全放弃，但在采取实际行动前，多列扎利成功说服了政府官员，着手建造技术成熟的石墨水冷反应堆。[13]

他的核心理由很简单：如果利用现有的制造基地建造石墨水冷反应堆，他们可以在五六年内建成一座新反应堆，而美国建造一个水－水反应堆则需要 8—10 年。他的另一个理由是反应堆不仅可以用于发电，还能生产钚。此外，这种反应堆无须停堆就可以换料，这一特性能够大幅度提高生产率。最后，一旦遭受中子辐照，反应堆的任何部件都可替换重装，这是西方那些竞争对手所不具备的苏联优势。最终，苏联选择了 RBMK。[14]

在 1957 年成功处置马亚克综合厂核事故并借此为自己开启政治生涯的叶菲姆·斯拉夫斯基，此时是苏联中型机械制造部的部长，负责新反应堆的研制和建造。他将工程师设计的石墨水冷反应堆图纸转交给多列扎利和亚历山德罗夫，要求他们着手改进现有设计。二人欣然从命，并于 1967 年提交了设计蓝图。设计稿几乎立即得到了批准。第二年，中型机械制造部下发指示，要求按照多列扎利和亚历山德罗夫的设计方案建造 4 座石墨水冷反应堆。苏联人正争分夺秒，全力"赶超美国"——这是刚下台的苏联领导人赫鲁晓夫提出的口号，就算无法赶超美国，也至少应满足苏联不断增长的能源需求。[15]

切尔诺贝利核电站的反应堆就是在这样的背景下诞生的。1973年 12 月，RBMK 在位于小镇索斯诺维博尔（Sosnovyi Bor）的列宁格勒（Leningrad）核电站首次公开亮相。这座反应堆也是苏联首座功率达到 1000 兆瓦电力的反应堆。多列扎利和亚历山德罗夫出席了庆祝首座 RBMK 并网发电的仪式。为了让苏联核电在短期内取得成果，苏联人所称的 VVR（即水－水反应堆）输给了 RBMK。当时流传着一段短诗："他们说，在苏联，未来将只有 VVR，现如今，你们看，能发电的是 RBMK。"[16]

在自己的回忆录中，多列扎利颇有几分得意地写道，直至 1979年，苏联才建成首座功率达到 1000 兆瓦电力的水－水反应堆，到 20世纪 80 年代中期建成能大批生产反应堆容器的新工厂后，水－水反应堆才开始批量生产。他继续说道，到了 1980 年，苏联在运的RBMK-1000 反应堆已经接近 10 座（实际上是 7 座）。但问题是，RBMK 的安全性不太好，容易发生两类事故——石墨起火、蒸汽爆炸，而当时的大部分在运反应堆只容易发生其中一种事故。正如一名美国核工业人士调侃的那样，RBMK 可以拿一个"核裂变发电最危险方式奖"。[17]

斯拉夫斯基、多列扎利、亚历山德罗夫等苏联核弹元老把控着这个国家核能发展的关键环节，因此 RBMK 不仅是合理的选择，而且几乎是必然的选择。正如 RBMK 的发展谱系所示，他们始终在抄近路，依赖现有的型号，并把尚未妥善解决的问题带到新设计当中。首先，他们以美国汉福德型石墨水冷反应堆为原型，建造了用于产钚的反应堆，随后又利用这个基础设计在奥勃宁斯克建造了首座核电站。在选择工业反应堆的堆型时，作为现实和理想之间的过渡，他们将奥勃宁斯克的石墨水冷反应堆作为原型，直至有足够的能力建造更加安全的水–水反应堆。

20 世纪 70—80 年代，苏联选择了基础设计过时、运行危险性高的反应堆堆型，主要是因为时间紧迫、资源缺乏。这种反应堆的机密部件完全由苏联本国生产，这不仅成为一种对外宣传的工具，也可向国内证明依靠 RBMK 的政治合理性。用一位业界顶尖专家的话说："RBMK 诞生于贫瘠与雄心、创新与宿命、秘密与宣传的交织。"正如苏联经济和核工业的领导者们于 20 世纪 60 年代所设想的那样，未来是属于 VVR 的。1975—1986 年，有 33 座反应堆开工建造，其中包括 17 座 VVR 和 14 座 RBMK。然而，在更安全的未来到来之前，多列扎利和苏联核机构的其他人还是未能摆脱过去埋下的恶果。事故发生在一个名为切尔诺贝利的地方。[18]

切尔诺贝利核电站的历史始于 1965 年。那时，乌克兰苏维埃社会主义共和国还是苏联的加盟共和国之一，乌克兰领导人向中央政府请愿，希望能在乌克兰建造 3 座核电站。最终，他们获得了建造一座反应堆的许可和资金，厂址选在人烟稀少的乡村地区，位于基辅以北约 100 公里的乌克兰—白俄罗斯边界。核电站尚未动工就因距施工地约 15 公里的古城切尔诺贝利而得名，而以附近河流命名的普里皮亚季是一座崭新的现代城市，距核电站仅有 2 公里。

后来，许多人在核电站选址中看到了凶兆。在乌克兰语中，Chornobyl 是一种灌木的名字，其中一个品种名为"苦艾"。在《圣经·启示录》中，一颗名叫苦艾的星"像火把从天上坠下来，落在江河的三分之一和众水的泉源上"，令水都变苦了，许多人因喝了这种苦水而死去。乌克兰和其他地方的很多人都相信，《圣经》中便记载了对切尔诺贝利灾难的预言，美国总统罗纳德·里根（Ronald Reagan）就是其中之一。如果有人相信这个说法，那么他们也应相信，预言中包含了某种形式的"中国综合症"。然而，在 1965 年，负责选址的苏联人不会考虑到这一点，直至核事故发生后，"中国综合症"才成为关注的焦点。[19]

切尔诺贝利核电站最开始准备使用气冷反应堆，其基础堆型类似于科尔德霍尔核电站所建的镁诺克斯反应堆。这种反应堆使用石墨作为慢化剂，以气体为冷却剂，其安全性通常被认为要比石墨水冷反应堆更好。但等到 1970 年核电站开建时，苏联气冷反应堆的设计方案尚未获得批准。与此同时，RBMK 占据了主导地位，所以切尔诺贝利最终采用的仍是 RBMK。1977 年，切尔诺贝利核电站的第一座反应堆达到临界状态，第二、三、四座反应堆分别于 1978 年、1981 年、1983 年达到临界状态，另外还有两座反应堆在建，普里皮亚季河对岸还计划再建 6 座反应堆。多列扎利的超级核电站概念虽从未在西伯利亚实现，却似乎在乌克兰落地了。[20]

切尔诺贝利核电站 1 号反应堆是第 3 座在运的 RBMK，前两座分别在列宁格勒核电站和库尔斯克（Kursk）核电站。这些反应堆建于苏联核工业实施《核电站安全通用条例》（General Regulations for Nuclear Power Plant Safety）之前，实际上存在发生重大事故的隐患。它们缺少应急冷却系统和事故定位系统。2 号反应堆同样如此，也属于第一代安全性较差的 RBMK。3 号和 4 号反应堆属于第二代，配备了应急冷却系统和事故定位系统。

虽有重大改进，但两代反应堆都缺少三里岛压水堆配备的密闭安全壳。这种安全壳不仅造价高昂，而且由于多列扎利于 1946 年将美式石墨水冷反应堆的燃料棒从水平放置改为垂直放置，建造这种安全壳的可能性也微乎其微。为了能在垂直方向重新更换燃料棒，他们必须在 7.3 米高的反应堆顶部加设一个近 35 米高的结构来安装专用起重机。因此，反应堆结构过高，无法在其外部建造安全壳。他们觉得这种反应堆没有安全壳也足够安全。[21]

切尔诺贝利的 RBMK 还有更多问题，其中有两个问题都与可吸收中子的硼控制棒有关。如果遇到紧急情况，控制棒将下降至反应堆堆芯中，从而停止反应。控制棒尖端装有石墨，可起到润滑作用，使控制棒更易在金属通道中上下移动。当控制棒从起始位置插入反应堆堆芯时，最先进入临界区域的是控制棒的石墨尖端，而非硼棒，反应强度会瞬间增大，与控制棒本应起到的作用背道而驰。这种现象被称为"正紧急停堆效应"（positive scram effect）。另一个问题是控制棒需要近 20 秒才能下降到"停堆"位置，是美国压水堆控制棒下降时间的 4 倍。

反应堆最大的问题和控制棒无关，而是所谓的正空泡系数

（positive void coefficient）①。在 RBMK 中，作为反应慢化剂的不仅有石墨，还有能吸收中子的冷却水。如果出于某种原因，流入反应堆的水流中断，中子无法被吸收，反应强度就会增加，使反应堆达到超临界状态。如果发生冷却剂丧失事故，也就意味着没有足够的水来为超临界的反应堆降温，反应堆堆芯极有可能熔毁。反应堆下方设有密封水池，用于吸收流经反应堆的水管可能产生的漏液，但如果发生堆芯熔毁事故，水池就会带来严重的问题。如果反应堆堆芯因上述原因熔毁并落入水池，就会引起蒸汽爆炸。[22]

的确，如果有业务娴熟的操作员深知反应堆的设计弱点并严格遵守指示和规定，那么在他们的监控下，RBMK 就不会发生堆芯熔毁事故，切尔诺贝利核电站建成后的前 13 年也确实平安无事。从未有人告知操作员反应堆的设计存在缺陷。操作员对反应堆的安全性深信不疑，这使得他们已经有了忽略安全程序，以便执行特殊任务的心理准备——不管这项任务是完成工作指标，还是进行安全测试以提升反应堆性能。反应堆设计者之所以不把反应堆存在的问题告知操作员，与苏联原子弹项目最初几年形成的保密文化有关。只要涉及苏联的核能生产，保密性总是凌驾于安全性之上。

切尔诺贝利核事故的起因其实早有展现。1975 年 11 月，列宁格勒核电站发生过一次事故，暴露了 RBMK 的设计问题。这起事

---

① 在水冷反应堆中，冷却水在堆芯受热会产生水蒸气，从而在反应堆内的液体中形成气泡，即空泡，水蒸气对中子的慢化作用不如液态水。如果随着空泡的体积增加，裂变反应加快，就是正空泡效应（反之则是负空泡效应）。正空泡系数过大，会使得更多的水变成水蒸气，反过来使反应进一步加速，形成循环，导致反应堆难以控制。

故是由正紧急停堆效应引起的。但有关这起事故以及因此泄漏到大气中的 150 万居里辐射，不仅外界一无所知，就连核电站的操作员和工程师也被蒙在鼓里。一位列宁格勒核电站的工程师回忆，他曾请求一名安全官员解释一下事故的起因。他这样形容这位官员的反应："他坚定地告诉我，我什么都不懂，苏联生产的反应堆不会轻易发生爆炸。"一个委员会负责调查事故起因，其中就有多列扎利领导的研究所派出的代表，但列宁格勒核电站到底出了什么问题？委员会并没有把相关信息告知其他核电站的 RBMK 操作员。可以说，导致 1975 年列宁格勒核电站事故的多重因素，在切尔诺贝利核电站再次出现。[23]

切尔诺贝利核事故发生的几年前，苏联能源与电气化部的一位副部长 M. V. 鲍里索夫（M. V. Borisov）认为，三里岛核事故之所以会发生，是因为受训于美国海军的反应堆操作员没有接受过高等教育。鲍里索夫称，苏联从一开始就只允许大学毕业生来操作反应堆。事实确实如此。但在 20 世纪 70 年代，苏联核工业发展迅猛，大学培养的专业人员数量有限，不足以维持核电站的日常运行。高层管理人员尤其短缺，很多高层关键人物都是从火电厂的类似岗位转来的。[24]

切尔诺贝利核电站也不例外。核电站站长维克多·布留哈诺夫（Viktor Briukhanov）出生于 1937 年，电气工程师出身，最早在火电厂运行涡轮机组。布留哈诺夫的副手、核电站总工程师尼古拉·福明（Nikolai Fomin）同样如此。此外，与美国的情况类似，一批海军退役军人挽救了苏联核工业高级人才短缺的局面，他们上过大学，又掌握了运行核潜艇小型反应堆的技能。虽然这类人不像他们的美国同行那样在行业内占据主导地位，但他们的数量并不少。[25]

在切尔诺贝利，最资深的有海军服役背景的主管或许是副总工程师阿纳托利·迪亚特洛夫（Anatolii Diatlov）。他是西伯利亚人，1931 年出生，毕业于大名鼎鼎的莫斯科工程物理学院（Moscow Engineering and Physics Institute）——苏联第一代核工程师都出身于此。他毕业后被调回苏联东部，前往远东区城市阿穆尔河 ① 畔共青城（Komsomolsk on the Amur）。在共青城，他负责为苏联弹道导弹潜艇安装多列扎利设计的压水反应堆。迪亚特洛夫管理着一个约 20 人的工程师团队，工作 14 年后，他决定迈向下一步。一种说法是，他厌倦了背井离乡、在海上花费大量时间测试反应堆的生活；另一种则是，他在工作中受到高剂量的辐射，导致他的孩子死于白血病。[26]

两种说法并不矛盾。不论真相如何，1973 年秋，迪亚特洛夫搬到了乌克兰北部，在崭新的城市普里皮亚季安家定居。不过，他还是躲不掉多列扎利设计的反应堆。迪亚特洛夫告别了东部地区更安全的水 - 水反应堆，开始和苏联西部更危险的反应堆打起了交道。在切尔诺贝利核电站，他一开始担任反应堆组的副主管，随后升任核电站副总工程师，负责 3 号和 4 号反应堆，即最新、最安全的二代苏式 RBMK。他之所以能胜任这份工作，是因为他具备核工程背景，非常了解反应堆相关的知识，在执行纪律方面也是出了名的严格。

---

① 我国称黑龙江。

　　迪亚特洛夫 14 岁就离开了家，具有独立思想和叛逆精神。他带着海军的军事化传统来到了民用核工业，依然保持着过去的作风。他既博学又傲慢，既文雅又粗鲁，很多人认为他独裁专断。他坚信自己总是对的，在执行命令时也从未放弃自己的观点。迪亚特洛夫很容易招人怨恨和畏惧，但也因工作努力、恪守原则而备受尊敬。他对下属要求严苛，但为人处世公平公正。谈及反应堆，他是真正的权威。"对我们来说，他是权威中的权威，"核电站的一名值班长回忆道，"他是难以企及的权威，他的话就是法律。"27

　　1986 年 4 月，切尔诺贝利核电站计划对最新的 4 号反应堆进行停堆维护，迪亚特洛夫自然被选中监督全过程——这不仅因为他的职级较高，也跟他的职业背景和专业知识储备有关。反应堆停堆是运行切尔诺贝利核电站最具挑战性的工作：反应堆在低功率运行时可能会变得不太稳定。停堆期间可以对许多仪器和设备元件进行测试，4 号机组这次停堆也会进行一系列专门的测试。

　　操作员们希望利用这次停堆的机会检查多个反应堆系统，并进行几项测试，其中一项是旨在提升反应堆安全性的涡轮发电机测试。具体而言，如果发生紧急停堆，反应堆就不再提供电力，为过热的反应堆输送冷却水的水泵也会停机。为避免堆芯熔毁，反应堆设计者为机组提供了应急的柴油发电机，即使发生紧急停堆，也能保证水泵继续工作。

　　看上去没什么问题。然而，从涡轮发电机停止供电到柴油发电机自行启动之间，有 15 秒的时间差。另外，发电机还需 1 分钟以上的时间才能产生足够的电力驱动水泵工作。这就产生了安全风险，核工程师们需要解决这些问题。现有的思路是利用贮存的转动惯量或者残留的蒸汽来驱动涡轮发电机持续旋转，从而产生电力，为水泵补上这1分多钟的供电空档。[28]

工程师们想测试一下这个思路，但这需要模拟紧急停堆，在反应堆停堆阶段进行相关测试是最合适的，因为这样就不需要执行额外的停堆操作了。这个测试本应在政府委员会正式批准4号机组全面运行之前进行。但为了赶上定在1983年12月的正式启动日期，核电站管理层没有进行这项测试便签署了认证文件。自那以后，工程师们进行过几次测试，但结果都不尽如人意。现在，他们已经准备就绪，要使用新设计的电压调节设备再次进行测试。测试计划在迪亚特洛夫的监督下拟定，由他的上司——总工程师尼古拉·福明批准。根据该计划，1986年4月24日，周四，当天晚上反应堆停堆的预备程序就会启动，并逐步降低反应堆功率。[29]

无论是谁确定的这个日期，选中这一天都是有意为之。第二天是周五，接下来就是周末，后面还跟着一个长假，一直放到5月中旬。因此，这一天是关停反应堆并开始测试的最佳时机。操作员们也是基本按照计划执行的，只是稍晚了一些。4月25日凌晨，夜班人员启动了停堆操作。到了凌晨5点时，他们已经将反应堆功率降低了一半，达到1600兆瓦热（megawatts thermal，简称MWt）。而在降低功率的过程中，他们几乎从反应堆中抽出了所有的控制棒，这违反了当时的行业准则。"这么说吧：低于标准允许数量的情况，我们遇到过不止一两次，但从没出过什么事。"在4月25日上午接管反应堆的值班长伊戈尔·卡扎奇科夫（Igor Kazachkov）回忆道。那时，反应堆活性区内的控制棒数量已经低于规范指导的要求。"没有发生爆炸，一切都进展正常。"[30]

涡轮发电机测试应该在反应堆功率为 700 兆瓦热时进行。为了做好测试准备，下一班次的操作员须关闭应急供水系统，因为如果不这样做就无法模拟紧急停堆的情形，也就无法按计划进行测试。关闭应急供水系统的过程费时费力，大约需要 45 分钟，操作员需要步行至阀门处，一个一个地手动关闭阀门。4 月 25 日下午 2 点，他们准备进一步降低功率，以便进行测试。许多安全系统都被关闭了。不过，由于停堆仅持续几个小时，出问题的概率几乎为零。"安全系统会在大口径管道破裂时提供保护，"回忆起当时决定关闭其中一个安全系统的情形时，值班长卡扎奇科夫说道，"但大口径管道破裂的可能性很小，我觉得差不多相当于一架飞机掉到你头上。我以为在一两个小时内就会完成停堆。"[31]

然而，接下来发生的事却在测试计划之外，实际上也超出了核电站操作员和管理人员的掌控。卡扎奇科夫关闭安全系统的时长原本不会超过 2 个小时，但实际的时间却是 10 个小时。基辅电网总部给核电站管理层打来电话，要求他们推迟停堆的时间。原来，另一个核电站有一台机组突然停机。因此，电网部门要求 4 号机组继续运行，以保障周五晚上用电高峰期的电力供应。核电站的使命是提供电能、保障国家经济发展，在这种情况下，核电站必须服从电网调度的指示。切尔诺贝利核电站的员工们别无选择，只能暂停停堆的准备工作，继续保持反应堆运行。

负责此次停堆测试的阿纳托利·迪亚特洛夫决定放松一下，先回家小睡一会儿，晚上再回到核电站。与此同时，反应堆和其他系统的状况没有什么变化。反应堆始终以 1600 兆瓦热的低功率运行，而应急供水系统仍处于关闭状态。不过，长期来看，最危险的因素是反应堆"中毒"。在低功率输出水平下，反应堆会产生更多的氙–135——这是一种吸收中子的裂变副产品。积聚起来的氙–135吸收的中子越来越多，就会减慢反应，"毒化"反应堆，进一步增大控制反应堆的难度。迪亚特洛夫在家休息，4号反应堆控制室中的操作员在等待基辅电网部门的停堆许可，就在此时，反应堆还在不断产生氙–135。当时，没有人意识到这个问题。反应堆物理学并非操作员的强项，控制室中的操作指令和手册也没有提供这方面的指导。[32]

最终，基辅电网部门同意4号反应堆于25日晚10点停堆。11点之后，迪亚特洛夫回到核电站，来到4号机组的控制室。他们从1600兆瓦热开始进一步降低反应堆功率，但由于午夜时分要换班，他们已经没有时间继续完成这项任务了。于是，等到26日凌晨，下一班次的工作人员继续执行停堆操作。跟三里岛核电站事故的情况一样，夜班工作人员还要解决前一班次遗留的问题。

新的班次由32岁的值班长亚历山大·阿基莫夫（Aleksandr Akimov）领导，操作员有3名：负责反应堆的工程师列昂尼德·托普图诺夫（Leonid Toptunov）、涡轮工程师伊戈尔·基尔申鲍姆（Igor Kirshenbaum）、负责机组工作和反应堆供水的博里什·斯托利亚尔丘克（Borys Stoliarchuk）。他们都很年轻，经验较少，因此被分配到夜班工作。前一天晚上，他们已经开始降低反应堆的功率，并相信到下一次轮班时反应堆就可以安全停堆了。但出乎意料的是，等到他们来接班时，包括各种复杂测试在内的所有主要任务都还没有完成，涡轮发电机测试也在其中。

严格来讲，现在掌管控制室的是亚历山大·阿基莫夫，但由于时间紧迫，来不及再花时间了解停堆和测试程序，只能听从在控制室内运筹帷幄的高级主管阿纳托利·迪亚特洛夫的命令。"夜班刚开始不久，迪亚特洛夫就要求继续按计划完成测试项目，"当时在控制室内的涡轮组副组长拉齐姆·达夫列特巴耶夫（Razim Davletbaev）回忆道，"当阿基莫夫坐下来准备研究计划时，（迪亚特洛夫）开始对他大声责骂，批评他工作太慢，未能关注机组已经出现的复杂情况。迪亚特洛夫对着阿基莫夫大叫，让他站起来，不断地催他快点。"[33]

阿基莫夫只能奉命行事。他让托普图诺夫维持反应堆的功率水平。25岁的托普图诺夫几年前刚刚从大学毕业，上岗时间只有几个月。午夜后不久，反应堆的功率达到了进行测试所需的700兆瓦热，但或许是氙中毒的原因，反应堆功率开始持续下降。在当前的低功率下，调节反应堆功率的自动控制系统无法正常运行，因此托普图诺夫关闭了自动控制系统，开始通过从反应堆活性区抽出更多控制棒来手动调节功率。迪亚特洛夫希望把反应堆的功率水平稳定在420兆瓦热，但这个任务十分艰巨，因为反应堆的功率一直在下降。

一位苏联核工业人士将负责控制棒的反应堆操作员比作职业钢琴家。他还说，如果操作员休假了一段时间，还需要有人帮忙才能重新找到操控反应堆的感觉，施展他们的技能。一位美国核工业人士写道，手动操作RBMK"就像在蒙特卡洛赛道①上驾驶一辆混凝土搅拌

---

① 著名的F1赛道，路面狭窄且起伏较大，弯角难度也非常高，是全世界发生事故最多的赛车场之一。

车。所有的动作都要慎之又慎，否则就会在某个弯道翻车"。无论打什么比方，表达的意思都一样。托普图诺夫上岗的时间只有几个月，又被分配到夜班工作，缺乏当时那种情况所需要的经验。[34]

反应堆某些区域的反应几乎停止了，某些区域却反应剧烈。托普图诺夫要根据不同的情况插入或抽出控制棒，以保持反应堆的稳定性和反应性。他曾一度将功率"降"到接近零的水平——反应堆计算机记录的数字为 30 兆瓦热。"据那晚在场的人介绍，列昂尼德·托普图诺夫没处理好从自动控制到手动操作的过渡，降低了功率水平，"伊戈尔·卡扎奇科夫回忆道，"毕竟，他当上反应堆高级工程师才 4 个月。在这段时间里，反应堆的功率水平从未下降过。"另一位值班长尤里·特雷胡布（Yurii Trehub）的班次在午夜时就结束了，但他仍留在控制室内监测反应堆的运转状况。他同意卡扎奇科夫的说法，认为托普图诺夫的经验不足。特雷胡布称："我认为，如果换我来操作，就不会发生这样的事。"[35]

4 月 26 日午夜刚过，时钟指向了 0 点 28 分。反应堆马上就要停止运行了。夜色已深，但没有迪亚特洛夫的指令，操作员们都不敢让反应堆停下来。迪亚特洛夫此时不在控制室，托普图诺夫或许因自己的失误而感到羞愧，正手忙脚乱地抽出尚留在反应堆活性区内的控制棒。从上一班次留下来的特雷胡布也主动帮忙，二人几乎抽出了反应堆堆芯内所有的控制棒，试图让反应堆恢复运转。"保持功率！"阿基莫夫喊道。他们成功将反应堆的功率拉升至 200 兆瓦热，重启了自动控制系统。[36]

此时阿纳托利·迪亚特洛夫回到了控制室。现在，决定权在他手上。他们仍旧可以中止测试，安全关停反应堆。实际上，按照测试程序，他们应该选择停堆，因为测试所要求的功率水平是 700 兆瓦热，而当时的实际功率比这个指标少了 500 兆瓦热。迪亚特洛夫凭着一贯的自信决定继续进行测试。后来，他回忆起自己对功率"下降"的反应，说道："这完全没有影响我，也没有引起我的警觉。意外是绝对不可能发生的。我要求他们继续提高功率，随后离开了控制台。"如果当晚不进行测试，意味着测试将推迟至下一次停堆，可能要等上数月甚至数年之久。迪亚特洛夫等不了这么久。他一向固执己见，从不承认自己犯了错。[37]

在涡轮机专家准备测试时，阿基莫夫和托普图诺夫正全力保证反应堆运转。由于氙中毒效应，中子量不足，他们关闭了备用泵，以减少流经反应堆的水量，防止水吸收中子。此外，为了防止功率下降，托普图诺夫抽出了反应堆活性区的绝大部分控制棒，留在反应堆中的控制棒只剩不到 10 根。凌晨 1 点 22 分 30 秒，因为操作员可用的反应堆控制棒已所剩无几，反应堆计算机已经发出了停堆的建议。但测试条件就快达到了，他们无视了警告。

凌晨 1 点 23 分 04 秒，测试终于开始了，通向涡轮机的蒸汽被切断。到 1 点 23 分 43 秒时，应急发电机产生的电力就应该足以驱动涡轮机。但反应堆出现了严重的问题。托普图诺夫发出了警示，他极力维持不下降的功率开始飙升，反应堆即将达到超临界状态。阿基莫夫也有所警觉，命令托普图诺夫按下用于反应堆紧急停堆的 AZ-5 按钮。当时，迪亚特洛夫距离两人有几米远，他回忆道："阿基莫夫下令关停反应堆，并打手势示意：按下按钮。"托普图诺夫遵从了指令。[38]

时间到了凌晨 1 点 23 分 40 秒。他们完成了不可能完成的任务——完成测试，剩下的问题可以由紧急停堆程序解决。然而，正当众人以为麻烦已经结束时，不可思议的事情发生了，几秒钟后，他们突然听到了一阵隆隆声。"那完全陌生的隆隆声，很低沉，听起来像人的呻吟，"当时在控制室内的拉齐姆·达夫列特巴耶夫回忆道，"地板和墙面剧烈摇晃，灰尘夹杂着碎屑从天花板上纷纷落下，照明系统失效，整个房间顿时几近漆黑，只有应急指示灯还亮着。很快，传来一声沉闷的巨响，伴随着阵阵雷鸣般的响声。灯再次亮起，4 号机组的所有工作人员全部就位。操作员们在一片喧嚣中大声呼喊，试图弄清楚刚刚发生了什么，以及正在发生什么。"[39]

阿基莫夫班次的年轻操作员博里什·斯托利亚尔丘克记得，第一次爆炸后，他以为氢化器出了问题，便试图用控制装置关闭氢化器。但随后，第二次爆炸发生了。斯托利亚尔丘克听到了"混凝土嘎吱嘎吱的碎裂声"，还伴随着他闻所未闻的"非常非常糟糕的声响"。看着控制台，他"意识到发生了可怕的事情，4 号反应堆再也无法运转了"。这是一起设计师未曾预想过的事故，没有被列在操作手册中，操作员们不知道应该如何处置。"大体上，没人相信会发生这种事。人们——至少是我——都不知所措。"斯托利亚尔丘克回忆道。[40]

操作员们之前不断努力，通过抽出控制棒迫使反应堆在氙中毒的条件下运行，但这一系列操作最终产生了他们未曾设想的效果。由于涡轮发电机不再产生电力（这是本次测试的一个条件），因此冷却系统中的水流量减少、未被吸收的中子量增加，从而造成辐射水平激增。按理说，紧急停堆按钮可以通过插入控制棒终止反应。

但控制棒缓慢下落，最先进入堆芯的是控制棒尖端的石墨，造成了正紧急停堆效应，核反应水平再次急升。控制棒能吸收中子的硼棒部分需要 5 秒才能进入反应堆活性区并发挥作用，但 4 号反应堆已经等不了这 5 秒了。随着反应堆进入超临界状态，功率激增，燃料通道爆裂，卡住了控制棒，使其无法进入反应堆堆芯。反应堆在劫难逃。

紧接着，控制室内的人听到了两声巨大的爆炸声。第一声爆炸声来自反应堆的蒸汽爆炸：燃料通道破裂导致反应堆冷却系统失压，产生的大量蒸汽无处释放。第二声爆炸声来自氢气爆炸：反应堆下方的水箱产生蒸汽，蒸汽和过热的燃料包壳相遇，产生了氢气。两次爆炸掀起了反应堆顶部覆盖的生物屏蔽层，这个屏蔽层名为"叶连娜"（Elena），重达 500 吨，上面还载着 250 吨重的换料机、50 吨重的起重机和安装在屏蔽层混凝土板上的许多系统设备。"叶连娜"被炸到空中后又落回反应堆上，但只挡住了反应堆开口的一部分，留下了一个巨大的缺口，充满着放射性粒子的烟羽从这个缺口冲出，逃逸到大气之中。[41]

等到控制室中的灰尘稍稍落定，应急指示灯还亮着的时候，迪亚特洛夫咆哮道："以紧急速度冷却反应堆！"随后命令阿基莫夫联系电工，用备用发电机启动水泵：他以为反应堆此时已经关停了，而残存在反应堆中的衰变热可能造成巨大的隐患。随后，他意识到情况比他想象的更糟糕。迪亚特洛夫回忆道："我盯着反应堆控制台，眼珠子都要瞪出来了。"信号显示控制棒卡在了中间，无法下降到反应堆活性区。阿基莫夫切断了控制棒驱动系统的电源，希望控制棒能靠自身重力下落到反应堆堆芯，但这一操作没有奏效。于是，迪亚特洛夫命令控制室内的两名实习工程师维克多·普罗斯库里亚科夫（Viktor Proskuriakov）和亚历山大·库德里亚夫采夫（Aleksandr Kudriavtsev）跑去反应堆厂房，手动插入控制棒。等到迪亚特洛夫意识到单凭人力根本不可能移动控制棒的时候，二人已经离开了。迪亚特洛夫跑出控制室，想把他们叫回来，但两位实习生已经不见踪影。[42]

爆炸发生时还在控制室里的拉齐姆·达夫列特巴耶夫记得，迪亚特洛夫下令启动水泵后不久，一名涡轮机操作员冲进控制室大喊："涡轮机厂房起火了！快叫消防车！"达夫列特巴耶夫急忙赶到涡轮机厂房。"尽管在房顶破损的地方我既看不到蒸汽，也瞧不见烟雾和火星，不过我能听到顶部有蒸汽逸出的声音；在漆黑夜空中，我只看到星星在闪烁。"他回忆道。他命令手下排出涡轮机中的机油，以避免引发更大的火灾，手下们照做了。他们阻止了涡轮机厂房的火灾，否则火势将很容易蔓延至核电站的其他几座反应堆，造成短路和冷却剂丧失事故，还有发生爆炸和堆芯熔毁的隐患。他们之中有些人吸收了高剂量辐射，在几周内相继离世。[43]

一同赶来的迪亚特洛夫检查了涡轮机厂房的情况。厂房内，零星的机油起火，还有电火花、破裂管道中喷涌出的热蒸汽，让他想到了地狱。后来他写道："此番景象真该让伟大的但丁记录下来。"随后，他走到室外，绕着半毁的反应堆厂房走了一圈。3号机组的屋顶和化学装置厂房也起火了。"这是第二个广岛！"他对尤里·特雷胡布说。由于辐射计数器显示的读数已超过1000微伦琴/秒的刻度上限，迪亚特洛夫不清楚实际的辐射水平。在控制室中，阿基莫夫、托普图诺夫和斯托利亚尔丘克正拼命试着向已经发生爆炸的反应堆供水。那晚值班的一名涡轮机操作员瓦列里·霍杰姆丘克（Valerii Khodemchuk）失踪了——爆炸发生时，他被掉落的混凝土块砸中，成为切尔诺贝利核事故的第一位受害者。还有一名工程师弗拉基米尔·沙希诺克（Volodymyr Shashenok）被管道中喷出的蒸汽严重烫伤，于次日去世。[44]

在控制室内，博里什·斯托利亚尔丘克还在控制台前，试图确保冷却水被注入反应堆。反应堆已经全毁，控制室内的人或许还不知道此事，也可能只是不愿相信这个事实。不管怎么样，面对这样一场灾难，他们也没有其他办法。他们仍在不断泵水，斯托利亚尔丘克具体负责这项工作，基本没有离开控制室。后来，他意识到这保住了他的命，因为控制室内的辐射水平比受损机组附近的其他区域都要低。迪亚特洛夫、阿基莫夫和托普图诺夫在控制室外停留了很长时间，一是为了查看情况，二是要逐一手动打开供水系统的阀门，这导致他们受辐射的影响最大。斯托利亚尔丘克后来回忆说，托普图诺夫曾返回控制室内，呕吐不止。迪亚特洛夫命令其他人离开4号机组，避免过度暴露在辐射之中，但斯托利亚尔丘克留了下来，因为他还有任务需要完成。后来，有人问他当时是否意识到了危险，他做出了肯定的回答。但他并没有将呕吐和高剂量辐射联系起来——当时他未受过这方面的培训，不会朝这个方向想。他希望自己能离开4号机组，但也明白他还不能走。[45]

迪亚特洛夫感到心烦意乱、阵阵恶心——放射性中毒的症状越来越明显。接近凌晨4点时，他离开了4号机组——核电站站长维克多·布留哈诺夫在找他。布留哈诺夫半夜被电话叫醒后便来到了核电站，当时正在核电站的地下掩体里。迪亚特洛夫向布留哈诺夫出示了4号机组计算机的打印数据，但没有说反应堆发生了爆炸。他实在无法把他所知道的事说出来。当布留哈诺夫问他4号机组发生了什么时，迪亚特洛夫回答说："我完全一无所知！"他只说控制棒出了问题。他再次感到恶心，迅速离开了房间。

呕吐不已的迪亚特洛夫在地下掩体门口被人扶上了一辆救护车，救护车随后将他送到了当地的医院。据估计，在4号机组及周边工作的数小时内，他吸收了390雷姆（3.9希沃特）的辐射——相当于可接受水平的78倍，几乎算是被判了死刑。受到同等级别生物损伤的人，有半数会在30天后死亡，但迪亚特洛夫又活了9年半。他唯一后悔的是自己曾将实习工程师普罗斯库里亚科夫和库德里亚夫采夫派往反应堆厂房手动插入控制棒。两人虽没能进入反应堆厂房，但与受损反应堆的距离也相当接近，因此吸收了足以致命的辐射剂量。迪亚特洛夫在普里皮亚季的医院里见到了他们，病人之中还有阿基莫夫和托普图诺夫。随后，另一位夜班工作人员也被送到了这里。[46]

在阿基莫夫这一班次的工作人员中，博里什·斯托利亚尔丘克看起来受辐射影响最小。经骨髓分析确认，他受到的辐射水平为100雷姆。由于其他人都离开了4号机组，斯托利亚尔丘克便留在控制室内，一直到早上8点左右换班。他也感觉不太舒服。"有些恶心，但没有呕吐，"他回忆道，"全身发烫，眼睛红肿，还流眼泪，感觉极度不适。"因此，当看到早班的工程师前来接替他时，斯托利亚尔丘克不由得喜出望外。他们没有时间详细讨论发生了什么。水泵仍在运行，早班的工程师接手了斯托利亚尔丘克的工作，将更多的水注入反应堆原本所在的地方。

在回家的路上，斯托利亚尔丘克望向公交车窗外，看到了损毁的反应堆厂房，这下他彻底明白发生了重大事故。他回到普里皮亚季，看到人们还安然走在街上。他很渴，喝了一杯格瓦斯，和朋友聊了一会儿后便沉沉睡去。他想好好休息，为下一次轮班做好准备。但没睡多久就有人敲门：一名克格勃要带他前往市政厅问话。到了那里后，克格勃问他发生了什么、他还听说了什么，但斯托利亚尔丘克感觉很不舒服。克格勃中断了审问，让他去医院。于是，他自己步行去了医院。[47]

然而，医院最大的病患群体不是操作员，而是消防员。在两名年轻中尉弗拉基米尔·普拉维克（Volodymyr Pravyk）和维克多·克别诺克（Viktor Kybenok）的带领下，消防员们在爆炸发生后几分钟内就抵达了现场，英勇地扑灭了 3 号反应堆屋顶的火，同时密切关注着涡轮机厂房的屋顶。在他们的努力下，大火没有蔓延到未受损的反应堆，这是这些消防员为拯救世界做出的贡献。他们没有穿戴必要的防护装备就投身核烈焰之中，坚持不了一个小时便会感到恶心反胃，不得不被人扶上救护车。当天晚些时候，他们又上了开往基辅的大巴——28 名受辐射影响最严重的病人要被送到基辅，迪亚特洛夫、阿基莫夫和托普图诺夫也在其中，他们的脸已经因核辐射而肿胀起来。随后，他们从基辅乘飞机前往莫斯科的一家专科医院。对于其中的大多数人来说，这是他们人生中的最后一段旅程。[48]

49 岁的化学家瓦列里·勒加索夫（Valerii Legasov）是苏联原子能研究所所长阿纳托利·亚历山德罗夫的第一副手。4 月 26 日接近中午时，他得知切尔诺贝利核电站发生了事故。勒加索夫负责原子能研究所的日常工作，约 1 万名员工在这里的实验室和车间工作。当天他正在中型机械制造部参加会议。消息传来时，87 岁的部长叶菲姆·斯拉夫斯基正在讲话。斯拉夫斯基已经当了 29 年的部长，他希望能在这个位子上一直干到 100 岁，名垂青史。[49]

很快，勒加索夫得知，苏联政府已经成立了一个委员会来处理这场事故，他被任命为委员会的科学顾问之一。那时，核能已转移到能源与电气化部管理，虽然切尔诺贝利核电站不是斯拉夫斯基"帝国"的一部分，但 RBMK 仍是亚历山德罗夫领导的原子能研究所的智慧结晶，在某种程度上也是其责任所在。因此，勒加索夫被选入委员会，当天下午就要搭乘一个半小时的飞机前往基辅。在赶往机场的途中，他先在研究所停了一会儿，搜集了他能找到的一切关于 RBMK 的资料和文献。勒加索夫是化学家出身，他搜集的文献资料将在接下来的几天甚至几周内发挥重要作用。

下午晚些时候，勒加索夫已收拾妥当，登上了飞机舷梯，加入了负责尽快解决切尔诺贝利核事故的委员会。所有人都认为这次旅程只需要几天时间。委员会由 76 岁的苏联部长会议副主席鲍里斯·谢尔比纳（Boris Shcherbina）领导。谢尔比纳是乌克兰人，曾担任秋明州党委第一书记，并凭借将秋明油田打造成苏联的主力油气生产区而名声大噪，而那时勒加索夫的上司阿纳托利·亚历山德罗夫还极力声称油气产业已日落西山，未来是属于核能的。现在，干了半辈子石油工作的谢尔比纳掌管着政府的能源部门，核能也在他的管辖范围之内。[50]

在飞机上，勒加索夫借着这个机会向谢尔比纳介绍了一些与核事故有关的信息，他们特别讨论了三里岛核事故。勒加索夫解释说，这是个极端案例，与切尔诺贝利核事故毫无干系，两座核电站的反应堆结构完全不同。据他们所知，在切尔诺贝利核电站，委员会将要处理的情况虽然很不妙，但仍在可控范围内。他们得到的信息源自切尔诺贝利核电站站长维克多·布留哈诺夫的汇报，这份汇报可总结为以下几点：核电站发生的爆炸炸裂了 4 号机组，厂房部分受损，但反应堆完好无损，大火也被扑灭了，辐射水平较低。最后，工作人员已恢复供水，以冷却反应堆。[51]

这充其量是布留哈诺夫的一厢情愿。在基辅机场，一众乌克兰官员前来迎接谢尔比纳。从他们严肃的神情中，勒加索夫第一次察觉到事情可能比他、谢尔比纳和其他随行人员想象的都要严重。谢尔比纳和勒加索夫抵达普里皮亚季后，才看到了事故的恐怖全貌。当天早些时候两名从莫斯科赶来的科学家乘坐直升机查看了反应堆的情况，刚返回不久。反应堆已经全毁，但仍在透过生物屏蔽层的混凝土板和反应堆容器顶部的缝隙"呼吸"，看起来相当危险。屏蔽层呈现出明亮的樱桃红色。"应该怎么办？"一名政府官员问刚回来的其中一名科学家鲍里斯·普鲁申斯基（Boris Prushinsky）。"天知道，"普鲁申斯基回答说，"反应堆内有石墨在燃烧。第一步必须把火扑灭。但怎么灭火？用什么灭火？我们还需要想想。"[52]

1957 年温茨凯尔工厂所面临的难题——扑灭石墨火，如今成了谢尔比纳的第一项任务，也是勒加索夫需要解决的第一个科学难题。谢尔比纳有处理石油起火的经验，他建议用水灭火，但其他科学家告诉他这样只能加剧火势。同温茨凯尔工厂的那些同行一样，他们担心用水灭火会释放出氢气，氢与氧混合后可能会发生爆炸。他们没有像温茨凯尔工厂的操作员那样冒险行事。相反，勒加索夫建议在燃烧的反应堆上投掷沙袋和硼。作为委员会负责人，谢尔比纳手握大权，命令空军上将尼古拉·安托什金（Nikolai Antoshkin）[1]采取行动。当时已是深夜，安托什金说服了谢尔比纳等到天亮再行动。

与此同时，反应堆突然"复活"了，又发生了一次爆炸，将更多的碎片和辐射吐至空中。在普里皮亚季党委总部的人[2]都能看到并听见这次核"烟花"。勒加索夫恳求委员会的一众成员："我恳请你们疏散民众，因为我不知道明天反应堆会发生什么，这是不可控的。"夜幕降临之前，普里皮亚季的街头依然人来人往，有新人喜结连理，有孩子在户外活动，他们都没有察觉 3.2 公里外的核电站所带来的危险。乌克兰的官员非常支持疏散工作，毕竟他们的主要职责是保障当地民众的安全，他们已经从基辅调集了大量大巴向普里皮亚季集中。[53]

但从莫斯科来的医务官员却提出了不同的建议。可执行强制疏散的辐射累积剂量为 75 伦琴以上，但如果在未达到这一辐射水平的情况下执行非强制性的疏散，可能使他们得罪政府、引祸上身。无论是散播恐慌，还是让苏联遭到西方政治宣传的攻击，更不用说还有资源的浪费，如此种种都是严重的指控。即使是鲍里斯·谢尔比纳也犹豫不决。他们需要党内高层领导人的批准，但书记们都

---

① 时任基辅军区空军参谋长。

② 当时，政府委员会、来自莫斯科的专家和乌克兰地方党政干部正在普里皮亚季党委总部内召开会议，讨论事故处理方案。

不愿拿自己的前途冒险。那天深夜，谢尔比纳联系了主管工业和经济事务的苏共中央委员会书记弗拉基米尔·多尔吉赫（Vladimir Dolgikh）。多尔吉赫同意了，说服他的理由倒不是城市中存在强辐射，而是再次发生爆炸的可能性。

苏共中央政治局委员、苏联部长会议主席尼古拉·雷日科夫（Nikolai Ryzhkov）最后拍了板，下令疏散城市居民。4月27日下午早些时候，距爆炸发生已经超过了36小时，约5万名普里皮亚季市民得到命令，带好证件、衣物和食品，登上了从基辅开来的大巴。他们被告知核电站发生了事故，市民们要离开几天。几千名核电站工作人员则留下来处理反应堆机组。刚刚抵达的直升机飞行员开始向反应堆投放沙袋。辐射和化学防护部队来到现场，试图搞清楚辐射的严重程度以及扩散的情况。接着，警察射杀了流浪狗。很快，普里皮亚季几乎成了空城。大多数离开的人再也没有回来，再没有踏上这片土地一步。[54]

1986年4月28日上午，即事故发生两天半之后，苏联最高领导人、苏共中央委员会总书记米哈伊尔·戈尔巴乔夫首次与政治局的同僚们开会讨论了切尔诺贝利核事故。没有证据表明当时的苏联政府明白这次要处理的是一场国际性的灾难。爆炸当晚，迪亚特洛夫就对事故持否认态度，在此后数日甚至数周内，这种态度依然持续，并蔓延到了基辅和莫斯科的"权力走廊"。

当时正是55岁的戈尔巴乔夫担任总书记的第二年，他从前三届领导人手中接管了急剧下滑的经济。在他之前的三任总书记分别是列昂尼德·勃列日涅夫、弗拉基米罗维奇·安德罗波夫（Vladimirovich Andropov）和康斯坦丁·契尔年科（Konstantin Chernenko），他们在 1982 年 11 月到 1985 年 3 月期间相继离世。石油价格从 1980 年的每桶超过 60 美元跌至 1986 年的每桶略高于 10 美元，而且苏联的石油产量在 1985 年下降了 1200 万吨，因此，戈尔巴乔夫指望苏联核工业创造奇迹，将他从经济困境中解救出来。就在几周前，在 1986 年 3 月的党代表大会上，他们刚刚决定在未来 5 年启动的核反应堆数量要达到前 5 年的两倍。而现在，戈尔巴乔夫不得不着手处理从切尔诺贝利传来的坏消息。[55]

批准普里皮亚季疏散工作的苏共中央委员会书记弗拉基米尔·多尔吉赫做了汇报。根据他的汇报，切尔诺贝利核电站发生了一场爆炸，估计是氢气爆炸，有 130 人受到了高剂量辐射。4 月 28 日上午，反应堆附近的辐射水平达到了 1000 伦琴，普里皮亚季的辐射水平为 250 毫伦琴。前一天收到的信息表明，放射性痕迹延伸到了反应堆以北的地区，长达 50 公里，宽 15—25 公里，覆盖面积约 1000 平方公里。他们估计放射性烟羽将进一步向西北方向扩散。多尔吉赫告诉戈尔巴乔夫和各位政治局委员，反应堆已经损毁，必须将其掩埋。"沙袋和硼是从空中投下去的吗？"戈尔巴乔夫问道。多尔吉赫回答道："对，用直升机空投的。"

"我们不能就这样放弃核电站，必须采取一切提高安全性的必要措施。"戈尔巴乔夫表示，他的下一个问题是："我们该怎么发布声明？"几分钟前，克格勃主席维克托·切布里科夫（Viktor Chebrikov）报告说，民众很平静，但很少有人知道此次事故。的确，到现在，全苏联的媒体都还没有发布任何与事故相关的消息。决策团的人意见不一。多尔吉赫认为在发布任何消息之前，应该先全面掌握事故的情况。但戈尔巴乔夫的看法不同，他认为："我们要尽快做出声明，不能再耽误了。"于是，他们展开了讨论。苏共中央委员会书记处新任书记阿纳托利·多勃雷宁（Anatolii Dobrynin）曾担任了 25 年的苏联驻美国大使，他想起了三里岛核事故。他评论说，美国人无论如何都会得知这场事故，苏联人应该在核事故处理方面学习美国的经验。[56]

会议最终采纳了戈尔巴乔夫提出的措施，包括调动资源处理事故造成的后果、调查事故起因，以及重新安置撤离人员。他们同意在晚间电视新闻中发布简短的事故声明。"切尔诺贝利核电站发生一起事故，"一位女性电视播音员用冷静的声音播报道，"一座核反应堆受毁。有关方面正在采取措施，消除事故带来的影响，并向受害者提供援助。相关政府委员会已成立，以查明事故起因。"这就是报道的全部内容。但即便声明如此简短，戈尔巴乔夫也打破了苏联在政治宣传方面的不成文规定——此前，苏联在任何情况下都不会向公众发布负面消息。[57]

在苏联电视台于 4 月 28 日晚 9 点首次播报事故声明之前，欧洲的官员们已经纷纷联系苏联的相关部门，想知道影响了他们国家的高强度辐射从何而来。那天上午，瑞典的福斯马克（Forsmark）核电站检测到了极高的辐射水平，随即进行了内部检查，之后瑞典的其他核电站也进行了自检，但都没有发现污染源。根据风向，辐射来自波罗的海东侧——那就只能得出一个结论。瑞典也通知了位于维也纳的国际原子能机构（IAEA）总部，并要求苏联方面给出解释。但苏联没有答复，一直到当天晚些时候才发布那则声明。[58]

苏联人民也不满意。这则电视声明在苏联历史上前所未有，表明切尔诺贝利核电站发生了极其严重的事故，但相关部门迟迟不提供事故详细信息，也不说明可能有哪些后果。对于那些住在反应堆附近的人来说，此类信息更是至关重要，而官方的态度令他们十分不安。医生玛丽亚·库扎基纳（Maria Kuziakina）住在切尔诺贝利核电站附近的一座白俄罗斯村庄中，她记得自己连续几天都能看到反应堆在燃烧。放射剂量检测员来到村庄后，集体农场的负责人命令所有人待在家中。克什特姆核事故发生后苏联医生进行的研究表明，那里的儿童和胎儿受到的辐射剂量为100—400毫希沃特。而库扎基纳所在村庄的辐射水平达到了400毫希沃特/小时，在一些辐射热点区域，辐射水平直接飙升至1900毫希沃特/小时。这座白俄罗斯村庄的居民本应在4天内离开，但当局的疏散工作花了一周时间。据库扎基纳回忆，很多村民的皮肤因受到辐射而发黑。[59]

在4月28日晚简短的电视声明之后，苏联媒体又陆续发布了几则同样简短的声明，承认了事故的严重程度，同时也表明情势仍在控制之中，试图让公众放心。对于戈尔巴乔夫和中央政治局来说，向苏联公众和全世界传达积极的消息至关重要，因为作为苏联两大重要节日之一的五一劳动节即将到来。如果说11月7日庆祝十月革命是为了纪念1917年秋在圣彼得堡发动的布尔什维克革命，那么5月1日则象征着全世界的劳苦大众团结一心，不仅表明布尔什维克主义的国际渊源，还能展现苏维埃政权的全球雄心。

虽然并不是全世界所有的劳苦大众都关注这个节日，但苏联共产党还是让本国的民众走上街头，展现他们的意识形态热情。欢欣鼓舞的工人和农民穿着节日服装，在乐队的伴奏下和孩子们一起游行，这番场景成了苏联政治文化的标志性特征。事故发生后，这类庆祝活动尤为重要，因为它能够展现在以戈尔巴乔夫为核心的苏联共产党的坚强领导下，事态已得到控制。5月1日上午，戈尔巴乔夫与乌克兰共产党中央第一书记弗拉基米尔·谢尔比茨基（Volodymyr Shcherbytsky）通了电话，要求他确保距事故反应堆100公里的基辅将如期举行五一游行，以此向全世界展现苏联的良好形象—由于官方提供的信息少之又少，外界主要依靠外国记者听闻的传言来获取信息。有传言说，切尔诺贝利核电站发生的爆炸造成了严重破坏，80人当场死亡，还有更多人被送往医院。[60]

时年68岁、满头银发的谢尔比茨基曾被勃列日涅夫视为接班人。谢尔比茨基恳请戈尔巴乔夫取消基辅的五一游行；事故发生后的最初几天，风始终向北吹，与200万名居民所在的乌克兰首府基辅方向相反，但当下风转为向南吹了。游行的地点是基辅的克列夏季克大街，这条城市主干道位于两山之间的山谷中，街上的辐射水平正在不断上升。但戈尔巴乔夫不同意取消游行，还告诉谢尔比茨基："如果你把这次游行搞砸了，我们就把你开除出党。"电话一挂断，谢尔比茨基就向自己的手下复述了戈尔巴乔夫的话。如果这位乌克兰领导人被驱逐出党，那他的政治生涯自然也就结束了。

谢尔比茨基虽然满腹牢骚，但还是服从了戈尔巴乔夫的命令。基辅的五一游行如期在上午10点开始，但以往长达4个小时的游行只持续了2个小时。那天参加游行的不仅有大人，还有为此排练多日的孩子。那时，他们终于可以向欢呼的人群展现自己有多么擅长列队和跳舞了。之后，孩子们在排练和游行中所穿的服装被克格勃收集起来，统一送去消毒去污。[61]

第二天，谢尔比茨基在基辅迎来了两位戈尔巴乔夫的全权代表，并把他们带到了切尔诺贝利核电站。其中一位是苏联部长会议主席尼古拉·雷日科夫，于 4 月 29 日受命领导中央政治局行动小组，负责处理此次核灾难，另一位是戈尔巴乔夫的心腹叶戈尔·利加乔夫（Yegor Ligachev）。戈尔巴乔夫曾在二人动身前与他们见了面，但却没有表现出自己也要一同前往的意愿。从莫斯科来的贵客会见了谢尔比茨基、勒加索夫和政府委员会的其余成员，并视察了现场的情况。直升机飞行员还在反应堆上方空投。5 月 1 日劳动节那天，他们投掷了 1900 吨的沙子、硼等物质。飞行员们冒着巨大的风险在反应堆破口上方盘旋，这对他们的生命和健康都会产生威胁。334 名直升机机组人员和共计 1400 名飞行员受到了超出可允许水平的辐射。而反应堆内的石墨依旧在燃烧，不断将放射物散播至空气中。[62]

在离开切尔诺贝利之前，雷日科夫批准了一项提议：将受损反应堆周边隔离区的半径从 10 公里扩展到 30 公里。新划定的隔离区不仅包括普里皮亚季市，还包括切尔诺贝利古城及其附近的村庄，因此还须再疏散 8 万—9 万人。除此之外，这一带的牲畜也要撤出来，整个疏散工作预计到 5 月底才能结束。苏联政府意识到"热点"辐射区域远超原定 10 公里半径的范围，因此做出了扩大隔离区的决定。由于当时还没有准确的辐射污染地图，因此隔离区的划定只能靠估计。30 公里半径范围内的隔离区既包括受到高度核污染的区域，也包括相对"洁净"的区域。因此，在继续扩大隔离区的过程中只能逐一分析每个地区，将更远的污染区域囊括进来。如今，这个隔离区除了乌克兰的部分地区，还有部分白俄罗斯的领土，整体看起来完全不像是一个圆。[63]

与亲临事故现场的吉米·卡特不同，戈尔巴乔夫在事故发生后近3年的时间里都没有去过切尔诺贝利，但他的代表在现场行使的权力，却是卡特的代表哈罗德·登顿无法企及的。

美国总统吉米·卡特调动了核管理委员会的资源，试图亲自参与三里岛核电站的事故处理，但他并未独揽大权——核事故技术层面的处理是由大都会爱迪生公司的高层和三里岛核电站的管理层来决定的，而疏散人员的范围和时间则由宾夕法尼亚州州长理查德·索恩伯勒决断。相反，在切尔诺贝利，从疏散区域的划分到石墨起火的灭火策略，大大小小的事宜均由戈尔巴乔夫的全权代表和中央政府派出的委员会决定。鲍里斯·谢尔比纳领导的委员会从莫斯科抵达切尔诺贝利核电站的时候，站长维克多·布留哈诺夫就出局了。现在，掌握决定权并为此负责的是谢尔比纳的上级尼古拉·雷日科夫。

5月2日晚，雷日科夫在事故区视察了几个小时后，立即返回了莫斯科，他领导中央政治局行动小组并调动全国的资源，以应对这场核灾难。苏联领导层终于知晓了事故的实际规模。在核电站，政府方面的协调工作由中央政府派出的代表负责。雷日科夫视察事故现场的几天后，鲍里斯·谢尔比纳回到了莫斯科。他向中央政治局汇报了工作后，径直去了为切尔诺贝利核电站的操作员和消防员看病的医院——他受到了过量辐射，感到身体不适。又过了4年，谢尔比纳于1990年8月去世，享年70岁。与此同时，雷日科夫派了另一名代表前往切尔诺贝利核电站，领导政府委员会的工作。委员会的负责人和成员将按照轮换方式产生。当时，负责切尔诺贝利核电站运营工作的是伊万·西拉耶夫（Ivan Silaev）——后来在"八一九"事件期间，他在鲍里斯·叶利钦（Boris Yeltsin）的政府中扮演重要角色。[64]

　　雷日科夫可以把自己在切尔诺贝利的全权代表换成其他高官，但换不了科学顾问，能承担这个职责的人本来就不多。同谢尔比纳一样，勒加索夫在事故发生后的最初几天也吸收了高剂量的辐射。他和谢尔比纳一起回到莫斯科汇报了事故处理进展，之后又按照上级要求回到了切尔诺贝利核电站。雷日科夫离开后，核电站的情况不断恶化。反应堆周围的辐射水平从 5 月 1 日的 60 伦琴 / 小时上升至 5 月 4 日的 210 伦琴 / 小时。另外，还检测出了少许钌 –103，这表明反应堆内的温度还在迅速升高。释放至大气中的辐射也还在急剧增加。据估计，5 月 1 日释放的辐射为 200 万居里，2 日、3 日和 4 日释放的辐射估值不断跃升，分别为 400 万、500 万、700 万居里。5 月 5 日释放的辐射约有 800 万—1200 万居里。[65]

　　5 月 9 日，勒加索夫回到了核电站，反应堆再次发生了爆炸。据推测，爆炸原因是反应堆顶部的沙土和碎片掉入了反应堆。没人知道接下来会发生什么。过去，乌克兰政府一直努力阻止基辅民众大规模出逃，而如今，他们却开始暗中准备疏散全城约 200 万民众。戈尔巴乔夫给回到切尔诺贝利核电站的勒加索夫打了电话，询问那边的情况怎么样，并抱怨西方对苏联政府处理核灾难的方式和对他本人的批评愈发猛烈。勒加索夫不知该如何回复，也有些不知所措。另外，此前他用沙土覆盖反应堆的决定如今也遭到了批评，理由是沙土会阻碍反应堆排热，更有可能造成大规模的爆炸。另外，投放在受损机组上的 5000 吨沙土和其他物质可能会让反应堆下沉，造成无法预测的后果。[66]

此外还有一个问题越来越让人担忧：爆炸发生后注入反应堆的 2 万吨水最终流入了反应堆厂房的地下结构，带来了严重的安全隐患。这些水受到了高度污染，而且其所处的位置可能再次引发大爆炸。勒加索夫回忆道："我们担心一些熔化的燃料与水接触，产生大量蒸汽，从而释放出更多辐射。"他们需要有人自愿蹚过被核废水浸没的走廊，打开反应堆下方抑压池的阀门，将水释放出来。有三名工程师被选中，他们也同意执行这次任务。三人穿着防护装备，穿过水淹的走廊，成功完成了任务。大部分人都认为他们接触了如此高水平的辐射，一定很难长寿。但他们都活了下来。2019 年，在 HBO 迷你剧《切尔诺贝利》描绘了三人的英雄壮举之后，仍在世的两位工程师被授予了"乌克兰英雄"金星勋章。[67]

勒加索夫还有另一个担忧，令人联想到《圣经》中的"苦艾"预言——"烧着的大星好像火把从天上坠下来，落在江河的三分之一和众水的泉源上"。勒加索夫担心附近的普里皮亚季河会遭受放射性污染。一旦河水受到污染，辐射将会随着普里皮亚季河汇入第聂伯河，再流至黑海、地中海和大西洋。勒加索夫下令在普里皮亚季河沿岸建造河堤，避免放射性物质被雨水带入河中。河堤的建造工作于 5 月 4 日开始。11 日，雷日科夫命令配有特殊装备的飞机升空，向云层中投放化学品，以防切尔诺贝利地区降雨。飞行员冒着巨大的健康风险飞入放射性云层，阻止了 1986 年 5 月整整一个月和 6 月大部分时间的降雨。隔离区内滴雨未落。[68]

虽然"苦艾"陨落了，但在苏联人的全力应对之下，放射性物质并没有进入江河之中。那它们会进入地下水吗？这种可能性始终萦绕在叶夫根尼·韦利霍夫（Yevgenii Velikhov）的脑海中。同勒加索夫一样，韦利霍夫在位于莫斯科的原子能研究所工作，也是阿纳托利·亚历山德罗夫的副手，他于5月初受命来到切尔诺贝利核电站。勒加索夫是化学家出身，韦利霍夫则是物理学家出身。他们二人在研究所里就是竞争对手。如今在切尔诺贝利，他们又对反应堆的处理方式持不同意见。韦利霍夫担心受损反应堆堆芯内的高温燃料会熔穿厂房的混凝土地基，污染地下水。在这种情况下，放射性物质还是会进入第聂伯河、黑海和全球各大洋，虽然与降雨污染水体的方式不同，但造成的后果没有什么区别。业内将这种可能性称为"中国综合症"。[69]

勒加索夫觉得，韦利霍夫肯定对美国核惊悚片《中国综合症》反应过度了。这部影片于1981年秋在苏联首映，那时，苏联引进的美国影片的数量限制在每年6部，最多7部。这部影片被选中发行，是因为它抨击了美国的政治和社会秩序。但物理学家拉斐尔·阿鲁秋年（Rafael Arutiunian）的观感却不大一样，他在1984年看了这部电影，后来也参与了切尔诺贝利核事故发生后的清理工作。他回忆起这部电影，认为它第一次向苏联公众揭示了，反应堆即使在停堆之后仍会保留大量的热量和能量，足以释放"火龙"和辐射，还会烧穿反应堆底部。"很难想象，在一年半之内，生活竟让我们在现实中面对着神话里的龙。"阿鲁秋年写道。在切尔诺贝利核电站，他并不是唯一一个想到这部电影的人。[70]

在科学家看来，应当如何应对"中国综合症"呢？韦利霍夫认为，为了防止核燃料进入地下水，应该在反应堆下方挖出平行隧道，向其中通入液氮，冻结反应堆下的土壤。勒加索夫对此表示怀疑，但雷日科夫的副手伊万·西拉耶夫不愿冒风险，准备同时实施两位科学家提出的想法。苏联领导层从全国范围内征集了矿工，让他们一同在反应堆下方挖掘隧道。工作期间，矿工们不仅要冒着巨大的健康风险，而且基本只能用人力开凿——为了保护反应堆的地基，现场不允许使用重型设备。反应堆下方安装了强大的制冷设备，但如同切尔诺贝利核事故发生后的许多其他措施一样，最终这一切都是无用功。科学家们后来意识到，燃料并没有烧穿反应堆地基、进入地下水的迹象。于是，"中国综合症"的风险得到了重新评估。事实证明，勒加索夫是正确的。[71]

　　来到切尔诺贝利挖掘隧道的矿工是排在军队之后的第二大工作群体。此外，还有成千上万其他类型的工作人员。接下来的数周到数月内，苏联共产党动员了总共 60 万人，其中很多人是陆军预备役人员。他们被称为"事故清理人"（liquidators），这个术语源于苏联交给他们的任务——"清理切尔诺贝利核灾难造成的后果"。其中最大的一项工作是为受损反应堆建造一座"石棺"，即混凝土防护罩。这项工作开始于 1986 年 6 月，于同年 11 月完成。

　　这些"事故清理人"本应在辐射达到 22 伦琴的最大剂量标准后被送回家，但他们使用的个人剂量计几乎无法确定他们达到辐射上限的时间。许多"事故清理人"遭受了过量辐射，在回家后患上了多种疾病。1991 年苏联解体后，包括乌克兰在内的各国不得不制定"事故清理人"和"患病人员"专项法规，为他们提供经济赔偿和优先诊治权。[72]

1986 年 5 月 14 日，也就是事故发生后第 18 天，戈尔巴乔夫首次就核事故造成的后果向全国发表讲话。苏联官方素有报喜不报忧的传统，虽然戈尔巴乔夫试图打破这个惯例，但他实际上还是亲身贯彻了这一传统。他认为最坏的时候已经过去了，这才发表讲话。

到 5 月中旬戈尔巴乔夫决定发表声明时，勒加索夫等人已经断定不会再发生新的、更严重的反应堆爆炸事故。由于反应堆堆芯内的大部分石墨已燃烧殆尽，辐射水平开始下降。戈尔巴乔夫在声明一开始便提到了冲击全苏联的"不幸事故"，然后赞扬了"事故清理人"，并抨击西方把这次核事故当成对抗苏联的意识形态武器。他这次讲话的大部分内容都与西方和苏联的和平意图有关。9 天前，即 5 月 5 日，七国集团[①]领导人在东京的峰会上讨论了切尔诺贝利核事故，并发表声明表达对苏联人民的同情，还表示愿意提供援助，同时也要求苏联披露更多的事故相关信息。世界各地的民众对苏联掩盖事故后果的做法颇感愤慨，这份声明所反映的情绪只是冰山一角。[73]

显然，戈尔巴乔夫陷入了被动。4 月 28 日，他不顾苏联政府保守派人士的意愿和建议，促成了第一份事故声明的发布。他还允许国际原子能机构的总干事汉斯·布利克斯（Hans Blix）赴切尔诺贝利考察。但与此同时，戈尔巴乔夫也向苏联民众和全世界隐瞒了事故相关的大部分信息。苏联媒体得到了许可，能够报道第一批牺牲的救援人员，尤其是消防员，但牺牲者们的葬礼却是秘密进行的。消防员弗拉基米尔·普拉维克、维克多·克别诺克和值班长亚历山

---

① 成员国包括美国、英国、法国、德国、日本、意大利和加拿大。

大·阿基莫夫均于 5 月 11 日离世，媒体只字未提。

领导中央政治局行动小组的尼古拉·雷日科夫否决了组织募捐的提议，也否决了增加一个工作日以帮助应对核事故后果的提议。他担心人们对政府产生不好的印象——觉得事故的经济代价极其惨重，以致"政府无力解决事故产生的问题"。戈尔巴乔夫也同意这个看法。与此同时，一直深受粮食短缺困扰的苏联很难拒绝核污染地区生产的农产品。雷日科夫领导的行动小组考虑了苏联农业部门的主管领导、戈尔巴乔夫的亲信弗谢沃洛德·穆拉霍夫斯基（Vsevolod Murakhovsky）发来的备忘录。他主张：受污染的牛奶可用来生产黄油和奶酪，至于受污染的牛，只要把屠体清洗干净、摘除淋巴结，就仍旧可以食用。虽然雷日科夫并不反对这些提议，但几天后他还是决定，禁止受切尔诺贝利泄漏的放射性沉降物影响的地区向莫斯科运送食品。这个决定必须严格执行，委员会负责监管其执行过程。[74]

7 月初，戈尔巴乔夫主持了一次中央政治局会议。会上得出结论，事故的发生是两大因素共同作用导致的：操作员违反了安全规定、反应堆存在重大设计缺陷。"反应堆的物理特性决定了事故规模的大小，"一名受邀参加中央政治局会议的官员说道，"人们不知道反应堆在这种情况下会加速。后续改进能否确保这种反应堆的绝对安全，只能说还是一个未知数。不过我确定不应该再建造RBMK 了。"戈尔巴乔夫和中央政治局的其他成员也都同意这个看法的前半部分，但不同意后半部分。他们负担不起终止 RBMK 建造和运行的代价。因此，中央政治局虽然得出了反应堆存在设计缺陷的结论，但并未向公众披露。媒体仅报道了操作员失误和管理层严重渎职。核电站站长维克多·布留哈诺夫在政治局会议上被当场开除党籍，之后还将面临刑事诉讼。[75]

在公众眼中，只有操作员才是事故责任人。造成这一印象的原因是多重的。苏联的能源部门依赖十几座 RBMK 持续不断出产的电力，承认这些反应堆存在设计缺陷不仅会迫使苏联关停 RBMK，还会影响安全性更高的苏式水－水反应堆的出口销售。另外还有其他层面的因素，负责设计和生产这种危险反应堆的高级官员是苏联中型机械制造部部长叶菲姆·斯拉夫斯基和苏联科学院院长阿纳托利·亚历山德罗夫。二人都参加了 1986 年 7 月的中央政治局会议，但没有受到公开批评，毕竟他们还要处理切尔诺贝利核灾难造成的后果。

1986 年夏，斯拉夫斯基几次来到切尔诺贝利核电站，监督"石棺"的建造，而亚历山德罗夫和他的下属则为政府如何处理眼下的危机提供建议。戈尔巴乔夫从未忘记，亚历山德罗夫曾保证这些核反应堆非常安全，甚至可以直接安装在居民区，用戈尔巴乔夫在回忆录中的话来说是"可以直接安装在红场上"。亚历山德罗夫辞去了苏联科学院院长的职务，他回忆道："切尔诺贝利核事故发生时，我就知道，我的生命和科学生涯就要结束了。"同年秋天，覆盖反应堆的"石棺"建造完毕后，斯拉夫斯基和亚历山德罗夫都悄悄地从高位上退下来了。[76]

RBMK 之父尼古拉·多列扎利没有受到公开批评，主要是因为他 1979 年在《共产党人》上发表了文章，就继续在苏联的欧洲部分建造核反应堆提出了若干问题。他从未暗示过自己设计的反应堆不安全，但在这种情况下，他是否承认已无足轻重。其实，多列扎利是核能游说团体中唯一一位对核能安全性表达过担忧的高级成员。虽然多列扎利作为学者的合理忧虑未引起学界的关注，但得到了戈尔巴乔夫的高度重视。在 1986 年 7 月的中央政治局会议中，他甚至拿多列扎利来对比发表文章鼓吹核工业绝对安全的勒加索夫[①]。但即使有戈尔巴乔夫的赏识，多列扎利依然没能在自己组建的反应堆研究所里保住所长的职位。最后，他也不得不默默卸任。[77]

切尔诺贝利核灾难直接导致 RBMK 的创造者们纷纷被解职，到 1988 年秋，他们基本退出了历史舞台。苏联核机构高层和党内部分高层领导依然坚定地维护着 RBMK 和整个苏联核工业的声誉。1986 年 8 月，国际原子能机构在维也纳召开会议，瓦列里·勒加索夫在会上针对切尔诺贝利核事故发表了一份空前坦诚的报告。虽然勒加索夫的报告与党内口径保持了一致——首先谴责了操作员的失误，然后才指出反应堆存在的设计问题，但他仍因披露过多机密而受到同事的排斥。他深受急性放射综合征的折磨，又遭到同事们的反对，没能接替亚历山德罗夫担任原子能研究所所长。1988 年 4 月 27 日，也就是事故发生两年后，勒加索夫选择了自尽。他留下了几盘磁带，口述了自己的回忆和有关事故起因及后果的想法。[78]

1987 年夏，维克多·布留哈诺夫、阿纳托利·迪亚特洛夫、尼古拉·福明，以及切尔诺贝利核电站的另外三名管理人员被一起送上法庭。他们被指控玩忽职守、违反操作规程。这场诉讼基本上

---

① 在切尔诺贝利核事故发生之前，勒加索夫一直对核电的安全性深信不疑，而且极力凭借自己的身份推广 RBMK。

是秘密进行的，因为诉讼地点就在隔离区的中心——切尔诺贝利古城，要持特别许可证才能进入。法庭没有认可任何有关反应堆设计问题的说法。法院传召了几位专家作为反应堆设计机构的代表。切尔诺贝利核电站的一名操作员奥列克西·布列乌斯（Oleksii Breus）认出了证人之中几名给他上过课的教授，他们都来自多列扎利领导的院系。[79]

克格勃在被告人的牢房中安插了线人，一方面为了监视被告人的态度，另一方面也可以打探他们为自己辩护的策略。根据克格勃的报告，布留哈诺夫和福明相信政府已经确定了他们的有罪判决和刑期，审判只是走个过场。但迪亚特洛夫坚持抗争，他的辩护策略有些让克格勃担忧。克格勃的报告中写道，迪亚特洛夫"仍积极为出庭做准备，他打算坚持自己的观点，称事故发生的根本原因在于反应堆的设计有缺陷。庭审结束后，他准备提起上诉，想利用他在核工业部门的关系网来指出这一问题。通过我们的线人'沃瓦'（Vova），我们正采取措施，试图让迪亚特洛夫放弃在法庭上使用这些数据，以防这一行为玷污我国的原子能项目"。[80]

布留哈诺夫、迪亚特洛夫和福明均被判处 10 年有期徒刑，根据当时苏联刑法的规定，这是此类犯罪可判处的最高刑期。截至 1991 年秋，三人都获得假释。那时，叶夫根尼·韦利霍夫已接替亚历山德罗夫担任原子能研究所所长，他领导的特别委员会发布了一份报告。这份报告总结说，导致事故灾难性后果的原因不仅包括操作员的失误，还包括苏联核工业上下的安全意识不足、RBMK 的建造存在缺陷。这份报告结论与戈尔巴乔夫和中央政治局成员于 1986 年夏得出的结论基本一致，但戈尔巴乔夫等人却向自己的国民和全世界隐瞒了真相。韦利霍夫的报告得到了国际社会的认可。[81]

后来，戈尔巴乔夫声称切尔诺贝利核事故改变了他。然而，他隐瞒了切尔诺贝利核灾难的真正起因和后果，自然也就无法消除这次事故对他这位苏联最高领导人和整个国家造成的损害。1991 年 9 月，布留哈诺夫获得假释时，戈尔巴乔夫正为自己的政治生涯竭力斗争，试图维持苏联的统一。当时，苏联正被多个独立运动所撕裂，其中部分运动就源于政府处理核灾难信息不当所引发的反核抗议。[82]

立陶宛是第一个宣布脱离苏联的共和国。1988 年秋，伊格纳利纳（Ignalina）核电站爆发了抗议活动，这座核电站拥有比切尔诺贝利反应堆功率更大的 RBMK。1990 年 3 月，新选出的立陶宛议会宣布立陶宛脱离苏联独立，乌克兰采取了同样的独立路线。1988 年 4 月，第一波切尔诺贝利抗议浪潮引发了抗议者和警方之间的冲突。到 11 月，在基辅市中心的最高拉达（议会）大楼前，民众组织了一场集会，集会的规模极大，以致警方难以取缔或中断。人们要求获知"关于切尔诺贝利核事故的真相"，但政府不愿分享任何信息。这些抗议活动催生了乌克兰独立运动，在 1991 年 8 月反对戈尔巴乔夫的政变失败后，乌克兰在动荡的政局中走向独立。[83]

立陶宛和乌克兰的反核运动是推动苏联解体的一大重要因素。自苏联时期，立陶宛就有独立倾向。1991 年 12 月 1 日，乌克兰议会投票赞成独立，让苏联走上了崩溃的道路。俄罗斯、乌克兰和白俄罗斯是受切尔诺贝利核事故泄漏的放射性沉降物影响最大的三个苏联加盟共和国。一周后，12 月 8 日，三国领导人联合宣布苏联解体。三位领导人中有两位职业政治家——俄罗斯的鲍里斯·叶利钦和乌克兰的列昂尼德·克拉夫丘克（Leonid Kravchuk），还有一位物理学家出身的政治家——白俄罗斯最高苏维埃主席斯坦尼斯拉夫·舒什克维奇（Stanislav Shushkevich），他们共同签署了关于苏联解体的简短声明。声明虽然简短，但其中有一条与切尔诺贝利核事故有关——三位领导人承诺将协作克服这场浩劫带来的困难。自一开始，切尔诺贝利核事故就涉及国际因素，如今则完全成了一个国际问题，这是切尔诺贝利核电站的建造者在 20 世纪 70 年代无法想象的。现在，切尔诺贝利隔离区分为两部分，分属乌克兰和白俄罗斯两个主权国家。[84]

在脱离苏联之前，乌克兰就继立陶宛之后通过颁布法律暂停在其领土上建造新的反应堆，并在未来几年中停用已有的反应堆。然而，随着这些加盟共和国走向独立，20 世纪 90 年代国有经济和国营经济的崩溃造成了经济衰退，这些法律均被废除。事实上，核能作为电力和国家主权的来源之一，两国对它的依赖有增无减。20 世纪 80 年代末，切尔诺贝利核灾难掀起了反核运动，但核能并未被击倒，它的生命力远胜于 20 世纪六七十年代赋予其生命的政治体制和经济体制。

1991 年底，苏联已不复存在，但直至 2000 年底，切尔诺贝利核电站的最后一座反应堆才在西方的高度施压下关闭。如今，乌克兰超半数的电能来自核电站，乌克兰还建造了欧洲最大的核电设施——扎波罗热（Zaporizhia）核电站，运行着 6 座装机容量为 1000 兆瓦的水－水反应堆。乌克兰共有 15 座在运核反应堆，平均服役时间超过 32 年。虽然在 21 世纪开始前，切尔诺贝利核电站的反应堆已安全停用，但仍有多达 10 座 RBMK 在切尔诺贝利核事故后进行了一系列改良，继续在俄罗斯联邦运行。[85]

苏联一直没有全额偿付切尔诺贝利核事故的善后费用。于是，乌克兰和白俄罗斯在国际社会的协助下承担了相关费用。据统计，处理切尔诺贝利核灾难后果的开销相当于白俄罗斯年度预算的20%。以七国集团为主的多国政府通过欧洲复兴开发银行（EBRD）筹资，成立了一个国际性财团，在经历了长时间的延期后，终于在2019年完成了切尔诺贝利4号反应堆新掩体的建造工作，耗资21亿美元。新掩体的使用寿命长达100年，或许能有足够的时间清除受损反应堆内留存的核燃料、拆除并移走剩余的反应堆，最终彻底净化该区域的污染。按照最乐观的估计，实现这一目标的时间为2065年——政府首次批准建造切尔诺贝利核电站100周年，但切尔诺贝利核事故对地球的影响不会就此消散。[86]

在切尔诺贝利及其周边地区，事故的遗留问题不仅到今天仍显而易见，还将对未来几代人造成影响。核电站周围的隔离区面积达到了4300平方公里，而受放射性沉降物严重影响的区域面积估计达到了10万平方公里。如今，包括空城普里皮亚季在内的切尔诺贝利隔离区成了重要的旅游景点，提醒着人们"服务于和平的原子能"处置失当带来的危险，同时展现了引人深思甚至令人恐惧的一幕：没有人类的世界将会是什么样子——动物和植物会占据街巷、广场和废弃公寓楼。[87]

切尔诺贝利核事故释放了5300拍它贝可勒尔（petabecquerel，简称PBq，$1PBq=10^{15}Bq$）的辐射，据估计比三里岛核事故释放的辐射总量的100万倍还要多。同位素碘–131可引发甲状腺癌，据估计，切尔诺贝利核事故释放的碘–131达到了1760拍它贝可勒尔，而三里岛核事故释放的碘 –131 仅为 560 吉贝可勒尔。事实证明，对于隔离区内的疏散民众来说，他们所受辐射的主要来源为碘和铯的同位素。部分受辐射影响的人患有甲状腺功能紊乱，他们吸收的电离辐射剂量从成人的 70 毫希沃特到儿童的最高 1000 毫希沃特不等。据估计，约 10 万名疏散人员平均吸收的辐射剂量为 15 毫希沃特。

因切尔诺贝利核灾难死亡的人数尚不明确。大多数受害者并非死于急性放射综合征，而是癌症，而患癌的原因也不仅是辐射照射。当时的统计显示，事故造成 31 人死亡、140 人患急性放射综合征。包括操作员阿基莫夫和托普图诺夫在内的死者，吸收的 γ 射线电离辐射远不止几戈瑞。事故期间在核电站工作的约 400 人均受到了核辐射。在"切尔诺贝利论坛"① 上，参会的多个联合国下属机构估计，与切尔诺贝利核事故相关、由辐射引发的癌症和白血病死亡病例约有 4000 例。一般性风险评估（与辐射剂量总体上对健康的影响有关，而不限于切尔诺贝利核事故）显示的死亡总人数则是这一数字的 10 倍，达到了 4 万人。忧思科学家联盟（Union of Concerned Scientists）② 则表示死亡人数可能高达 5 万人。绿色和平组织估计的死亡人数甚至更多。[88]

关于切尔诺贝利核灾难影响的研究有很多争议，唯一没有异议的是受放射性沉降物影响，甲状腺癌患儿的人数显著增加。到

---

① 国际原子能机构发起的论坛，旨在就一系列有争议的问题达成共识，并审查关于切尔诺贝利核电站事故影响人类健康和环境的所有科学证据。

② 美国麻省理工学院的教授们倡议组建的一个非营利性质的非政府组织，成立于 1969 年，由全球约 10 万名科学家组成。

2005 年，事故发生时 18 岁及以下、受到辐射影响的甲状腺癌患者数量接近 7000 人。但直至 20 世纪 90 年代中期，国际科学界才意识到有如此大规模的甲状腺疾病患者群。[89]

20 世纪 80 年代末至 90 年代初，苏联科学家和医学专家就针对甲状腺癌患儿数量的激增进行了警告，但他们遭到了很多势力的反对。首先就是由国际原子能机构和与该机构协同工作的联合国项目雇用、持怀疑态度的西方学者。他们很少到事故地调查，完全不相信低剂量的辐射会对人体健康带来严重的影响。与此同时，克格勃竭尽所能，试图阻止苏联科学家和医生向他们的西方同行透露有关切尔诺贝利核事故影响人体健康的信息。

还有一支重要的反对力量是美国学者。他们研究过"布拉沃城堡"核爆和 20 世纪 50 年代内华达试验下风方向的居民，并由此知道放射性沉降物产生的低剂量辐射是儿童患甲状腺癌的主要原因，但他们从未公开谈论此事，因为学界的高层人士担心核辐射的受害者会起诉美国政府，惹来更多麻烦。他们还观察过朗格拉普环礁的岛民，这些岛民在回到遭受核污染的小岛后，又摄入了放射性食物，增加了所受的辐射，但美国学者同样没有公开他们从岛民身上观察到的信息。美国人在"布拉沃城堡"试验影响健康一事上噤声，使得切尔诺贝利核事故的受害者笼罩在阴影之下——90 年代，在苏联解体后的经济萧条时期，他们只得从受污染的树林中采摘蘑菇和浆果补充匮乏的饮食。[90]

切尔诺贝利核事故产生的辐射究竟对环境造成了多大程度的破坏，学界尚未达成共识。不过可以明确的是，森林地带吸收了最多的辐射，受害也最为严重。在受损反应堆附近，由于放射性水平极高，有一片被叫作"红森林"的松树林不得不被清理掩埋。数十万英亩的耕地无法耕种。科学家在隔离区内及其周边观察了多个物种，明确验证了辐射对野生动物造成的影响。一些物种的寿命比无辐射区域的同类更短，鸟类则患有更严重的白化病，并发生了基因突变。但也有证据表明，隔离区的生物多样性极其丰富。数十年来，这些动物从未进入人类的领地生活，但如今这里俨然成了它们的家园。这些动物中不仅包括狼，还有熊、野牛和猞猁。虽然有些物种遭受辐射困扰，离开了受污染最严重的区域，但也有一些物种在人类离开后到来，把辐射区域变成了它们的避风港。[91]

我们之所以有这么多问题得不到满意的答案，是因为像广岛和长崎核爆后所做的那种大规模综合性研究极其缺乏，无法探究低剂量辐射对人体和环境产生的影响。研究不足的一个原因在于 RBMK 自苏联解体后有所改进，随后又淡出历史舞台。由此，全世界都相信核工业已经吸取了切尔诺贝利核事故的教训，此类意外不会再次发生。然而，这不过是痴心妄想。下一场浩劫发生在切尔诺贝利核事故约 25 年之后，事故地点就在 1945 年核时代拉开序幕的地方——日本。

第六章　核子海啸：福岛

1986 年 5 月 4 日晚，在东京赤坂离宫的宴席上，日本首相中曾根康弘向来宾们致辞，他能够感觉到宴会厅内的紧张气氛。房间内的领导人来自世界上经济最发达的几个民主国家，他们在东京聚集一堂，举行第 12 届七国集团峰会。在峰会开始前，国际恐怖主义突然成为一个亟待解决的问题，但各国领导人对于如何应对国际恐怖主义看法不一。中曾根必须换一个方向，寻找另一个议题发起对话，而且必须是能够达成一致意见的议题。他相信自己找到了一个合适的议题——切尔诺贝利。[1]

尽管七国集团峰会理应探讨世界经济，但通常都是政治问题夺走了会议焦点，这次东京峰会也不例外。峰会第一场晚宴的几个小时前，中曾根正在赤坂离宫的草坪上迎接法国总统弗朗索瓦·密特朗（François Mitterrand），不知什么人向赤坂离宫的方向发射了 5 枚自制炮弹。炮弹没有命中目标，而是在赤坂离宫庭院后方的街道上爆炸了，没有造成人员伤亡。日本最大的激进组织"中核派"声称为此次袭击事件负责。当天，该组织在一个城市公园内组织了有上千人参加的游行示威，抗议美国轰炸利比亚。[2]

峰会一开场，中曾根向来宾表示了欢迎，然后率先提到最近苏联切尔诺贝利核电站 4 号机组发生了爆炸事故。他希望七国集团能就此发表声明。的确，中曾根看透了来宾们的想法。后来有报道说，现场的气氛有所缓和。所有人都为"铁幕"背后发生的事情而感到不安，他们一致认为，苏联政府隐瞒事故信息的做法是不可接受的。首脑们的助手需要连夜起草一份有关核安全的联合声明，他们便在一份日语草案的基础上开始起草。[3]

1986 年 4 月 29 日，瑞典发出核辐射警报，苏联承认切尔诺贝利核电站发生了事故，此时日本已经对这起事故有所警惕。位于东京的外务省发出命令，要求日本驻欧洲各国的大使馆收集有关苏联核事故的信息，称这"可能对日本的核能政策产生重大影响"。他们担心日本国内也有可能爆发反核抗议，但也指出目前还没有发生明显的抗议活动。到 5 月 1 日，日本政府已准备好了一份"应对苏联核事故的计划"。这份秘密文件强调了继续使用核电的重要性。但公众将对苏联核事故作何反应仍是未知数。5 月 3 日，中曾根对外务大臣说："日本对'死之灰'很感兴趣。""死之灰"指的是放射性沉降物，源自 1954 年"第五福龙丸号"的核污染事件。[4]

七国集团关于切尔诺贝利的声明充分反映了中曾根及其政府主要关注的问题。声明写道："如果管理得当，那么核电仍将是一种日益被广泛使用的能源。"声明终稿删除了提及"辐射"的部分和诸如"担忧"之类的用词，对事故的受害者表达了同情，并表示会向苏联政府提供援助，但同时要求苏联政府提供"核紧急情况和核事故相关的详细、完整信息"。声明继续说道："七国集团的成员国都将承担这份责任，而苏联政府在切尔诺贝利核事故上则未能尽职尽责。我们敦促苏联政府如我们和其他各国政府所要求的那样，尽快提供此类信息。"[5]

这份关于切尔诺贝利核事故的东京声明令戈尔巴乔夫勃然大怒，同时也保护了日本核工业，使其免受国内外的全面审查。日本自然资源和能源局发布了一份简报，表示政府准备"继续以安全优先的理念促进（核电发展）"。这意味着日本的核项目可以马力全开。"日本政府和核工业都没有意识到，日本的核电站同样可能有危险，也没有认识到我们需要（从切尔诺贝利核事故中）吸取教训。"一位当时活跃于政坛的日本外交官回忆道。1973 年，核电已成为日本能源开发的重点。到 2011 年，日本有 30% 的电力来自核电。日本这个 90% 的能源都依靠进口的国家，计划在 2017 年之前将核电的比例增加至 40%。[6]

日本经济对核电的依赖与日俱增，而这个国家又始终对核能有所顾忌，中曾根首相和日本政府不得不谨慎地平衡两者之间的关系。广岛和长崎遭受过原子弹轰炸，使得民众对核爆炸和辐射十分恐惧，而"布拉沃城堡"核辐射和"第五福龙丸号"事件更是加重了这一心理。颇为讽刺的是，日本核电时代的到来与"布拉沃城堡"核爆有着千丝万缕的联系——"布拉沃城堡"试爆后，美国曾想让日本了解核项目的好处，中曾根在其中发挥了重要的作用。

1954 年 3 月 22 日，也就是"第五福龙丸号"事件在日本媒体引起轩然大波不到一周后，前一年秋由美国总统艾森豪威尔成立、旨在统筹国家安全政策的行动协调委员会（Operations Coordinating

Board）便建议"积极发展非战争用途的原子能"，以"及时、有效地对抗苏联接下来的（政治宣传）行动，并最大程度地减轻日本受到的损害"。这个提议与1953年12月艾森豪威尔宣布的"服务于和平的原子能"计划在基本原则上是一致的，主要目标就是通过促进"服务于和平的原子能"，减轻世界对美国"服务于战争的原子能"的忧虑。[7]

1954年9月，美国国会通过了《原子能法》（Atomic Energy Act），放宽了1946年《麦克马洪法案》对共享核技术的法律限制。于是，日本成为美国核新政的理想试验场。美国驻日本大使馆随即展开了"服务于和平的原子能"公关活动，组织了原子能相关的展览、参观、会谈和影片放映活动，其中一场活动吸引了8万人参加，而最引人注目的是这一系列活动并未引发抗议。日本政府同样大力支持，同意了美国在日本建造实验性核反应堆的提议，并欢迎两国在核领域展开进一步合作。1954年，日本政府拨款2.35亿日元用于核研究。

当时还是一名年轻议员的中曾根全力支持发展核能。他在青年时代曾因日本战败而指责天皇，因美军对日本的占领而谴责道格拉斯·麦克阿瑟（Douglas MacArthur）将军，并因此声名鹊起；但如今，他将美国核科技看作日本重拾民族自豪感的法宝。1955年，核研究获得了50亿日元（在当时相当于1400万美元）的政府资助，远高于前一年的2.35亿日元，中曾根在其中发挥了重要的作用。1955年12月，在他的极力推动下，力图"保障未来能源"的《原子能基本法》通过。这部法律还为日本核发展创立了奠基性的机构体系，包括日本原子能委员会、日本原子能安全委员会、日本原子能研究所。[8]

"布拉沃城堡"试爆后不到两年，日本对美国的"服务于和平的原子能"计划展现出了极大的兴趣，准备发展核能。美国也在日本积极推进核能的和平利用。1955 年，美国与日本政府签订了协议，随后帮助日本建造了第一座研究性反应堆，该反应堆于 1957 年达到临界状态。20 世纪 60 年代，日本人的能源消耗增速比国内生产总值增速还要快。因此，他们希望能更进一步，建造像希平港反应堆那样的商用反应堆。但日本人发现美国法律尚不允许商用反应堆的技术出口，便转向了拥有科尔德霍尔反应堆的英国。英国的回应也很积极。日本第一座工业反应堆就采用了英国镁诺克斯石墨反应堆的设计，对比温茨凯尔的第一代原型有了明显的改进。[9]

1961 年 3 月，在东京以北约 120 公里处、日本最大的岛屿本州岛东海岸的东海村附近，建造了一座装机容量为 166 兆瓦的反应堆。反应堆于 1965 年 11 月达到临界状态，于次年 7 月并网。广岛和长崎核爆发生的近 20 年后，日本拥有了自己的核工业。日本首座商用反应堆使用了英国的石墨反应堆技术，但此次合作十分短暂。20 世纪 60 年代初，美国发起了销售攻势，将英国挤出了日本市场——美国反应堆的造价更便宜，发电能力更强。东海村的第二座反应堆由美国通用电气公司供货，于 1978 年 11 月并网。[10]

通用电气公司卖给日本的反应堆是最早由芝加哥大学阿贡国家实验室（Argonne National Laboratory）研发的沸水反应堆（Boiling Water Reactors，简称 BWRs）。对比三里岛核电站运行的里科弗式压水反应堆，二者最主要的差别在于沸水反应堆的构造更简洁。三里岛的压水反应堆有两套冷却系统，或称冷却回路，一回路使用的是加压的水，二回路使用的则是普通的水。加压水在反应堆堆芯内加热，将热量传递给二回路中的水，产生蒸汽以驱动涡轮机。沸水反应堆则只有一个冷却回路——反应堆将通过堆芯的水变为蒸汽，驱动涡轮机运转。[11]

三里岛核电站的混凝土安全壳曾避免事故升级为更严重的核灾难，设计简洁的沸水反应堆则无须建造这一类型的安全壳，从而节省了大量的建造费用。事实上，为沸水反应堆建造三里岛式的混凝土安全壳也不现实：为了简化建造程序、去除大量不必要的管道，设计师在反应堆容器上部安装了汽水分离器和蒸汽干燥器，这使得反应堆的高度达到了18米。切尔诺贝利和苏联其他核电站的RBMK之所以无法建造安全壳，也是出于同样的原因。不过，为了确保沸水反应堆的安全性，设计者将反应堆放置在2.5厘米厚的"马克I型"（Mark I）钢制安全壳中。这种安全壳在性能上曾存在重大缺陷，他们改进了设计，认为问题得到了解决。

相较于西屋电气公司在日本市场主打的压水反应堆，通用电气公司的沸水反应堆建造更简易，造价更低廉。两家公司在日本展开了销售竞争，通用电气公司的优势在于起步早、价格低。1963年11月，在东京以西约322公里的日本海海岸，敦贺核电站开始建造第一座由通用电气公司研发的商用沸水反应堆；1970年3月，该反应堆达到临界状态。1967年2月，相隔不远的美滨核电站开始建造另一座沸水反应堆；1970年11月，该反应堆并网。当时日本的电力产业正在蓬勃发展，如果有人想要选择核电，那么通用电气公司的沸水反应堆是不二之选。1970—2009年，日本共建造了30座沸水反应堆和24座压水反应堆。[12]

福岛第一核电站就是日本首批建造并运行通用电气公司沸水反应堆的核电站之一。1967 年 7 月，该核电站 6 座反应堆中的第一座于本州岛太平洋海岸、东京东北方向约 225 公里的大熊町和双叶町之间的位置开始建造。1971 年 3 月，第一座反应堆实现并网，这对福岛县政府来说无疑是喜事一桩。自 1958 年起，福岛县政府就开始游说，力争在该地区建造核电站，以促进当地的经济发展。日本最大的民营电力企业东京电力公司（Tokyo Electric Power Company，简称东电或 TEPCO）同样十分欣喜，因为福岛沸水反应堆是它冒险进入核工业领域的初步尝试。

福岛第一座沸水反应堆的总装机容量仅为 460 兆瓦，但这只是一个开始。到 1979 年 10 月，福岛第一核电站又建造了 5 座反应堆，其中功率最大的反应堆总容量达到了 1000 兆瓦。核电站总功率达到了 4700 兆瓦电力，发电能力在世界范围内可以排到第 15 位。1981—1986 年，东电在附近的福岛第二核电站建造了 4 座沸水反应堆；在接下来的 10 年间，又在全球最大的核电站——柏崎刈羽核电站建造了 6 座沸水反应堆。日本需要更多的电力，东电能够承担供电的重任。[13]

将通用电气公司的核技术带到福岛，离不开许多人的帮助，名嘉幸照便是其中之一。他是通用电气公司的核工程师，后来又出任一家公司的社长——这家公司后来成为东京电力公司的承包商。同他的祖国日本一样，对于美国的核技术，名嘉幸照也经历了一个从最初抗拒到最终接纳的转变，这个过程中充满了各种意想不到的曲折。名嘉幸照生在一个渔民家庭，从小在冲绳岛长大，其间参与过学生运动，反对美国在岛上驻军并部署核武器。有了这些经历之后，他决心离开冲绳。后来，他成为一名海军工程师，在世界各地漂泊。一位前美军核潜艇艇员劝说他到通用电气公司工作。名嘉幸照决定试一试，便接受了通用电气公司的培训，成为一名沸水反应堆操作员。

1973年，名嘉幸照来到了东电管理的福岛第二核电站。"我把一本通用电气公司的培训手册译成了日文，这也是东电沸水反应堆培训中心的第一本培训手册。"名嘉幸照回忆道。"见识过世界各地的情况后，"他继续说，"我相信，对于资源贫瘠的日本来说，核能会是唯一的能源。我为自己的工作感到自豪。"但他在东电工作期间，注意到公司的管理风格和企业文化发生了一些变化。他回忆说："在20世纪70年代，有很多东电的工程师都在核电站厂区工作。"他很喜欢和管理层一起开会或讨论，一名公司副社长还经常来厂区视察。但后来，情况发生了变化。"从20世纪80年代开始，"名嘉幸照回忆道，"东电就将核电站的运营交给了承包商和制造商。显然，他们认为只有管理效率才是需要优先考虑的。"[14]

不过，最大的变化是对待反应堆安全的态度。就像当年切尔诺贝利核电站的氛围一样，对他们来说，完成生产目标要优先于安全性方面的考虑。名嘉幸照记得，1988年底，一个水泵的叶轮叶片发生了破裂，使得一片金属落入了反应堆堆芯，水泵的振动也更加剧烈。于是，名嘉幸照建议管理层降低输出功率。"有人告诉我，现在正值年底，降低输出功率是不可能的。"他回忆道。管理层关心的是完成年度生产目标。名嘉幸照十分担心会发生事故，甚至一度失眠，直到1989年1月反应堆停堆他才如释重负。这座反应堆经过大半年的维修，在反核活动家和当地反核支持者的抗议声浪中重新启动。在与抗议者的见面会上，负责该反应堆的主管竟然中途退出了会议。"我们……被宠坏了，因为我们掩盖了事故信息，逃避了来自公众的压力。"名嘉幸照回忆道。[15]

2002年，一则重磅丑闻曝光，称东电员工早在1977年就开始伪造安全报告，没有进行安全检测就提供虚假信息，还在报告中掩盖存在的问题，提供虚假报告的次数不下200次。东电的会长、社长和一名副社长被迫辞职。对此事的内部调查由62岁的公司高级主管胜俣恒久负责。调查结束后，他升任东电的社长。以思维敏锐著称的胜俣稳步升至公司领导层，于2008年从社长升任会长。[16]

胜俣和新任社长清水正孝一道竭尽全力整顿公司，完善安全标准和企业文化。东电旗下的反应堆经历了更多次的停堆检查，这明确地表明公司渴望洗心革面、重新开始。2007年，东电管理的柏崎刈羽核电站因地震而发生放射性物质泄漏事故；之后国际原子能机构还发出警告，声称福岛第一核电站不符合新的抗震安全标准。作为回应，2010年，胜俣和清水建立了一个应急控制中心，可在重大地震灾害中充当应急指挥部。[17]

但达到新的安全标准之后，东电就止步于此。根据设计，核电站能承受矩震级7.0级以下的地震，而东电并未采取任何措施来提升核电站的整体抗震性能。另一个从未解决的重要问题是如何应对可能发生的大海啸。同日本其他核电站一样，福岛第一核电站也建在了海边，这样就不必建造成本高昂的冷却塔，能节省一部分费用。作为替代措施，他们将混凝土管道引入大海，用海水冷却反应堆产生的蒸汽，待其冷凝为水，再次供反应堆加热。但问题就在于有发生大海啸的可能性。[18]

如同日本其他核电站一样，福岛第一核电站设有消波块和很高的防波堤，以防海水侵入，防波堤的高度接近 5.7 米。不过，日本原子能安全保安院（Nuclear and Industrial Safety Agency）认为这还不够，并于 2006 年向东电发出警告，认为海啸有可能切断核电站的外部供电。2008 年，东电的内部专家得出结论，浪高超过 15.7 米的海啸就可以越过防波堤，淹没核电站。胜俣并未意识到这个问题的严重性，只是决定再研究一下。"公司大部分人都认为不可能发生重大海啸。"胜俣后来说道。[19]

对胜俣、清水及公司其他管理人员来说，他们的"研究"在 2011 年 3 月 11 日下午 2 点 46 分戛然而止，因为在距日本东海岸约 120 公里的太平洋海域，发生了矩震级高达 9.1 级的大地震。[20]

这次地震被称为"东日本大震灾"，是由太平洋板块和北美洲板块之间的挤压运动所致。太平洋板块的面积约有 1.03 亿平方公里，其承载着太平洋；而北美洲板块的面积约有 7600 万平方公里，板块位于北美洲和西伯利亚部分地区之下。数百万年来，两大板块始终在移动。太平洋板块会俯冲到北美洲板块之下，以每年超过 1 米的速度将加利福尼亚拉向日本。通常情况下，板块运动都十分缓慢，不会骤然大幅度移动，但板块之间的某些部分偶尔会相互挤压。为了释放相互挤压所产生的压力，板块会突然移动，形成可引发海啸的地震。

日本恰好位于两个板块的交界处，这个岛国每年发生的有感地震接近 1000 次。有时候板块运动的幅度更大，比如 2011 年 3 月 11 日发生的地震就是千年一遇的特大地震。那天，太平洋板块沉积千年之久的挤压力突然释放，并向西（也就是日本方向）一次性移动了将近 40 米。3 分钟内，本州岛向东移动了 8—20 厘米，更靠近加利福尼亚，使得地轴偏移了 25.4 厘米之多。此次地壳运动发生在太平洋海底以下 29 公里处，释放了极大的能量。这场最初测定为矩震级 8.9 级的地震是日本历史上最大的一次地震，整个日本群岛均有震感。地震产生的震动和脉冲持续了 3 分钟以上。

这次地震引发了巨大的海啸。如普通的海啸一样，此次海啸有三波巨浪。第一波速度较快，但能量和破坏性相对较低；第二波威力更强、破坏性更大；最晚到来的第三波则最具破坏力。大部分海浪和驱动海浪的能量被引至开阔的海洋中，在海浪抵达北美洲西海岸之前，它的强度已经大幅度降低，但日本东海岸最接近震中，受到的冲击也就最大。由于地震发生在日本近海距海岸约 70 公里处，第一波海浪在地震发生后不到 10 秒就抵达了群岛。这只是警告——速度更慢但破坏力更强的海浪即将到来！这是日本有史以来人员死伤最惨重的一次海啸，共有 15 899 人死亡，还有 2529 人失踪，6157 人受伤。而这次海啸中最大的"受害者"当属福岛第一核电站。[21]

在 70 平方米的办公室内，56 岁的福岛第一核电站站长吉田昌郎正在办公桌前批阅文件，并等待参加下午 3 点开始的大型站外活动。突然，他身边的物品开始摇晃起来。

此时是下午 2 点 46 分，第一波地震袭击了本州岛。吉田意识到发生了地震，他祈祷地震不要太严重，并试图从办公桌后站起身来，却发现即使自己紧握桌沿也很难站稳。地震由横波转为纵波后，他觉得自己最好躲到桌子底下，但震波太强，他一时间弯不下腰，只得继续抓紧桌子站着。他面前的电视机摔到了地板上，几块天花板也掉落在地。伴随着隆隆声，地震持续了 5 分钟——这是吉田经历过的最严重的一次地震。

地震终于停了，吉田冲出办公室赶到大厅。然而，一打开门，他发现大厅受到的破坏比他的办公室还严重。他最先想到的是厂区内的 6000 多名员工，还有那些要前往站外参加活动的工程师和工人。当吉田冲出办公楼时，他看到几十个跑出办公室的人正在室外瑟瑟发抖——当时的气温不到 8 摄氏度。他迅速赶往新启用的抗震应急控制中心，这个中心是前一年开建的，并于同年 3 月早些时候进行了测试。随后，他命令下属快速清点人数，查明是否有人在地震中受伤。

这是 3 天内发生的第二次大地震。3 月 9 日，日本群岛遭遇了 7.3 级地震，自动安全系统触发后将控制棒送入了反应堆活性区，使反应堆紧急停堆，核电站没有受损，反应堆也很快重新启动了。人们希望这次依旧如此。应急小组成员刚刚在控制楼二楼集合，吉田便开口问道："反应堆紧急停堆了吗？""一切正常，站长，"他们回答说，"反应堆全都紧急停堆了。"他们指的是 1 号、2 号、3 号反应堆。在这个时候，他们觉得在几周前停堆换料的 4 号、5 号、6 号反应堆也很安全。[22]

52 岁的反应堆机组值班长井泽郁夫亲自监督 1 号和 2 号反应堆的停堆工作。两个反应堆机组共用同一个控制室。下午 2 点 47 分，第一波地震到来后，福岛第一核电站 1 号反应堆的控制台上亮起了警报灯，表示"所有控制棒完全下插"。97 根控制棒自动插入反应堆堆芯。下一步是确保冷却水仍在流向过热的反应堆，就在此时，井泽意识到发生了意外——停电了。由于地震破坏了输电线路，供电中断。于是，他们启动了柴油发电机，使控制台和设备重新运转起来。水再次流向反应堆。井泽很满意，心想："一切都很顺利。"

此刻，井泽的主要任务是在一片警报声和闪烁的指示灯之中保持镇定。火警警报尤其令人烦躁，于是，井泽决定把警报关掉——如果警报声一直响，他就无法集中注意力。现在，他们可以在控制台上监控反应堆的运行，并分析当前的情况。恢复供水后，反应堆迅速冷却下来。实际上，1 号反应堆的冷却速度太快了，他们不由得担心蒸汽会在反应堆容器中冷凝。蒸汽冷凝有可能会产生真空，致使连接反应堆的管道破裂。[23]

一名操作员关闭了隔离冷凝器的水流，隔离冷凝器是位于反应堆顶部的冷水箱，可以在没有电力的情况下只靠重力给水，为反应堆维持 3 天的冷却水供应。这是防止发生冷却剂丧失事故的绝佳方案，不过前提是冷凝器必须打开。而现在，他们将冷凝器关闭了，这似乎很合理——等到反应堆冷却速度放缓时，他们把冷凝器重新打开就行了。然而，事实证明这是大错特错。不到半小时，机组再次停电，这次连应急供电都没有了，井泽和他的组员无法再次恢复供水，甚至不知道供水阀门是开着还是关着。[24]

供电中断的原因不是地震，而是海啸。福岛第一核电站距离震中约 180 公里，第一波海啸到来时，核电站几乎没有受到影响。下午 3 点 27 分，也就是地震发生 40 分钟后，第二波更凶猛的海啸袭击了核电站。不过核电站依然安然无恙，5.7 米高的防波堤轻松地挡住了 3.9 米高的海浪。下午 3 点 35 分，第三波海啸来了。这次的巨浪超出了所有人的想象，浪高超过 13 米，海水越过防波堤，淹没了沿途的一切。

巨浪冲垮了房屋和商业建筑，卷起并冲走了船只和汽车，未能及时察觉危险的人也殒命于海浪之中。几分钟后，反应堆厂房高高的白色围墙就被淹没在满是残骸的棕色脏水中。当时，福岛第一核电站的两名技术员恰巧在其中一个反应堆厂房的地下室中，二人再也没能返回地面。那天下午，巨浪不仅带走了残骸、汽车、设备和尸体，还使得福岛第一核电站的关键基础设施严重受损，核电站已经陷入瘫痪。

核电站反应堆和涡轮机的位置高于海平面 10 米以上，但包括应急水泵在内的大部分设备和装置都没有达到这个高度。最先被大海吞噬的是向反应堆冷却回路通入海水以冷却淡水的混凝土管道和水泵。袭来的海浪还灌进了存放备用发电机的较低楼层。地震发生后，输电线路受损，供电中断，反应堆供电只能依靠备用发电机。但海水随即淹没了备用发电机，这是一个毁灭性的打击。在地震发生后，核电站的 3 座反应堆紧急停堆，需要电力来维持冷却水的供应。隔离冷凝器不需要通电，仅靠重力就能运行，但在 1 号机组，冷凝器的水流也被切断了。[25]

"柴油发电机跳闸了！"1 号和 2 号反应堆联合控制室的一名操作员喊道。当时是下午 3 点 53 分。所有人都不愿相信，甚至不敢想象他们所听到的。但是真凭实据就在眼前——控制室内的灯光熄灭了，仪表盘停止了运转，控制台上的指示灯也全都灭了。井泽喊道："SBO！"——"全厂断电"（Station Black Out）。他连忙拿起电话，把这个情况报告给了应急控制中心。这时，一位浑身湿透的操作员突然冲进控制室，大喊道："我们完蛋了！"反应堆厂房里也进了海水。虽然令人难以置信，但这次断电唯一合理的解释是，涡轮机机房地下室内的应急柴油发电机被水淹了。[26]

在应急控制中心内，站长吉田昌郎有些不知所措。"我想不出是什么原因，"他后来回忆道，"我们都没有亲眼看到海啸带来的水。"他们也从未预料到海浪会超过 10 米。吉田明白了当下的情况，不禁疑惑为何自己碰上了这种事。如果他们无法为反应堆供水，将会发生什么？答案显而易见：堆芯熔毁。吉田回忆道："当时情况的危急程度远远超出了我先前设想的所有严重事故。"他补充说："我本应感到慌张，但奇怪的是，我一边担心福岛成为下一个切尔诺贝利，一边告诉自己要保持镇静，并开始思考应对的策略。"但应该从哪里开始呢？

吉田首先想到的是调来发电车，恢复控制台的正常运转。他打电话给东电总部，要求尽快调派发电车到核电站。总部同意了。他还想到让消防车直接向反应堆送水，但核电站三辆消防车中的两辆都被海水淹了，只剩一辆可用。因此，吉田请求部队派一些消防车过来。与此同时，赶到应急控制中心的值班长也派出他手下的操作员前往反应堆厂房评估情况、检查设备，并准备消防车到达后可立即使用的水管。下午 4 点 55 分，第一组人员离开了控制中心，他们肩负的一项任务就是检查 1 号反应堆隔离冷凝器的状况，也就是已经被操作员关闭的那台隔离冷凝器。[27]

反应堆厂房内的情况十分严峻。在 1 号和 2 号反应堆的联合控制室内，控制台上的仪表都已经失灵了。他们唯一可用的设备是个人剂量计，但读数很令人忧心。在 1 号反应堆厂房四楼门口附近，剂量计爆表了，第一组人无法查看冷凝器的状态，只得原路返回。唯一的好消息来自 3 号反应堆，那里的备用发电机依旧在发电，控制台仍可运转，操作员能够通过隔离冷凝器向反应堆内注水。然而，1 号和 2 号反应堆的情况仍然不明。

自从到了应急控制中心的电视会议室，吉田一直忙碌着，从未起身。"我一整天都腾不出时间抽根烟或上洗手间。"他回忆道。下午 5 点 19 分，他们派出另一组人员，配备全套辐射防护装备前往 1 号反应堆厂房。到了 6 点 30 分，他们已经开始准备将水管和反应堆的应急堆芯冷却系统相连。虽然由于电话线路中断，沟通愈发困难，吉田依然忙着协调他手下的员工。后面的日子里，吉田还将作为主要联络人，穿梭在受灾核电站、东电总部、各政府大臣和首相办公室之间。[28]

地震发生时，64 岁的日本首相菅直人正在国会议事堂参加一场参议院会议。当议事堂开始震动、天花板上的枝形吊灯开始摇摆时，菅直人依然从容镇定。他看了一眼吊灯，将文件放到一旁，把眼镜装进上衣口袋，然后紧握座椅扶手，任凭身体在座椅上随着震动前后晃动，有些议员已经躲到了桌子下。助手和安保人员冲到菅直人身边来帮助他。最终，议长宣布休会，首相随后离开了议事堂。

对菅直人来说，此时休会也不全是坏事。地震发生时，参议院的审计委员会正在就他接受外国人的政治献金一事展开盘问。2009 年 9 月，由菅直人任党首的日本民主党战胜了执掌日本政坛数十载的自民党，因此，菅直人的一举一动当时都被置于放大镜下。他回忆说："我受到了猛烈的抨击。"他像是一个忘记做作业的小学生，但由于发生了某些紧急情况，学校突然放学了，他没有被老师叫去谈话。无论菅直人对会议突然中断持何种态度，有一点毫无疑问——他刚刚经历的这场地震规模极大，造成的危害也将非同小可。[29]

菅直人和他的助手们直接从国会议事堂赶往危机控制中心，这个中心设在了首相官邸的地下室内。菅直人以实干家著称，做事雷厉风行，毫不拖延。他曾在东京工业大学主修专利法，其间积极参与政治生活，并参加了 20 世纪 60 年代的学生抗议活动。当选国会议员后，他以猛烈批评对手而闻名，获得了"暴脾气"的绰号。2010 年 6 月，也就是地震发生不到一年以前，他当选日本首相，也把他的暴脾气带到了首相办公室。[30]

在首相官邸的危机控制中心，菅直人坐在椭圆形大会议桌的中央，各大臣和应急响应小组的成员围坐在四周。他们都带着手机，随时接收各自部门的最新进展。情况看起来不妙，不过这也不是日本近期第一次发生大地震或海啸。政府机构非常了解常规处理程序和后续处置方案，从灭火到处理倒塌房屋，封锁被水淹没的路段，再到照料流离失所、受伤的人们。"我们收到消息，在地震发生后，自动应急系统立即关停了福岛的反应堆，"菅直人回忆道，"得知这个消息后，我松了一口气。"[31]

下午 4 点 55 分，菅直人穿着浅蓝色防灾服向媒体发表了讲话。他表示日本东北部太平洋海域发生了 8.4 级的大地震，本州岛的东北地区（福岛县也位于这里）受灾严重。他向受灾的民众表达了衷心慰问，并要求公众保持警惕和镇定，继续关注由电视和广播发布的报道——他已经成立了一个紧急灾害指挥中心，由他本人亲自指挥。讲话很简短，只有四段，但有一段专门讲到核电，内容令人宽心。"至于我们的核电设施，其中一部分已自动停止运行，"菅直人说道，"目前，我们没有接到任何有关放射性和其他物质影响周边地区的报告。"³²

那时，菅直人还未收到有关福岛核电站和其他核设施的坏消息。不过，新闻发布会结束后不久，他就得知福岛第一核电站发生了紧急情况。在菅直人的新闻发布会开始前10分钟左右，东电就通知日本政府，操作员无法测量核电站1号和2号反应堆中的水位。一场核事故极有可能发生。下午3点42分，也就是海浪越过核电站防波堤并破坏备用电力供应的7分钟之后，东电高层宣布核电站进入一级核紧急状态。二级核紧急状态意味着全面紧急事故，只能由政府宣布。³³

菅直人从日本经济产业大臣海江田万里和日本原子能安全保安院院长寺坂信昭那里得知了福岛第一核电站的状况。"应急柴油发电机无法启动，"菅直人在自己的一条笔记中写道，他很清楚这是何种险境，"核电站正在失控。"后来，他承认自己"极其震惊，脸都开始抽搐起来"。海江田请求首相宣布进入二级核紧急状态，但菅直人想知道更多信息。于是，他转向询问寺坂的意见，但一无所获。寺坂回忆说："我只能告诉他，我不知道到底发生了什么。"菅直人问道："你了解核技术吗？"寺坂表示自己不了解，还解释说他来日本原子能安全保安院之前所领导的是商业部门。菅直人总结道："赶紧找精通核技术的人过来。"³⁴

晚上7点后，菅直人认为，福岛第一核电站1号机组的情况已经糟糕到足以宣布发生全面紧急事故。他成立了由他指挥的核应急响应中心，并要求下属为这个新的日本"神经中枢"找一个合适的办公地点。由于对此次意外事件没有丝毫准备，工作人员只找到了一个位于一楼夹层的地下室。事实证明，这个房间虽然对核事故来说算是一个不错的避难所，但对于应急响应却不太适用，因为房间太小，只能容纳 10 人左右，而且只有两条电话线路。由于超出服务区范围，这里无法使用手机。房间内的电视机成了主要的信息来源，用以追踪这场迅速恶化的危机。直到第二天一早，他们才将核应急响应中心搬到位于首相官邸五层的菅直人办公室。但他们首先得熬过这一晚。

晚上 7 点 45 分，菅直人的二把手——内阁官房长官枝野幸男对媒体发表讲话。他试图安抚民众，并保证宣布发生紧急事故只是一项预防性措施。他说："目前的形势不太可能造成危害。但这种小概率事件一旦发生，影响将极其严重，因此我们宣布进入核紧急状态，确保万无一失。"不过，福岛县政府的人不相信这番说法。晚上 8 点 50 分，他们自行采取预防措施——疏散反应堆周围 2 公里范围内的居民。[35]

枝野认为只有中央政府才有权下令疏散。晚上 9 点，他召集了众大臣和政府专家开会，讨论福岛第一核电站迅速恶化的态势。"首相已经宣布了进入核紧急状态，"枝野对与会人员说，"关于我们应如何安排当地居民疏散的问题，我希望所有人都发表一下意见。"政府的指导方案建议疏散反应堆周围 10 公里范围内的居民，由于涉及人数众多，暂时还无法确定事态的严重程度是否值得如此大费周章。经讨论，他们决定遵循国际原子能机构更宽松的方案，即将 3—5 公里半径范围内的区域划为"防范区"，疏散半径 3 公里范围内的居民。[36]

晚上 9 点 23 分，会议开始后不到半小时，福岛县政府接到命令，要求他们将疏散区的半径从 2 公里扩展到 3 公里，并规定半径 10 公里区域内的居民不要外出。大熊町约有 1.2 万名居民，双叶町约有 7000 名居民，这两个町距离核电站很近，是疏散命令针对的主要对象。鉴于两地的地理位置，当地的居民和建筑也遭受了地震和随之而来的海啸；受灾程度不亚于核电站。惊恐万分的幸存者刚刚从灾难中缓过一口气，就不得不背井离乡，躲避核辐射的危害。

当地广播反复播报，广播车也开上了街头，向居民发出有关最新紧急情况的警报。警察和消防员挨家挨户上门，叮嘱居民收拾行李、准备撤离——他们告诉居民核电站出了问题。与切尔诺贝利核电站附近的普里皮亚季不同，福岛县基本没有安排大巴疏散人员。大部分居民不得不沿着半毁的道路自行离开，而路上还挤满了对向行驶的车辆——应急车要往核电站去，灾民们则要逃离这里。他们不知道能去哪儿，只知道往远离发生事故的反应堆的西边走。很快，疏散中心人满为患。新来的人被拒之门外，只得再次踏上拥堵的道路，继续向西边走去。[37]

晚 9 点左右，首相菅直人和他的助手终于迎来了一名"了解所有核技术问题"的顾问——日本原子能安全委员会委员长班目春树，他来到了临时核应急响应中心所在的地下室，参加由内阁官房长官枝野召开的会议。原子能安全委员会是一个政府机构，负责促进核能发展，并为各省各厅的涉核事务提供政策指导。

在促进核能发展方面，班目可谓最理想的委员长人选。他毕业于东京大学，获得了机械工程博士学位，曾在东京大学核工程系和核工程研究实验室任教并开展科研工作。他是反应堆安全方面的专家，也是核能的坚定支持者和最具权威的倡导者之一。2007 年，他代表运营滨冈核电站的电力公司出席做证，驳斥了年轻学者石桥克彦发出的警告——石桥担忧一旦发生大地震，核电站可能会彻底断电。班目则说，若是按照这种猜测，"什么也别想造了"。[38]

2010 年，班目成为日本原子能安全委员会的委员长。现在，他不得不面对石桥所警告的那类事故——外部输电线路和应急发电机均无法供电，导致冷却剂丧失的事故。他试图保持乐观的心态。"现在的情况并不像辐射泄漏至外部大气那样严重。虽然供电存在问题，但核链式反应已经完全停止了，"他对政府官员说，"剩下唯一要做的事就是冷却反应堆。"不过，问题是该怎么做。东电的代表武黑一郎此时也被叫到了首相官邸，班目问他："让我想想，核电站地下室应该有两台应急柴油发电机，对吧？"武黑一郎答不出来，班目也无法与东电总部直接联系——他们都是通过房间外的一部电话传达信息的，班目要求的传真机要两天后才能装好。

班目发现核应急响应中心集结的团队连福岛核电站的蓝图都没有，不由得勃然大怒。"原子能安全保安院有一份副本，他们为什么不把它提供给首相团队，我们为什么得不到任何信息？"班目吼道，"原子能安全保安院在搞什么？"急需的蓝图副本没拿到，而且因为没法使用手机，取得这份文件也并不容易。想要和核应急响应中心之外的任何人沟通，他就必须先离开房间。原子能安全保安院隶属经济产业省，未能提供文件和信息说到底是经济产业大臣海江田的失职。"没有手机，我们就完全孤立无援了，"海江田嚷道，

"我们到底要如何收集信息？"

主持会议的内阁官房长官枝野问班目："如果情况没有好转，会发生什么？"班目陈述了对所有略懂反应堆的人来说都显而易见的结果："如果我们仍旧无法向反应堆注入冷却水，燃料棒就会暴露，对反应堆堆芯造成损害。"围着桌子坐成一圈的专家们一致认为，现在的第一要务是重新连通输电线，让水泵恢复运行。没有电，反应堆就无法获得冷却水，而要完成这项任务看起来并不容易。枝野继续提问："如果我们无法释放热量，该怎么办？""那我们就必须给反应堆容器排气。"班目回答。东电的代表武黑一郎也同意这个看法。给反应堆排气意味着辐射将泄漏到空气中，因此班目和武黑表示，不到万不得已，不能采取这一措施。现在，他们重点关注的是如何让水泵尽快运转起来。[39]

枝野在地下室集思广益寻找解决方法，实际上却切断了他与外界的有效联系；另一边，首相菅直人正在五楼的办公室里打电话，努力将电和水送往受灾的福岛第一核电站。应核电站站长吉田的要求，东电调配了其他核电站的发电车赶往福岛第一核电站。但道路已被地震和海啸损毁大半，发电车遭遇交通堵塞，不得不绕路行进。

菅直人急切地想要亲自参与。他问经济产业省官员："发电车的尺寸是多少？重量呢？能用直升机运送吗？"东电调配的发电车有20辆，但由于道路拥堵，菅直人决定尝试用直升机运送发电车，并向防卫省寻求帮助。他问防卫省的代表："能做到吗？"对方回应："做不到，首相。太重了。"的确，每台发电车重达8吨。不过，菅直人没有放弃，他打电话给位于东京市区以西30公里的横田空军基地，向驻日美军寻求帮助，但得到的回复依然是否定的。与此同时，首相的助手也在打电话，安排警力护送因交通阻塞而无法行驶的发电车。晚11点左右，终于有一辆东电派出的发电车抵达了福岛第一核电站。接着，又有三辆日本自卫队派出的发电车抵达。[40]

在发电车抵达之际，站长吉田却又受到了意想不到的一击。在发电车的帮助下，操作员测得了反应堆钢制安全壳内部的压力读数，吉田刚刚感受到的一点宽慰立刻消失无踪。他惊惧地看到压力读数已经超过了安全壳设计的最大限度。晚上7点左右，由于没有供水，反应堆内部的燃料包壳已经开始熔化，加大了安全壳内的压力。必须赶在安全壳爆炸之前把压力释放出去。因此，需要尽快给反应堆排气。

吉田命令员工们做好准备。"虽然有可能遭受核辐射，但我想拜托你们去现场手动操作。"他这样对操作员们说。不过，排气的决定权并不在吉田手中。3月12日，危机发生的第二天，凌晨0点30分左右，他通知东电总部需要给反应堆排气。东电批准了，但公司高层也想得到政府的同意。于是，排气的请示被送到了位于首相官邸的核应急响应中心。[41]

凌晨1点，在首相官邸地下室的夹层房间内，菅直人召开了核应急小组会议。应急小组得到了这样的信息："如果反应堆内部的温度继续升高，10小时后将导致反应堆堆芯熔毁。现在的情况极其严峻。"班目建议给反应堆排气，他在会议上说："为了确保反应堆安全壳不受损害，有必要采取措施释放内部压力。"据他们当时的估计，1号反应堆内的水位仍比燃料棒高出一米，这表明排气不会释放出太多反应堆内部的放射性物质。然而后来证明，他们的估计是错误的。官员们没有扩大疏散区，就决定执行给反应堆排气的操作。

反应堆排气的时间定在了凌晨 3 点，留出了做好必要准备的时间。凌晨 3 点后不久，经济产业省和东电召开了新闻发布会。几分钟后，内阁官房长官枝野在首相办公室也召开了新闻发布会。"排气的准备工作都做好了，"一名东电的代表对一众记者说，"在我们讲话的时候，可能已经开始排气了。"他们都担心落得掩盖真相的罪名，因此不惜一切代价想要避免这种情况的发生，哪怕要在凌晨召开新闻发布会。然而，事实很快就证明政府和东电还是说早了，反应堆排气还没有开始，这惹怒了首相官邸地下室中的政府官员。[42]

凌晨 5 点左右，菅直人再次离开了五楼办公室，前往夹层中的核应急响应中心。内阁官房副长官福山哲郎对推迟排气工作十分不满，他对菅直人说："首相先生，反应堆排气尚未开始。"早些时候，班目和其他专家向福山解释了推迟排气的原因——由于断电，反应堆内部的蒸汽无法自动释放，而由于 1 号反应堆附近的辐射水平不断上升，手动排气对工作人员来说太过危险。"如果我们一直无法给反应堆排气，会发生什么？"菅直人问班目，"爆炸发生的可能性有多大？"班目的回答让人颇为揪心："不是没有可能。"首相意识到当下的情况比几小时前更糟糕。凌晨 5 点 44 分，在首相的指令下，疏散区的半径从 3 公里扩大到了 10 公里。[43]

当灾民们纷纷向远离核电站的方向撤离时，菅直人决定亲自去一趟核电站。"我一直是个事必躬亲的人，"他后来写道，"我认为，领导人在做出决定前要用自己的双眼确认真相。"起初，他去核电站的目的是明确事态进展，但当下，他要做的是确保反应堆已经开始排气。相比于其他面对类似情况的领导人，菅直人敢于将自己置于险境，能做到这种程度也算是史无前例。戈尔巴乔夫在事故发生后近3年的时间里都没有靠近切尔诺贝利，卡特前往三里岛核电站是为了安抚民众并展现其领导力。与他们不同，菅直人前往福岛第一核电站是为了控制事态发展，避免危机进一步恶化。的确，事后他可能会因此受到严厉的批评，但当下，他认为自己必须这么做。[44]

菅直人即将前往核电站的消息是在凌晨3点后不久的新闻发布会上宣布的。"我打算与当地的相关负责人谈谈，获取准确的信息。"菅直人对媒体说道。随后，大约早上6点15分，他乘坐的"超级美洲狮"（Super Puma）自卫队直升机起飞了。得知菅直人即将到访之后，吉田并不高兴："我和首相打交道，还不知道会发生什么。"不过后来，菅直人发现吉田是一个值得信任并且靠得住的人，二人的关系类似于卡特和哈罗德·登顿。[45]

早上7点15分左右，穿着防护服和防护靴的菅直人抵达了核电站，随行的助手和顾问有12人。在乘坐一辆中巴前往核电站应急控制中心的途中，菅直人对东电的副社长武藤荣说道："为什么还不给反应堆排气？快开始吧！只管去做！"他的声音里充满了愤怒，车上的所有人都听到了首相大发雷霆，包括记者在内。菅直人的助手要求记者不要报道这个意外，但菅直人自己并无歉意。"我们国家的命运都悬于这次反应堆排气上，但东电仍然优柔寡断、无可救药，"他后来说道，"我怎么能不沮丧地大吼呢？"[46]

　　等到他们到达应急控制中心，武藤把首相一行人安排在员工队伍的最后，做完辐射检测之后才能进入大楼。菅直人已经受够了，大吼着自己没有时间排队做检测。他回忆起自己当时说的话："怎么回事？我们没有时间做这个！我们是来见核电站站长的。"他冲进大楼，大楼里满是操作员和工人，有些人轮班之后疲惫不堪，直接睡在了地上。这番场景不由得让菅直人想起了战地医院。他和随行人员终于来到了二楼的会议室。菅直人用拳头敲着桌子，大喊道："你们知道我为什么决定来这里吗？"

　　武藤终于能回答首相在中巴里问的问题了。他告诉菅直人，还需要4个小时才能开始给反应堆排气。"4个小时？我们等不了这么久！再快一些！"菅直人要求道。吉田打圆场说："我们一定会给反应堆排气的，即便要组建敢死队，我们也不会犹豫。"菅直人终于冷静了下来。他后来回忆道："那时，我就知道吉田是能够跟我一起战斗的人。"[47]

　　上午9点过后不久，刚得知中央政府指定区域内的居民已疏散完毕，吉田组建的"敢死队"就来到了1号反应堆厂房。敢死队分为两组，每组两人，都穿着防护服和防护靴。第一组操作员来到反应堆厂房的二层，确定了相应的阀门，并把它打开了差不多四分之一。这时，剂量计显示他们必须离开了。他们在厂房停留的10分钟内，吸收的辐射剂量达到了25毫希沃特，相当于年应急剂量上限的四分之一。第二组操作员来到地下室，打开了第二个关键阀门，但他们的剂量计读数瞬间升至90毫希沃特/分以上，他们不得不折返。即便如此，其中一名操作员吸收的剂量也超过了100毫希沃特，达到了年应急剂量的上限。他们中止了作业，没能手动释放反应堆蒸汽。

到下午 2 点，吉田组建的"敢死队"借助以电池供电的便携式压缩机实施反应堆排气作业。很快，聚焦于核电站的电视摄像机镜头捕捉到了明显的变化——1 号和 2 号机组共用的烟囱开始冒出白烟。反应堆正在排气，辐射也随之释放——不过，目前的重点是避免反应堆爆炸。还有一些好消息传来。电工终于将交流电缆连接到了 2 号机组的水泵上，消防软管也被接到了两个机组的冷凝器上。消防车准备开始将水注入反应堆。

然而还有一个问题，那就是他们没有足够的淡水可注入反应堆。有人提出了不可思议的建议——将海水直接注入冷却回路。由于海水有很强的腐蚀性，使用海水就意味着将反应堆摧毁，使其无法再运行。这对东电来说是巨大的损失，但公司高层知道，现在已经是紧要关头了，不能再考虑反应堆成本了，于是批准了这一提议。快到下午 3 点的时候，吉田下令准备将海水注入反应堆。这场危机已持续了超过 24 小时，他似乎终于控制住了局面。[48]

然而，接下来发生的事超出了所有人的想象。下午 3 点 36 分，一场巨大的爆炸让 1 号反应堆和周围的建筑猛烈震动。就像几分钟前从烟囱冒出来的白烟一样，这次爆炸被福岛第一核电站附近山丘上安装的一台自动摄像机记录了下来。这一次，深灰色的烟团从福岛反应堆的白色墙体上方升腾而起。[49]

吉田后来回忆道："我听到了一声巨响。"他虽然还不知道具体情况，但随着带着伤的人们纷纷涌进他的应急中心，爆炸的严重程度已不言而喻。"由于不知道厂房内的状况，我们设想了最坏的情况——安全壳容器爆炸了，放射性物质逸出了容器，"吉田回忆道，"我感觉，如果堆芯进一步熔毁，反应堆将会彻底失去控制，那时一切就都完了。"他觉得自己会命丧于此。[50]

自动摄像机拍摄的视频在几分钟内就被传到了局域网上，吉田和应急中心的其他人看到了爆炸的影像。下午 4 点 49 分，国家电视台播出了这段视频。一名助理告诉菅直人："首相先生，您一定要看看这个！"房间中的所有人就这样得知了核电站发生爆炸的消息。此前，班目曾向首相保证不会发生氢气爆炸，因此所有人都觉得菅直人会把班目骂得狗血喷头。但明显大受震撼的菅直人并没有批评班目。后来，菅直人这样说："他只是没能预测到爆炸，我跟他再啰嗦这些又有什么意义呢。"他想得到更多关于这次爆炸的信息，但仍然一无所获。

"为什么东电和原子能安全保安院不提供任何信息？"首相明显很恼火，向助理们问道，"吉田应该在核电站。他不应该告诉我们为什么发生爆炸吗？"一个多小时后，也就是下午 6 点左右，内阁官房长官枝野面对众多记者却无话可说，因为首相办公室所知道的也仅限于电视录像。他谈到了"类似爆炸的现象"，但无法确定爆炸是否发生在 1 号反应堆。下午 6 点 20 分左右，菅直人决定将疏散区的半径从 10 公里扩大到 20 公里。在他发表电视声明的时候，人们对核电站发生的事故有了更多的了解。公众得知，爆炸确实发生在 1 号反应堆厂房，但钢制安全壳完整无缺，也没有太多辐射泄漏出来。[51]

吉田手下的工作人员用临时装配的仪器测量了反应堆内部的压

力和水位。他们随即发现反应堆堆芯仍完好无损，这表明发生的是氢气爆炸，真是不幸中的万幸。爆炸发生在厂房大楼内位于反应堆上方的服务层。尽管爆炸炸毁了反应堆厂房的房顶，但并未损坏反应堆安全壳。爆炸造成 5 人受伤，并将辐射散布至整个厂区，但尚未致人死亡。吉田猜测是涡轮发电机所使用的氢气 ① 发生了爆炸，但随后他们发现涡轮机厂房完好无损，这证明这个猜测是错的。后来有人提出，暴露在空气中的燃料棒温度激增（达到了 2800 摄氏度），导致锆金属包壳氧化，锆包壳在蒸汽的作用下产生了氢气，氢气又与空气中的氧气混合，从而发生爆炸。[52]

尽管反应堆在目前的水位和压力水平下依然完好，但如果不提升水位，安全壳仍有爆炸的可能。与压水反应堆所用的混凝土安全壳不同，钢制安全壳的问题在于一旦遭遇冷却剂丧失事故，其内部没有可供蒸汽膨胀的空间。"马克 I 型"沸水反应堆安全壳的设计师为解决这个问题而设计了一套循环系统——一旦发生冷却剂丧失事故，产生的蒸汽会被通入水中冷却，待其冷凝成水后再泵回反应堆。不过，这套系统虽在理论上可行，实际运行起来却有不少问题，因此通用电气公司不得不改进"马克 I 型"安全壳。即使有所改进，但蒸汽爆炸的问题在很大程度上仍然没有被解决。[53]

为避免发生爆炸，唯一确定可行的方式就是向反应堆内供水。如今，有了发电机和消防车，他们准备向反应堆内注入海水。这次的命令来自政府最高层，由经济产业大臣海江田口头通知。下午 6 点，第一波海水被注入了 1 号反应堆。为了避免反应堆发生爆炸，

---

① 涡轮发电机会用氢气作为冷却剂。

他们只能动手将其摧毁。[54]

接着，在晚上 7 点过后，吉田接到了首相官邸应急行动小组打来的电话。打来电话的人是身在核应急响应中心的东电代表武黑一郎。武黑对吉田说："在向 1 号反应堆注入海水一事上，首相担心可能会发生链式反应或者其他问题。""的确，赢得首相的理解至关重要，但我们已经开始注入海水了。"吉田回答说。"那就快停下来，"武黑命令道，"首相办公室还在讨论这个问题呢。"

吉田随后与东电总部取得了联系。而总部认为他们不能违背一个听上去像是首相下达的命令。吉田倍感沮丧，知道如果推迟向反应堆注入海水，很可能导致第二次破坏性更大的爆炸，于是决定无视首相和东电的命令。后来，吉田回忆道："我选择继续注入海水是基于我的判断，因为当下最重要的事……就是防止事故进一步扩大。"他叫来负责注入海水的主管，告诉他说："我一会儿会命令你暂停注入海水，但不要真的停下来。"随后，他在与东电总部连线的远程通信系统的摄像机前，大声下令停止注入海水。虽然下达了正式的命令，但注入海水的工作实际上仍在继续。

晚上 8 点前的某个时候，菅直人同意向反应堆注入海水。后来，他表示自己从未说过海水有导致链式反应的可能，也从未试图阻止注入海水。显然，他从一开始就没意识到注水工作已然开始，还想让自己的助手在开始注水前考虑到所有的可能性。到了晚上 8 点 20 分，东电告知吉田可以继续注入海水了。直到后来展开调查，背后的真相才浮出水面，这让菅直人和吉田两人都遭到了批评，菅直人被指责干涉危机管理，吉田则被指责违抗东电总部的指令。[55]

　　夜色渐明，到了 3 月 13 日清晨，人们希望福岛第一核电站最糟糕的时刻已经过去了，但好景不长。

　　坏消息来自一个完全意想不到的地方——3 号反应堆。在危机爆发后的最初两天，3 号反应堆相对不需要太多关注。它的其中一台备用发电机没有在海啸中受损，还能够为水泵提供动力，将水注入反应堆堆芯。然而，12 日午夜前的某个时候，3 号反应堆的主冷却系统停止了工作。操作员启用了备用的高压冷却剂注入系统（High-Pressure Coolant Injection System），但这个系统很快也不能用了。吉田向东电总部报告称，3 号反应堆已于凌晨 2 点 44 分丧失了冷却功能。几小时后，吉田得到了更多的坏消息："干井（反应堆安全壳上部）的压力不断上升，这意味着可能出现跟 1 号反应堆一样的情况，发生氢气爆炸。"

　　下午 3 点后，核电站在 1 号反应堆爆炸后已然很高的辐射水平开始继续攀升。在反应堆的中央控制室内，辐射水平达到了 12 毫希沃特／小时。"这一情况不容乐观，"吉田在和东电总部的另一场电视会议中说，"考虑到那里发生的情况，这对 3 号反应堆来说尤其是坏消息。"而吉田和其他人并不知道的是，3 号反应堆内部的燃料已经开始熔化了。尽管吉田疯狂地为反应堆供水、排气，燃料仍然一直在熔化。到了下午 5 点，他们看到 3 号反应堆的烟囱排出了蒸汽，如同 1 号反应堆爆炸前的情景一样。新的爆炸随时有可能发生，吉田再也控制不住自己的情绪了。当东电高层询问每个反应堆内都注入了多少水时，他对着电视会议的话筒喊道："我们这里一个聪明人都没有。你们一直缠着我们胡乱问问题，别指望我们能给出你们想要的答案！"[56]

出人意料的是，3月13日并没有发生新的爆炸，但3号反应堆的情况也没有在这一夜里好转。"从今早6点10分开始，水位进一步下降（到低于燃料棒的底部），"吉田向东电总部汇报道，"坦白地说，我想我们已经到了会引发事故的地步了。"2号反应堆也存在问题——由于辐射读数不断上升，他们很难接通管道将海水送至反应堆中。当时，没人再试图通过阻止海水注入来拯救反应堆，他们唯一想做的就是阻止反应堆爆炸。

所有人都以为3号反应堆会在13日爆炸，但实际发生爆炸的时间却是14日上午11点，这令吉田措手不及。当时，他正和东电总部开着另一场电视会议。"我听到了爆炸声。"吉田后来回忆道。电视会议的摄像机拍到了控制室上下震动的景象。"我们遇上大麻烦了，"吉田对总部说，"3号反应堆刚刚爆炸了，可能是蒸汽爆炸。"一名东电高层提出了新的要求："尽快报告你那边的辐射水平，以便我们决定是否需要让你们撤离。"[57]

这次，远程摄像机不仅拍到了爆炸产生的烟云，还拍到了一个火球。反应堆堆芯熔毁产生的氢气聚集在反应堆厂房顶部，炸飞了屋顶，并损坏了厂房的部分墙体。爆炸造成11人受伤，其中包括中央特殊武器防护队（Central Nuclear Biological Chemical Weapons Defense Unit）的军事人员，他们当时正在向反应堆喷水以进行冷却。随着放射性粒子释放到大气中，辐射水平有所上升，残骸碎片也纷纷掉落在地。核电站厂区的辐射读数达到了1雷姆/小时，3号反应堆厂房废墟附近的辐射更是达到了30雷姆/小时。每个工作人员可接受的辐射剂量为10雷姆。虽然吉田的应急控制中心还没受到影响，但3号和4号反应堆的联合控制室已经不再安全了。[58]

虽然 3 号反应堆的爆炸跟此前 1 号反应堆的情况一样，只破坏了厂房而没有摧毁反应堆，但爆炸却影响了 3 号和 2 号反应堆的冷却设备，还损坏了 2 号反应堆的电路、安全壳排气管线以及核电站工人搭建的临时注水管。到了晚上 7 点，他们终于克服了执行注水作业的种种新旧障碍，开始向反应堆注入海水。吉田想先给反应堆排气，但身在首相核应急响应中心的班目否决了他的提议。

很快，他们发现海水并没有像所有人期待的那样使反应堆冷却下来。首先，过热的燃料从包壳中迸发出来，提高了反应堆内的压力水平，使冷却水更难进入反应堆；其次，即使水能够进入反应堆，也会在不断上升的高温下迅速蒸发。吉田需要新的、更强力的水泵，但这些设备不仅当下没有，短时间内也无法从他处调来。首相菅直人要求直接与吉田通电话。"我们还可以继续试一试，"菅直人听到了吉田疲惫的声音，"但我们手头的设备不够。要是有能在反应堆高压下工作的水泵就好了。"[59]

在东电总部，人们正在为最坏的情况做准备——下一个发生爆炸的可能是 2 号反应堆。据估计，反应堆堆芯会在晚上 8 点后熔毁。电视会议的录像显示，东电总部的一些人绝望地用手捂着脸，其他人则异常沉默。当时看来，给反应堆排气似乎是唯一的选择。"喂，吉田，"一名东电高层建议道，"如果可以排气，就立刻执行，越快越好。"他们进一步向吉田强调了给反应堆排气的重要性："如果排气阀一直无法打开，造成的局面将难以控制。所以赶紧把阀门打开吧。"吉田对此并无异议，但他向他的上司们恳求道："请不要打扰我们，因为我们现在正尝试打开安全壳容器的排气阀。"[60]

东电的管理层并不抱有太大的期望。他们开始讨论将福岛第一核电站的员工撤离到公司在该地区的另一座核电站——福岛第二核电站。这座核电站在海啸中受到的影响没有那么严重，反应堆也没有受损。根据电话会议的录音记录，有人说："现在是不是要把福岛第一核电站的所有人都撤离到第二核电站的访客大厅？总部有人可以确认吗？"不过，总部并不认为东电可以自行下令撤离。社长清水正孝与政府部门的人通话之后，对会议室中的人说："首先请明确，现在还没有做出最终撤离的决定。我也正在继续推进向政府有关部门报批的工作。"

撤离的建议最终没得到批准。清水联系上了经济产业大臣海江田，并告诉他："我想将福岛第一核电站的工作人员撤离到第二核电站。您能帮帮忙吗？"海江田拒绝了这一请求。内阁官房长官枝野直接打电话给吉田，以确保核电站的人没有撤离。他问吉田："核电站已经控制住了，对吧？你们现在没必要撤离，不是吗？""对，我们不会撤离，先生，"吉田回应道，"我们将尽最大努力。"对于焦虑的大臣来说，吉田的"尽最大努力"听上去不令人满意。[61]

他们叫醒了正在打盹的首相菅直人。"东电这是打算推卸电力公司的职责吗？"愤怒的菅直人问道，"难道他们不清楚自己在说什么吗？撤离是不可能的。"他显然很沮丧。"当我听到撤离的请求时，我觉得必须赌上自己的政治生涯来处理此事，"菅直人回忆道，"我认为提出这个请求实在太出格了。"菅直人的几名助手也赞成他的观点。"我们必须要求东电坚守阵地，就算是要组建敢死队，他们也不能退缩。"其中一名助理说道。东电高层后来否认他们曾提议让所有人都撤离现场，声称他们只是考虑让非必要人员撤离。[62]

不过，东电后来被迫发布的电视会议录像显示，事实并非如此，这证实了菅直人的想法——公司准备完全弃核电站于不顾。"如果我们不遏制住这场危机，东电就会放弃整座核电站，整个日本东部将会遭受灭顶之灾，"菅直人对他的随行人员们说，"我们不能逃避。如果我们临阵脱逃，那就活该受到外敌侵略。""一旦发生这种情况，会对整个国家产生极为不利的影响，"他后来回忆自己当时的想法时表示，"我甚至想到了我母亲在三鹰市（位于东京西部）的房子，不知道到时候那里是否还能住人。"

凌晨4点17分，东电的社长清水正孝被叫到了首相办公室。"不能撤退，永远不能。"菅直人对他说。"是，我明白。"清水回应道。"我打算在东电设立一个对策总部，以便我们共享信息。"菅直人继续说道。实际上，他这是在接管一家私营公司的总部。"是，我明白。"清水回答。接着，菅直人询问自己什么时候能去东电总部，清水答："两小时以后吧。""那太迟了，"菅直人斥责道，"缩短到一小时。"清水惊魂未定地离开了。首相在凌晨把他找来，还表示会马上到访东电总部，这可谓史无前例；而由政府设立对策总部、剥夺东电的法定权利和处置责任，这不仅闻所未闻，更是超出了法律框架。[63]

大约一小时后，菅直人走进了东电总部，准备对公司高层训话。他宣布成立对策总部，由他本人担任部长，经济产业大臣海江田和东电公司社长清水担任副手。接着，他对东电高层发表了长篇讲话。"2号反应堆不是我们唯一的麻烦。如果放弃了2号，天知道1号、3号、4号一直到6号反应堆会发生什么，甚至可能连福岛第二核电站也保不住。如果我们放弃了所有的反应堆，那么几个月后，每个反应堆都将解体并开始泄漏核辐射。我们有十多个机组，核灾难的规模将是切尔诺贝利核事故的两三倍。"[64]

菅直人对可能发生三倍于切尔诺贝利规模的核事故感到非常忧虑。"由于日本拥有绝佳的核技术、卓越的专家和工程师，我曾经相信，切尔诺贝利这类的核事故不会在日本核电站发生。"菅直人后来写道，"惊愕之后，我逐渐明白这不过是日本'原子力村'[①]虚构的安全神话。"他指责"原子力村"制造了一种"无懈可击"的错觉，而现在，他正在向"原子力村"的代表们讲话，还必须在这些人集体逃跑之前想方设法激励并动员他们。"在日本，直到太平洋战争结束，为国牺牲一直是理所当然的事。比方说，在冲绳战役这样的战事中，指挥官不仅要求士兵为国捐躯，对普通民众也做同样的要求。"菅直人后来写道。他也知道，在战后，最高的价值不是国家，而是个人，用他的话来说就是"个人的生命重于地球"。然而，他还是决定诉诸旧有的价值观，表面上是请求，实际上是命令东电的工作人员为了国家利益而发扬自我牺牲精神。[65]

他诉诸愧疚感和使命感，最重要的是民族自豪感，此外还有牺牲精神。"除非我们冒死控制住局面，不然我们的国家就有可能灭亡。我们不能退缩，不能坐以待毙。"他继续说道，"如果我们不这样做，其他国家就可能强行介入，夺取控制权……你们是这场危机的直接参与者。你们要豁出命去干，别想着逃……现在不能再考虑金钱了，东电必须竭尽所能。国家有难，任何人都不能撤退。会

---

① "原子力村"是指围绕核电利益而形成的共同体，包括学界、政界、核产业界内的相关人士。

长和社长要做好最坏的打算。如果你们担忧下属的安全，那就派60岁以上的人前往事故现场。我自己也准备去。"[66]

在福岛第一核电站，穿着防护服的管理人员和员工通过屏幕观看了首相的讲话，他们都大为震惊。有人说，菅直人的原话是"就算所有60岁以上的管理人员都死在现场，也算不了什么"。核电站的一名值班长井泽郁夫默默想："他这是在叫我们送死。我们如此努力做到这一步。为什么要听他使唤？"[67]

3月15日凌晨，在菅直人对忧心忡忡的东电高层管理人员发表讲话时，另一边，在福岛第一核电站，试图给2号反应堆排气的工作人员听到反应堆下方传来了疑似爆炸的声音。2号机组似乎要重蹈1号和3号机组的覆辙。

令所有人感到宽慰的是，在小爆炸后没有发生大爆炸。随着水的不断蒸发，燃料元件开始熔化，反应堆主安全壳的抑压室在爆炸中破裂了，其中的物质被排放到厂房中。抑压室中的氢气原本会像前两个机组那样上升到厂房顶部，并在那里发生爆炸。但实际情况有所不同，1号反应堆的爆炸损坏了2号机组厂房的部分墙体，氢气和放射性气体得以通过墙体的缺口逸出。[68]

虽然2号机组未像1号和3号机组那样发生大爆炸，但这也不完全是好消息，因为当下放射物正自由地逸出2号机组。此刻，福岛第一核电站的爆炸似乎终于接近尾声了——地震发生时正在运行的3座反应堆都经历了某种程度的爆炸。剩余的4号、5号和6号反应堆在灾难发生时并未运行，大概率是安全的。然而，接下来发生的事仿佛是一场永无止境的梦魇，笼罩着核电站和其他地区的人们。吉田等人筋疲力尽，已经没有余力应对新的意外了。

2号机组发生小爆炸的几分钟后，一场巨大的爆炸掀翻了4号反应堆厂房的屋顶，摧毁了厂房的上层部分。"我在指挥部大楼里听到了爆炸的声音，"吉田后来回忆道，"那时，我还不知道爆炸发生在哪个厂房。"当时是早上6点14分。自动摄像机同样拍下了爆炸的画面，只是这次由蒸汽和放射性尘埃形成的肮脏云团要比之前更大。反应堆附近的工作人员为了活命，不得不逃离此地。由于4号反应堆发生的爆炸和辐射泄漏，福岛第一核电站的辐射读数从略高于73微希沃特/小时升至11 930微希沃特/小时——上升了160多倍。这是一场没有人能逃离的梦魇。[69]

首相菅直人还在东电总部时，就得知了4号机组发生爆炸的消息。他没有改变自己在撤离问题上的想法，但同时批准了清水正孝的请求，将共计650名工程师和工人从福岛第一核电站转移到第二核电站，留下70人在隔震建筑中待命。有另外一种说法称，撤离大部分工人、只留骨干人员是吉田做出的决定。吉田没有否认这个说法。"我只是无法预见接下来会发生什么，"他后来回忆道，"我能想到的最坏情况是堆芯持续熔毁。那时，我们就都完了。"菅直人还批准了清水的另一项请求，将疏散区的半径从20公里扩大到30公里。此时做出这一决定并不算早。到今天，有很多人认为这个决定下得太晚了——当时风向已经变了，不再吹向大海，而是将放射性物质带到了日本群岛。[70]

4号反应堆发生了什么？专家们唯一可以想到的解释是反应堆厂房顶层的乏燃料池发生了爆炸。几天前，在4号反应堆停堆换料时，从反应堆中卸出的乏燃料就一直存放在那里。爆炸有可能是通常保持在约 27 摄氏度的水被乏燃料加热至蒸发后，燃料棒暴露所导致的。当下，他们采取了与苏联人应对切尔诺贝利核事故时相同的策略——使用直升机，不过并不是向反应堆投掷沙袋和硼，而是把水输送至冷却池。据分析，5 号和 6 号机组也有可能发生类似的爆炸。因此，福岛第一核电站的全部 6 个机组都在这次救援行动之列。

菅直人坚持要求使用陆上自卫队的直升机。第二天，即 3 月 16 日，救援行动在防卫大臣北泽俊美的监督下展开。3 月 17 日，除了直升机飞行员以外，来自东京的消防员和警察也加入了救援队伍，开始向乏燃料池注水，并用高压水枪向反应堆喷水。如同切尔诺贝利核事故时的直升机行动一样，此次行动在很大程度上都是无用功，因为 4 号反应堆的爆炸并不是由过热的乏燃料引起的。[71]

直到许久之后的一个夏天，工程师才查明了 4 号机组爆炸的原因。4 号和 3 号机组共用一个烟囱，由于海啸导致断电，用于防止机组间交叉污染的阀门停止了工作。3 号机组产生的含氢气体通过 3 号和 4 号机组共用的烟囱不断释放，有些氢气倒流进了 4 号机组，聚集在房顶下方，随后发生爆炸。虽然在当时爆炸的原因还无人知晓，但吉田和他的工程师们做出了正确的决定。他们在 5 号和 6 号机组的房顶上切出气孔，确保已经聚集和将要聚集在这里的氢气能够穿过气孔逸出到大气中。[72]

政府官员记得，3 月 14 日那晚是福岛第一核电站危机史上最具戏剧性的时刻。15 日一早，4 号反应堆的爆炸成为事故中最出乎意料、最令人紧张的一起事件，同时也是核电站厂区发生的最后一次爆炸。

幸运的是，爆炸虽然损坏了反应堆厂房，但没有损坏反应堆本体。尽管所有人都担心切尔诺贝利核事故重演，但或许正是因为人们的关切，福岛并未发生切尔诺贝利那样的反应堆爆炸事故。3月15日，最糟糕的时刻已经过去了，只是仍在试图控制灾情的菅直人、清水、吉田和数百名工人、工程师、士兵和警察都不知道这一点。实际上，如果他们不继续抗击险情，危机就不会结束。乏燃料池可能引发爆炸仍然是所有参与救援行动的人最关心的事情，向反应堆供水依旧是当务之急。

福岛第一核电站的工作人员在身体上和心理上都已经到达极限。3月18日，吉田告知东电总部："我的员工连续8天昼夜不停地工作。他们多次来到事故地点，定期注水、检查、加油。我不能再让他们遭受更多辐射了。"他接着说："所有工人都受到了接近200毫希沃特甚至更高的辐射。我不能让他们继续在强辐射中连接输电线路。"东电承诺将派遣增援人员。"我们当下正在大范围招人，包括以前聘用的员工在内。"东电的一名高级主管回应道。确实，他们已经竭尽所能了。[73]

截至3月21日，1号、2号、5号和6号机组已经恢复了厂外供电。第二天，3号和4号机组的供电也恢复了。这一天来得并不算早，因为3月24日传来了惊悚的消息——切尔诺贝利核事故那样的反应堆爆炸有可能在福岛重演。1号反应堆的温度达到了400摄氏度，比设计的最大允许值还高出了三分之一。反应堆随时都有可能爆炸。幸运的是，随着电力的恢复，工作人员可以向反应堆提供更多的冷却水，反应堆的情况也在向人们期望的方向发展。第二天，即 25 日一早，反应堆的温度回落到安全水平。[74]

救援人员还在继续向反应堆内注水，包括海水和淡水。3 月 29 日，1 号反应堆开始注入由一艘驳船运来的大量淡水。30 日，2 号和 3 号反应堆也开始注入淡水。然而，在注水冷却反应堆的过程中，产生了大量受污染的水，需要对这些核污染水采取一定的处理措施。和切尔诺贝利核事故相同的是，冷却水箱、地下建筑和建筑地下室内都储存了大量的放射性污水；与切尔诺贝利核事故不同的是，福岛核电站有 6 座反应堆需要供水，而不是一座，注水过程也不只持续几个小时，而要持续几天甚至几周。总共约有 10 万吨受污染的水从地下建筑渗出，进入自然环境，最终流进大海，污染了海水。

到 3 月 27 日，一部分核污染水已经流入了大海。30 日，在东电总部的电视会议上，吉田说："我不禁觉得我们在坐以待毙。"他还说："一想到下降的水位，我就觉得自己的心脏随时会停止跳动。"他要求"迅速安装能准确地远程监控水位变化的装置"。东电总部承诺将调查海水污染一事。

到 4 月 2 日，福岛的工作人员发现有更多的核污染水外泄了。"我们确定发生了最坏的情况，"福岛第一核电站的一名管理人员称，"这些污水具有很高的辐射水平，超过 1000 毫希沃特 / 小时，正不断流入大海。"2 号反应堆附近的水池中出现了一条 20 厘米长的裂缝，虽然裂缝很快被填补上了，但据估计还是有 520 吨核污染水流入了大海。4 月 4 日，东电宣布了将另外 1150 吨核污染水排入大海的计划。核污染水排放对公众产生了影响。据东电估测，如果一位民众在一年时间里每天食用在核电站附近捕捉的鱼，吸收的辐射将达到年辐射剂量上限的四分之一。在这种情况下，选择冒险排污听起来还算合理。实际上这也是无奈之举——核电站正在把水箱中污染程度较轻的水排放出去，为污染程度更重的水腾出空间。[75]

4月6日，2号反应堆附近水池的裂缝被填补上了，核污染水泄漏重新得到了控制。工人们带着些许宽慰回家休息，然而到了第二天，意外再次来临。4月7日，也就是灾难发生的第28天，又一轮7.1级的强地震袭击了福岛第一核电站。虽然地震的强度很大，但没有对建筑楼和反应堆造成严重破坏。辐射水平虽然还是居高不下，但与此次地震前基本持平。人们如释重负，到了该制定灾后处置方案的时候了。[76]

吉田记得，他们"直至6月底都在艰难度日"。据他所说，直到7月和8月，核电站的情况才完全稳定下来。2011年12月，所有反应堆全部完成冷停堆。同月，吉田卸任福岛第一核电站站长的职务，他完成了自己的使命。虽然东电确实曾考虑追究吉田的责任——3月12日晚他没有服从停止向1号反应堆注入海水的命令，但他绝不是因电力公司高层或政府的施压而辞职。此次卸任是因为他确诊了食管癌，要去治病。东电的发言人向公众保证，吉田患癌和辐射无关，因为辐射诱发癌症会有更长的潜伏期。

吉田卸任了，也被载入了史册——作为核电站站长，他的境况和1986年切尔诺贝利核事故后被撤职的维克多·布留哈诺夫完全不同。如今，他被日本人民铭记，也是"福岛五十死士"之一——这是媒体对4号机组爆炸后留在核电站的骨干人员的称呼。事实上，至少有70名工程师和工人留了下来。根据对这场灾难的众多演绎，人们认为是"福岛五十死士"拯救日本于危难之中，避免了一场更惨烈的浩劫。[77]

2011 年 12 月，吉田昌郎的卸任为福岛灾难史的关键一章画上了句号，同时也开启了新的一章。后来，吉田于 2013 年 7 月逝世，享年 58 岁。2011 年 12 月，东电和政府部门联合发布了《福岛第一核电站 1—4 号机组退役的中长期路线图》。其中，第一阶段包括卸出 4 号反应堆厂房的乏燃料棒，预计将花费 2 年时间；第二阶段计划用 10 年时间卸出所有反应堆中的燃料；第三和第四阶段预计将持续 30—40 年的时间，目标是移除全部的放射性物质，完成核电站厂区的全面修复工作。[78]

福岛第一核电站中 4 座反应堆的退役成本最初预估为 150 亿美元。但随着对反应堆状态及周围地区的研究逐渐深入，退役成本大幅增长。2016 年 12 月，政府估计放射性去污的成本将达到 4 万亿日元，即 350 亿美元。灾难受害者的赔偿金估计近 8 万亿日元，即接近 700 亿美元。一系列灾后处置的预估成本较之前几乎翻了一番，现在的预估成本约为 21.5 万亿日元，即 1870 亿美元。[79]

事故发生后，日本政府将福岛核事故的等级从 5 级（具有场外风险的事故）上调至最高级 7 级，也就是与切尔诺贝利相当的"特大事故"。各国政府有权评定本国核事故的等级，而福岛核灾难的严重程度确实与切尔诺贝利最为接近。幸运的是，福岛核灾难对人类和环境的影响相对较小。虽然堆芯经受了不同程度的熔毁，但反应堆没有发生像切尔诺贝利那样的核爆炸——这是由于沸水反应堆的设计优于 RBMK，同时也归功于具有自我牺牲精神的日本工作人员——他们数日、数周不断加班加点，为反应堆供水。

切尔诺贝利核爆炸导致 2 人当场遇难，另有 29 人在接下来的几周内因受到过量辐射而去世，140 人被诊断出患有急性放射病。在日本，爆炸和过量辐射没有造成人员当场死亡。173 名从事紧急作业的工作人员吸收的辐射剂量超过了 100 毫希沃特，6 人超过了250 毫希沃特的警告值，只有 2 名工人吸收的辐射超过了国际辐射暴露上限的 500 毫希沃特。最严重的一例吸收了 678 毫希沃特的辐射。时至今日，据估计，受福岛核事故影响而患癌死亡的人数最高为 1500 人，而切尔诺贝利核事故则估计造成了 4000—5 万名乌克兰人患癌死亡。据估计，因与福岛核事故相关的各种原因而死亡的人数总计达 1 万人。

早期的估计值显示，福岛核事故所泄漏的辐射量是切尔诺贝利核事故的 10%。今天，如果不把切尔诺贝利核事故中释放的惰性气体包括在内，这个比例依然成立。大多数研究显示，福岛核事故泄漏的辐射为 520 拍它贝可勒尔，而切尔诺贝利核事故泄漏的辐射为5300 拍它贝可勒尔。福岛核电站泄漏的大部分辐射（高达 80%）随风飘向了海洋，同时，当初渗入土壤的辐射物也不断进入海洋。在福岛核电站涡轮机厂房的地下室，核污染水中铯 –137 的总含量据估计为切尔诺贝利核事故释放量的 2.5 倍。辐射较小不代表没有危害，也不意味着没有产生后果。有学者通过研究福岛核事故对动植物群的影响发现，树木生长异常，鸟类、蝴蝶、蝉的数量减少，蝴蝶出现畸形。[80]

2011 年 4 月，日本政府设立了半径为 20 公里的"限制区"，性质大致相当于切尔诺贝利核事故的隔离区，并禁止以前的居民在没有特别许可的情况下返回这里。考虑到放射性烟羽的移动，该区域还沿西北方向进一步扩展，建立了"计划疏散区"。尽管日本这两个限制区域的面积总和不到切尔诺贝利隔离区的一半（而且其中很大一部分是海洋），但福岛周边地区在事故前常住人口众多，疏散的人数约有9万人。如果加上两个限制区以外自愿离开的人，此次核灾难的难民总数约有15万人。

在切尔诺贝利核事故后，超过16万人撤离了乌克兰地区，这和福岛核事故的难民总数相差不多。但如果加上13万名白俄罗斯难民、俄罗斯疏散的5000多人，以及这三地决定自行离开、未纳入政府统计的人，那么福岛核事故的难民总数还不到切尔诺贝利的三分之一 ——根据现在的估计，切尔诺贝利核事故的难民总数达50万人。即便如此，事故相关人员的健康和该地区的经济、社会发展仍因难民撤离而受到了巨大的损害。事故后，福岛县的人口减少了20多万。撤离人员的生活也很动荡，几乎一半人不得不搬迁三到四次，超过三分之一的人被迫搬迁五次以上。[81]

在受核事故影响的地区，恢复正常生活的速度非常缓慢。隔离区的一些地区依旧保持着封锁状态，不允许难民返回。事故发生后，共有15.5万人被迫离开了自己生活的城镇和村庄，其中超过12万人获得了政府许可，并在政府的帮助下重返家园。尽管自2011年后辐射水平有所下降，但某些地区的辐射水平仍高达20毫希沃特，即核产业工人可接受辐射剂量的上限。政府制订了计划，要在东京夏季奥运会开始之前完成"归乡"工作，这次奥运会原定于2020年7月召开，但因新冠肺炎疫情推迟到了2021年。[82]

还有一个重要的问题尚未得到解决，那就是核电站1000多个水箱中储存的 125 万吨核污染水应如何处理。2021 年 4 月，也就是事故发生的 10 年后，日本政府决定于 2023 年开始将处理后的核污染水排入大海，整个过程将持续数十年。虽然得到了国际原子能机构总部的支持，但这一决定依然受到了日本国内外多方的强烈批评。日本国内的批评主要来自福岛县的地方官员和渔业协会；在日本国外，中国政府、韩国政府、海洋科学家和绿色和平组织的活动家罕见地结成联盟，共同谴责日本排污入海。批评者中有人认为，经处理的核污染水应该采取蒸汽化排放，而非直接排入大海。但无论采取哪种办法，所有同位素都不会在处理过程中被清除掉，最后仍然会进入自然环境。[83]

谁来为事故造成的后果负责？又由谁来买单？日本国会针对福岛核事故起因的调查指出，政府机构、监管机构和东电管理层互相勾结。在外国机构和国际机构进行的调查中，作为三里岛和切尔诺贝利核事故主要原因的技术和设备问题，在福岛核事故中相对较少被提及，更受关注的是广义的人为因素。调查发现，福岛核电站安全文化欠佳，操作员培训不足，紧急情况的应对方案存在问题。尽管经历了这么多次核事故，但核工业在这些方面依然鲜有进步。这场核事故也有特定的地理因素。除了需要改善核电站的地震警报系统外，这次事故的主要原因还与日本松弛的监管体系、混乱的决策过程和对员工的过分要求有关。[84]

2019 年 9 月，经过 2 年的诉讼，东京地方法院裁定，针对时年 79 岁、已退休的前东电会长胜俣恒久和两名前东电副社长的刑事指控罪名不成立。一旦这些罪名成立，他们将面临 5 年的监禁。相反，民事诉讼的进展则更为顺利，从地方法院到国家法院通常都支持核事故受害者。在核电站附近居民的支持下，1 万多名疏散者针对东电提起了数十次民事诉讼，称东电本可以预测海啸的发生，且有义务采取措施预防海啸对核电站和公众造成的伤害。由于东电须赔偿由核事故造成的损失，日本国会于 2012 年通过了《核损害赔偿支援机构法》，以保护东电免遭破产。[85]

政府设立了核损害赔偿支援机构来推进受灾民众的赔偿申请。其资金来自运营核电站的电力公用事业和政府发行的债券，总计 620 亿美元。东电每年会向该基金缴纳费用，期望能在 10—13 年内还清政府债务，并恢复其民营公司的地位。世界核协会（World Nuclear Association）网站上的一篇文章称："目前尚不明确国家政府和电力公用事业是否应共同承担无限责任。"[86]

如同美国的三里岛核事故和苏联的切尔诺贝利核事故一样，福岛核事故削弱了政府和核电管理机构的公信力，引起了反核情绪的抬升。不过，相比起其他地方，日本的公众反应最为强烈，这对核工业造成了深远的影响。

2011 年 3 月，日本拥有的 53 座反应堆贡献了全国电力供应量的 30%。而福岛核事故中有 4 座反应堆爆炸，日本其余的沸水反应堆和压水反应堆均停堆进行检查，并计划在完成安全检查之后就立即重启。但因福岛核事故产生的辐射影响了全国，人们的忧虑不断加剧，并且怀疑海啸过后留在海岸上的碎片也具有放射性，导致辐射恐惧症进一步蔓延。因此，对地方政府来说，重启大部分反应堆在政治层面就没有可能性。2011 年 4 月，超过 1.7 万人在日本各地发起抗议，反对继续依赖核能。9 月，仅在东京就有 6 万人参加示威活动。[87]

2011 年秋，由于无法重启反应堆，日本遭遇了严重的电力短缺，但这个国家刚刚经历了很多人所认为的濒死险境，电力短缺也未曾削弱反核的浪潮。日本经济遭到重创，但并未陷入停滞。为了应对核电站发电的缺口，人们一边节约用电，一边增加化石燃料的进口。一直到 2012 年 5 月，日本都是"无核"状态，在运的反应堆数量为零。由于公众认为菅直人和他领导的民主党应对灾难不力，民主党的支持率暴跌，在 2012 年 12 月的大选中遭遇惨败，自民党重新掌权。自民党的看法是，能源需求不断增长，反应堆还是要逐步重启。

2012 年 6 月，重启核电的进程开始了。在接下来的几年里，有 9 座反应堆陆续启动。日本政府希望能重新启用核能，到 2030 年生产全国约 20% 的电力。东京的政府官员表示，为履行日本在《巴黎气候协定》中约定的义务，核能不可或缺。核工业已做好了恢复运营的准备。不过，在福岛核灾难后发生的一些新变化，尤其是核监管局（Nuclear Regulation Authority）的成立，极大地削弱了菅直人和其他人所称的"原子力村"的权力。"原子力村"这个利益共同体中，包含了自民党、经济产业省中的关键成员和核电业的领军人物。2020 年，日本只有 6 座在运的反应堆。[88]

如果说福岛核事故对核工业造成的短期影响在日本最为显著，那么受长期影响最严重则是遥远的德国。早在 2001 年，德国联邦议院就通过了一项法律，要求在 21 世纪 20 年代初逐步淘汰核电。但是，核反应堆为德国提供了 22% 的发电量，化石燃料发电也因气候变化问题而遭到抨击。因此，淘汰核电困难重重，甚至根本无法实现。2010 年，德国通过了一项新法律，将核工业的寿命延长到了 21 世纪 30 年代。然而，福岛核事故的发生彻底改变了德国社会和政府的态度。2011 年 6 月，德国联邦议院以高票通过决议，要求在 2022 年之前停运德国所有的反应堆。

切尔诺贝利核事故激起了德国的反核情绪，而福岛核事故则进一步助推了反核之势。福岛核事故发生后，人们无法再像过去那样将核灾难归咎于苏联的体制。正如一些德国政客所强调的，如果像日本这样技术发达、具有高度组织性的国家都发生了福岛核事故这样的核灾难，那么类似的核灾难同样有可能在德国上演。在福岛核灾难发生后，时任德国总理的安格拉·默克尔（Angela Merkel）成立了能源供应安全伦理道德专家委员会（Ethics Commission for Safe Energy Supply）。该委员会强调了核工业的危险性，表示不能把乏燃料的问题留给子孙后代解决，并呼吁发展可再生能源。此外，他们还制订了计划，要将可再生能源在总能耗中的比例提升至 18%，同时减少 40% 的二氧化碳排放，并将能源效率提高 20%。[89]

福岛核灾难影响的范围不仅限于日本和欧洲。在中国，"核灾难"的消息引起了消费者的恐慌，有人囤积了足够用上 5 年的碘盐，因为他们误以为碘盐可以防辐射。灾难发生后，中国对在运、在建的核电站进行安全大检查，并通过了多部新法规和一项新的安全法，这是中国政府对人民的忧虑所做出的回应。

《2013 世界核工业现状报告》（2013 World Nuclear Industry Status Report）写道："继 2011 年世界核电站发电量创纪录地下降 4% 之后，2012 年又历史性地下跌 7%。"虽然在福岛核事故发生后，有人称此次事故可能"为核能敲响了丧钟"，但核工业最终幸存了下来。

尽管核能发电量尚未恢复到福岛核事故发生前的水平，但为缓解气候变化，人们呼吁逐步淘汰化石燃料，给核工业带来了新的希望。核能游说组织世界核协会主张提高核能发电所占的比例，从如今的10% 提升到 2050 年的 25%。[90]

后记：未来会怎样？

2012年2月9日，在美国马里兰州的北贝塞斯达（North Bethesda），美国核管理委员会总部进行了一次历史性的表决。委员们同意建造两座新的反应堆，这是自1979年3月三里岛核事故后第一批获准建造的反应堆。

这次表决具有多重历史意义。担任美国核管理委员会主席的是41岁的物理学家格雷戈里·贾茨科（Gregory Jaczko），他投了反对票。不过，他领导的委员会还是以四比一的票数通过了决议。2012年5月，贾茨科辞去了主席一职。投票结束后不久，有人问贾茨科为何投了反对票，他谈到了福岛核事故。在福岛核事故中，贾茨科是协调美方配合的关键人物，他说："我无法不假思索地支持发放反应堆建造许可，就好像福岛核灾难没发生过一样。"申请许可的是一家总部位于亚特兰大的天然气和电力公用事业控股公司——美国南方电力公司（Southern Company）。贾茨科要求该公司做出"具有约束力的承诺，吸取福岛核事故的教训，在设施投入运行前完成目前拟定并计划实施的改进方案"。然而，其他委员否决了这一要求。[1]

南方电力公司的首席执行官托马斯·范宁（Thomas Fanning）在谈起此次投票时表示，基于福岛核事故吸取的教训而做出的反应堆技术改进更适用于"目前的核反应堆群，而非最新一代的核技术"。他所说的最新一代核技术，指的是公司打算在佐治亚州沃格特勒（Vogtle）核电站建造的两座西屋 AP1000 非能动先进压水堆。当时，这个项目的造价据估计为 140 亿美元，美国政府提供了 83 亿美元的贷款保证金。这两个反应堆本应分别在 2016 年和 2017 年达到临界状态，但由于西屋电气公司于 2017 年破产等原因，反应堆启动屡次延期，最终推迟到了 2021 年和 2022 年。其建造成本预计上升到 250 亿美元。[2]

很多人期盼核工业能在美国乃至全世界再次复兴，而这次表决是一个不算顺利的开端。根据贾茨科的说法，福岛核事故是导致这一局面的直接原因。核工业界似乎也同意托马斯·范宁的观点，即福岛核事故的教训主要是技术方面的，基本不适用于新一代反应堆，而核工业的发展正是要依赖新的技术。国际核能游说组织世界核协会提议在未来 30 年内，将核能发电的比例从现在的 10% 提升至 25%。"实现这一目标，"该协会的网站上这样写道，"意味着到 2050 年，全球的核能发电量必须提高两倍。"这篇文章还提出在接下来的 30 年内再增加 1000 吉瓦电力（GWe）的装机容量，大致相当于 1000 座输出功率等于切尔诺贝利 RBMK 和西屋 AP1000 类型的反应堆。[3]

辞去核管理委员会主席后，格雷戈里·贾茨科写了一本回忆录。他写道，如果要"真正满足应对气候变化的需要"，人们需要的不是 1000 座反应堆，而是几千座。对于核反应堆数量的急剧扩张，他主要担忧的是发生事故的可能性。"首先，"他写道，"我们必须承认事故会继续发生。如果投入使用的核电站越来越多，那么越来越多的事故也将无法避免。"贾茨科认为，发生新事故的风险更多源于核工业的经济情况和广义的"人为因素"，而非技术本身。"随着削减成本的压力增加，安全性将受到影响，"贾茨科表示，"从业人员的数量将会缩减，导致能发现问题的员工越来越少。为了节约成本，现有设备的维护工作会进一步减少，导致维护频率有所降低。"[4]

核工业的支持者似乎对事故风险极其敏感——世界核协会网站上的"核能简史"专栏中甚至从未出现"事故"（accident）一词。同时，贾茨科并非唯一一位预测会有事故发生的人。德国明斯特应用技术大学的托马斯·罗斯（Thomas Rose）和伦敦大学学院的特雷弗·斯威廷（Trevor Sweeting）两位科学家认为，核事故的历史远远没有结束。两位学者对可用数据库中数十起核事故的信息展开研究（其中不少事故是大众不太了解的），预测每 3.7 万堆年[①]就会发生一起堆芯熔毁事故，而这意味着什么？在这项研究进行期间，全世界在运的反应堆共有 443 座，那么据分析，在接下来 25 年中堆芯熔毁事故的发生次数在 95% 置信水平下的置信区间为 0.82—7.7，这意味着在 2036 年以前很有可能再次发生核事故。真希望这个预测是错的，即便会发生下一次重大核事故，也不要很快到来。毕竟，还有"学习效应"在起作用——"每堆年发生一起核事件或事故的概率从 1963 年的 0.01 下降到了 2010 年的 0.004。"两位学者写道。他们补充说，在 1963 年以前，也就是核工业发展初期，学习效应要强于今天。那么，我们可以从本书所讲述的核事

---

① 堆年是核电核材料消耗量的计算单位，一座核反应堆运行一年为一堆年。

故史中吸取哪些教训呢？[5]

　　事故每时每刻都在发生，核工业也不例外。大多数事故都是可预测的，并且都有相应的处置方案。也有一些事故由于技术或人为因素而失控，造成了或大或小的损害，有时还导致放射物泄漏到大气中。一直致力于研究美国核工业、对核能了如指掌的詹姆斯·马哈菲就写过一本专著，记述并分析了数十起重大核事故。[6]

　　在核工业历史上发生的数百起事故中，本书记述的六起事故尤其具有代表性。尽管事故定级并没有统一的标准，而且通常取决于事故发生国的评估，但切尔诺贝利和福岛两起核事故通常都被归为最严重的"特大事故"级别。克什特姆核事故的定级为6级"重大事故"，温茨凯尔和三里岛核事故则为5级"具有严重后果的事故"。"布拉沃城堡"则从未有过定级，因为定级指标仅适用于民用核设施或核电站发生的事故，而不适用于偏差较大的核弹试验。[7]

　　大型事故揭示了除简单失误和技术故障以外的诸多现实问题，凸显了更具广泛意义的政治、社会和文化因素。这些因素以间接、隐秘但最为深刻的方式导致了事故发生。同时，这些事故也体现了在核灾难和核紧急事件中，科学家、工程师、核工业巨头、大众和政府在处理方式上的异同。

　　对于冷战双方和早期核军备竞赛的参与国来说，尽管在哲学、意识形态、政治、经济和文化方面存在巨大差异，但它们都踏入了这片此前未知的领域。管理人员、设计师、工程师和操作员都要在不同程度上应对尚未被充分了解和测试的新科学、新技术，在最初几十年中尤为如此。这样的科技在紧急情况下注定会存在风险、不可预测。事故几乎不可避免，他们都承担了巨大的风险。各国的中央政府、官僚体系、军方和其他组织也都同样如此。为了实现国际或国内的目标，他们都决定冒险使用未经测试的核技术。

如果美军没有在相对短的时间内按计划试爆第一枚氢弹的压力，"布拉沃城堡"试验或许不会造成如此惨痛的后果；如果英国政府没有施压要求延长退火操作的间隔，那么温茨凯尔工厂大火可能不会发生；如果切尔诺贝利核电站没有尽快并网的压力，那么反应堆不会在没有执行必要测试的情况下启动。如三里岛核事故和福岛核事故所揭示的那样，政府监管部门通常和行业内部关系暧昧，对违反安全规定的行为视而不见。

事故发生国的政治文化和管理文化不尽相同，政府和核工业在应对核灾难及其辐射和政治后果时也采取了不同的做法。虽然所有国家的核科学家和工程师普遍持有乐观、敢闯的态度，但仅有苏联的管理人员和工程师为实现自己的目标而有意违反安全指令和规定，政府也对此睁一只眼闭一只眼。如果管理人员和操作员遵循了操作指令手册，那么克什特姆核事故和切尔诺贝利核事故都不会发生。无情的计划体系制定了越来越高的生产配额，如果不抄近路违规操作，这样的生产目标根本无法完成。

在苏联，中央政府控制了民众生活的许多方面，管理风格也是自上而下的，因此，处于金字塔式管理体系底部的人几乎没有能动性。在切尔诺贝利核电站，阿纳托利·迪亚特洛夫掌握着控制室的最高权力，值班长亚历山大·阿基莫夫虽然在场，但也只是听命于他。同样，一旦权力更大的官员登场，所有的职权就自动转移给了他们。级别较低的人不受相关法律保护，也没有权利拒绝上级的命令，因此他们不愿承担任何责任，将决定权悉数交给了中央政府的最高政治领导层。不过，这些领导人从不担责——最后被审判、定罪的都是核电站的管理人员。

美国、英国和日本会让核电站站长在适当情况下处理核灾难。日本首相菅直人选择亲自介入专家的决策过程，也因此招致了严厉的批评。另一位直接参与核事故后续处理事务的政治领导人是米哈伊尔·戈尔巴乔夫。虽然他对发生核事故一事足足沉默了3周，但在调动全国资源处理事故造成的后果上，戈尔巴乔夫在幕后发挥了重要作用。他还主持了中央政治局会议，就事故起因做出了裁断，并任命了监督清理工作的人选。

面临核事故时，两位美国总统所发挥的作用仅限于处理公共关系。德怀特·艾森豪威尔设法回应国外民众的强烈抗议，而吉米·卡特则试图展现领导力，并安抚国内民众。英国首相哈罗德·麦克米伦让核电站管理者处理事故，并成立了一个调查委员会查明事故起因，而他自己则基本退居幕后，还向媒体掩盖事故后果的相关信息，并对美国隐瞒了事故起因。

冷战时期，各国政府在处理事故后果的相关信息时有着相近的本能反应。显然，苏联政府的隐瞒工作是最成功的——一切与克什特姆核事故和切尔诺贝利核事故有关的信息都被成功隐瞒下来，包括事故起因和后果在内。而美国政府压制"布拉沃城堡"事故信息、英国政府掩盖温茨凯尔大火起因，表明两国政府也同样希望阻止信息泄露到公共领域。这似乎也是各个核电站管理者首选的做法，他们在向政府官员和政府机构汇报坏消息时总是动作迟缓——这或许是出于保密文化和自立精神（如温茨凯尔大火），也可能是因为担心受到当局的不公正对待（如切尔诺贝利核事故）。

鉴于事故发生时间和所在的国家有所不同，各国政府都在不同程度上隐瞒、杜撰或歪曲了相关信息。苏联对媒体有绝对的控制权，还可以调遣克格勃监督舆论，成功将克什特姆核事故的秘密保守到了 20 世纪 80 年代末，向苏联民众和世界公布信息时也总是相对迟缓。而民主政府需要应对的是新闻自由，即使是像"布拉沃城堡"和温茨凯尔大火这类与国防相关的事故也是如此。在这两起事故中，媒体是作为独立的行动者出现的。媒体在三里岛核事故的余波中也扮演了关键的角色，不仅传播了新闻，还散播了恐惧。在福岛核事故中，电视媒体实时播报了核电站发生的数场爆炸，并在危机之初成为首相办公室的主要信息来源。切尔诺贝利核事故发生后，戈尔巴乔夫在苏联开启了改革，媒体成为揭露这场核灾难真相的主要机构。

值得注意的是，遭受核事故影响的各国都经历了一个"学习"的过程。"布拉沃城堡"促使科学家修正他们的计算错误，并迫使美国海军更加谨慎地准备气象与风向风力预报。这些事故也促成了一定的社会压力，进而推动了后来将所有核试验转移至地下的政治决策。英国的温茨凯尔反应堆退役了，美国在三里岛核事故后开始以新的方式训练操作员，苏联升级了 RBMK，日本建造了更高的海啸防波堤。

六起重大事故都与 20 世纪五六十年代研发的设计和技术有关，这为人们带来了少许希望，因为这意味着伴随新技术和新产业一起诞生的会出现重大错误的初期阶段已经成为过去。而且，冷战的结束消解了各国核工业之间的重重阻隔，不但信息交换成为可能，而且对安全法规和操作的国际管控也得到了加强。事实表明，切尔诺贝利核事故在制定一系列新的国际法方面发挥着尤其重要的作用，这些法律明确了各国政府在披露核项目和新事故相关信息方面负有不可推卸的责任。[8]

技术取得进步，国际合作越来越多，安全标准不断提高，这些都在很大程度上确保了切尔诺贝利核事故发生后的 25 年间没有再发生重大核事故。不过，福岛核事故清楚地表明，这些改进都不足以保证核电站的安全运转。

如今，核能的发展受阻，面对气候变化，我们不敢轻易将核能作为解决方案。核事故与核灾难是造成这一局面的唯一因素吗？很不幸，答案是否定的。在我们今天所面临的问题中，有些问题同冷战时期出现的问题比较类似，剩下的则是全新的问题。

同冷战时期一样，核共享和核能基础设施的开发为没有核武器的国家打开了核武器的大门。巴基斯坦和朝鲜利用旨在促进核能使用的计划来推进核武器项目，并研制出了核弹。核能的开发非但没有阻碍核武器的扩散，反而起到了促进作用，这与"服务于和平的原子能"计划缔造者的期待背道而驰。[9]

此外，还有很多其他的政治、经济、社会和文化因素给核能的发展带来了诸多困难。同核工业创始之初一样，如今核工业的发展依靠的还是政府补贴和军事技术的进步。页岩气和可再生能源带来的竞争愈发激烈，核工业承受的经济压力不断攀升，导致西屋电气公司等大型核电巨头破产。美国的一些电力公司陷入了贿赂丑闻，它们给州政客和官员许诺了数百万美元的回扣，为老旧的核电站换取数十亿美元的政府补贴。[10]

跟冷战高峰时期的情况一样，今天的核能仍旧是一些国家手中的外交政策工具。专门建造反应堆的西方公司不断加大向亚洲和非洲市场出口的推广力度，以抵消北美和欧洲核工业的持续性停滞。而在亚洲和非洲，这些公司面临来自俄罗斯和中国的同行的竞争，这些竞争对手往往享有政府支持和资金援助。

发展中国家加入"核俱乐部"，追求国际地位、经济利益和能源安全的愿望，与核大国的地缘政治野心和核电公司的经济企图不谋而合。老牌拥核国家竞相推销自己的反应堆，愈发激烈的国际竞争鼓励买家优先选择更便宜而不是更安全的反应堆。国家官僚机构渴望降低核项目的成本，这有助于产品老旧、安全性低的技术公司赢得市场份额。[11]

各国对核能及其衍生能源依旧有着强烈的渴求，尤其是那些已经拥有核设施的国家。即便是那些受核工业事故打击最严重的国家也是如此，如日本、乌克兰、白俄罗斯。在日本，经历了全体停堆后，一大批反应堆又重新并网。乌克兰议会推翻了此前做出的无核化决定，如今乌克兰约一半的电力生产都依赖核能，另外建造 11 个反应堆机组的计划仍在讨论中，迄今仍未通过。在受切尔诺贝利核灾难影响最大的白俄罗斯，公众对核电的热情与日俱增——白俄罗斯紧邻立陶宛首都维尔纽斯（Vilnius）边境的首座核反应堆即将竣工，尽管立陶宛对此表示强烈抗议，欧盟也明确表达了保留意见。[12]

与核能有关的风险可谓一波未平，一波又起。如今，气候问题，气候变化导致的水力发电量下降，能源稀缺，以及地缘政治野心，推动中东地区和非洲部分地区走在核领域的前沿。其中有一些地区的政治状况极其不稳定，这进一步增加了核工业的风险。现在，国际和国内恐怖主义兴起，我们须应对恐怖主义给核工业带来的一系列威胁，包括传统形式的恐怖主义、新型网络恐怖主义，以及有可能攻击核电站的网络战。

许多旧有的风险尚未解决，新的风险已然出现，因此我们很难乐观地认为未来不会发生核事故。一个尚未解决的根本性问题就是反应堆的设计。就技术沿革而言，反应堆设计源于旨在生产钚或为核潜艇提供动力的军用原型。另一个重要问题是乏燃料的处理，目前这个问题正被交到子孙后代的手中。作为应对气候变化的一种方式，核电站的快速扩张必将增加事故发生的概率。新技术虽然有助于避免一些旧隐患，但也会带来与未经测试的反应堆和系统有关的新风险。

比尔·盖茨和他创立的泰拉能源公司（TerraPower）规划的新一代反应堆目前仍处于计算机模拟的阶段，距离正式建成还有数年的时间。盖茨声称这种新一代反应堆"将在物理定律上预防核事故的发生"，但这个说法也不完全可信。如詹姆斯·马哈菲所言，"试图建造永远完美运行的设备是一个崇高的目标，但这是根本不可能的"。要知道，马哈菲是最支持核工业的核事故历史学家之一。[13]

今天，气候变化带来的挑战日益严峻，我们必须在如何分配时间、金钱和资源上做出抉择。可选的选项有可再生能源和核能，但通常情况下，核能仅被视作可再生能源的补充。两个选项都有风险，但原因不同、程度不同。对于可再生能源，我们要把赌注押在科技能够及时开发出足够强大的电池用于储存可再生能源产生的电力之上。这虽然也是一种风险，但不至于像从前的核事故一样会对环境造成那么大的破坏。

而越来越依赖核能的风险是有可能无法及时建造足够的反应堆，来阻止或大幅减缓气候变化，同时这还会将我们自己与自然环境置于险境。建造反应堆的成本过高、耗时过长，而且反应堆天然具有不安全性——这不仅有技术原因，还有人为失误的隐患。如今，向核能领域投资意味着减缓可再生能源的发展，而如果没有可再生能源，即使是核电支持者也不相信我们可以解决这场危机。

很多导致过往事故的政治、经济、社会、文化因素如今仍然存在，这使得核工业很容易以新的、意想不到的方式重蹈覆辙。而且，任何新的事故都必将催生新的反核运动。尽管大型事故都是区域性的，发生在某一国家的管辖范围内，但事故造成的后果一定是国际性的。即使放射性烟羽未曾跨越国界，但信息会在全球传播，激起跨越政治、文化的抗议和反核运动。如果发生新的事故，核工业的发展将至少再停滞 20 年，所有以核能发电阻止气候变化的希望都将成为泡影。核工业不仅在运行上存在风险，而且也无法成为应对某些难题的长期解决方案。

如果核电并非开启未来的安全选项，那么我们应该如何面对现有的核工业？目前的挑战包括加强对现有核设施的监管，提高迅速老化的核电站的安全性，并且投入资源实现这些目标。现在，核能发电占全世界总发电量的 10% 以上，产生的碳排放几乎为零。如果放弃这部分核电并以化石燃料填补空缺，就会产生更多的温室气体，我们无法承担这一后果。我们也不能弃处于经济困境中的核工业于不顾，因为这只会加快下一次核事故的到来。正如核工业最杰出的评论家之一格雷戈里·贾茨科所说的，"核能走向暮年的过程中，必须尽可能地确保少发生核事故"。在核工业走向成年的过程中，全世界已经遭受了太多的事故，而我们现在应该有能力避免再发生重大的核灾难。[14]

致谢

我之前写过一本书——《切尔诺贝利：一部悲剧史》（*Chernobyl：The History of a Nuclear Catastrophe*）。有读者提出问题，想了解苏联对核灾难的反应有何特别之处。本书就试图回答这个问题。因此，我首先要感谢《切尔诺贝利》的读者。希望他们不会对本书给出的答案感到失望。

很多同事和朋友帮助我修改了本书的初稿。我尤其感谢凯特·布朗（Kate Brown）和约瑟夫·巴洛格（Jozsef Balogh）——他们阅读了本书较早几版的书稿，并给出了很好的修改意见。我在哈佛大学的同事孟一衡（Ian Miller）推荐了他的高足约翰·林（John Hayashi）——他在阅读了福岛核事故的章节后，提供了非常宝贵的评论和建议。我在 2021 年春季开设了核时代历史的研讨班，与学生们的讨论对写作本书也有所助益。一如既往，米洛斯拉夫·尤尔克维奇（Myroslav Yurkevich）出色地修饰了我的"乌式英语"。

很高兴与诺顿出版社（W. W. Norton）的约翰·格鲁斯曼（John Glusman）和海伦·托马德斯（Helen Thomaides）、英国企鹅出版集团（Penguin UK）的卡斯阿娜·洛安尼塔（Casiana Ioanita）再次合作。他们的编辑工作帮助我完善了书稿，检查出了不止一处令人尴尬的错误。我非常感谢威利（Wylie）图书经纪公司的萨拉·查尔方特（Sarah Chalfant），是她说服了这两家出版社出版本书。

　　最后，我想感谢我的妻子奥莱娜（Olena）在我的研究和写作过程中给予的支持。与我其他的书一样，没有她的贡献，本书不会是现在的样貌。

注释

前言：盗火

1. Serge Schmemann, "Chernobyl Within the Barbed Wire: Monument to Innocence and Anguish," *New York Times*, April 23, 1991, https://www.nytimes.com/1991/04/23/world/chernobyl-within-the-barbed-wire-monument-to-innocence-and-anguish.html; "Pamiatnik pogibshim na ChAES Prometei, " izi. TRAVEL, https://izi.travel/zh/cca2-pamyatnik-pogibshim-na-chaes-prometey/ru; Adam Higginbotham, *Midnight in Chernobyl: The Untold Story of the World's Greatest Nuclear Disaster* (New York, 2019), 23–24.

2. Address by Mr. Dwight D. Eisenhower, President of the United States of America, to the 470th Plenary Meeting of the United Nations General Assembly, Tuesday, December 8, 1953, *International Atomic Energy Agency*, https://www.iaea.org/about/history/atoms-for-peace-speech; Gerard J. DeGroot, *The Bomb: A Life* (Cambridge, MA, 2005), 192; "Remarks prepared by Lewis L. Strauss," United States Atomic Energy Commission, September 16, 1954, 9, https://www.nrc.gov/docs/ML1613/ML16131A120.pdf; Spencer R. Weart, *The Rise of Nuclear Fear* (Cambridge, MA, 2012), 88–90.

3. "Nuclear Power in the World Today," World Nuclear Association, https://www.world-nuclear.org/information-library/current-and-future-generation/nuclear-power-in-the-world-today.aspx; Marton Dunai and Geert De Clercq, "Nuclear Energy Too Slow, Too Expensive to Save Climate: Report," *Reuters*, September 23, 2019, https://www.reuters.com/article/us-energy-nuclearpower/nuclear-energy-too-slow-too-expensive-to-save-climate-report-idUSKBN1W909J; Amory B. Lovins, "Why Nuclear Power's Failure in the Marketplace is Irreversible (Fortunately for Nonproliferation and Climate Protection)," in *Nuclear Power and the Spread of Nuclear Weapons*, ed. Paul L. Levinthal, Sharon

Tanzer, and Steven Dolley (Washington, DC, 2002), 69–84.

4. George Perkovich, *India's Nuclear Bomb: The Impact on Global Proliferation* (Berkeley, CA, 1999); "Iran and the NPT," Iran Primer, United States Institute of Peace, https://iranprimer.usip.org/index.php/blog/2020/jan/22/iran-and-npt.

5. World Energy Model. Scenario Analysis of Future Energy Trends, International Energy Agency, https://www.iea.org/reports/world-energy-model/sustainable-development-scenario; "Where Does Our Electricity Come From?" World Nuclear Association, https://www.world-nuclear.org/nuclear-essentials/where-does-our-electricity-come-from.aspx; "World Energy Needs and Nuclear Power," World Nuclear Association, https://www.world-nuclear.org/information-library/current-and-future-generation/world-energy-needs-and-nuclear-power.aspx.

6. "Electricity Explained," U.S. Energy Information Administration, https://www.eia.gov/energyexplained/electricity/electricity-in-the-us.php; "How Can Nuclear Combat Climate Change?" World Nuclear Association, https://www.world-nuclear.org/nuclear-essentials/how-can-nuclear-combat-climate-change.aspx.

7. "Nuclear Energy in the U.S.: Expensive Source Competing with Cheap Gas and Renewables," Climate Nexus, https://climatenexus.org/climate-news-archive/nuclear-energy-us-expensive-source-competing-cheap-gas-renewables/; Weart, *The Rise of Nuclear Fear*, 247–255; David Elliott, *Fukushima: Impacts and Implications* (New York, 2013), 2–5.

8. "General Overview Worldwide," The World Nuclear Industry Status Report 2019, https://www.worldnuclearreport.org/The-World-Nuclear-Industry-Status-Report-2019-HTML.html.

9. Bill Gates, *How to Avoid a Climate Disaster: The Solutions We Have and the Breakthroughs We Need* (New York, 2021), 117–118.

10. "INES: The International Nuclear and Radiological Event Scale," International Atomic Energy Agency, https://www.iaea.org/sites/default/files/ines.pdf; "Fukushima Nuclear Accident Update Log," International Atomic Energy Agency, https://www.iaea.org/newscenter/news/fukushima-nuclear-accident-

update-log-15.

第一章　白色尘埃：比基尼环礁

1. Steve Weintz, "Think Your Job Is Rough? Try Disabling a Nuclear Bomb," *The National Interest,* January 7, 2020; John C. Clark as told to Robert Cahn, "We Were Trapped by Radioactive Fallout," *Saturday Evening Post* (July 20, 1957), 17–19, 64–66, here 17.

2. Major General P. W. Clarkson, *History of Operation Castle*, Pacific Proving Ground Joint Task Force Seven (United States Army, 1954), 121.

3. Clark and Cahn, "We Were Trapped by Radioactive Fallout," 18–19.

4. Clark and Cahn, "We Were Trapped by Radioactive Fallout," 64.

5. Clark and Cahn, "We Were Trapped by Radioactive Fallout," 65–66.

6. Bill Becker, "The Man Who Sets Off Atomic Bombs," *Saturday Evening Post* (April 19, 1952), 32–33, 185–188, here 33, 186; Gerard J. DeGroot, *The Bomb. A Life* (Cambridge, MA, 2005), 8–32.

7. Richard Rhodes, *The Making of the Atomic Bomb* (New York, 1986), 428–442; "Alvin Graves," Atomic Heritage Foundation, https://www.atomicheritage.org/profile/alvin-graves; Michael Drapa, "A witness to atomic history: Ted Petry recounts world's first nuclear reaction at UChicago, 75 years later," University of Chicago, November 13, 2017, https://www.uchicago.edu/features/a_witness_to_atomic_history/.

8. DeGroot, *The Bomb*, 37–65, 82–105.

9. Becker, "The Man Who Sets Off Atomic Bombs," 33; Norman Cousins, "Modern Man Is Obsolete," *Saturday Review of Literature*, August 18, 1945, reprinted in Cousins, *Present Tense: An American Editor's Odyssey* (New York, 1967), 120–130; DeGroot, *The Bomb*, 74–75.

10. Philip L. Fradkin, *Fallout: An American Nuclear Tragedy* (Tucson, AZ,1989), 89–91, 256; Becker, "The Man Who Sets Off Atomic Bombs," 33,186; "Floy Agnes Lee's Interview," Voices of the Manhattan Project, 11–12, https://www.manhattanprojectvoices.org/oral-histories/floy-agnes-lees-interview.

11. Fradkin, *Fallout*, 106–111; Richard L. Miller, *Under the Cloud: The Decades of Nuclear Testing* (The Woodlands, TX, 1986), 363; *Operation Upshot-Knothole*

Fact Sheet (Fort Belvoir, VA: Defense Threat Reduction Agency, July 2007).

12. DeGroot, *The Bomb*, 162–184.

13. "Percy Clarkson, General, 68, Dies," *New York Times*, September 15, 1962, 25.

14. Richard Rhodes, *Dark Sun: The Making of the Hydrogen Bomb* (New York,1995), 482–512.

15. "Interview with Edward Teller," National Security Archive, Episode 8, https://nsarchive2.gwu.edu/coldwar/interviews/episode-8/teller1.html; Rhodes, *Dark Sun*, 541–542; DeGroot, *The Bomb*, 177–179.

16. Alex Wellerstein, "Declassifying the Ivy Mike Film (1953)," Restricted Data. The Nuclear Secrecy Blog, February 8, 2012; Wellerstein, *Restricted Data: The History of Nuclear Secrecy in the United States* (Chicago, 2021), 241–244, 248; Thomas Kunkle and Byron Ristvet, *Castle Bravo: Fifty Years of Legend and Lore. A Guide to Off-Site Radiation Exposures* (Kirtland AFB, NM: Defense Threat Reduction Agency, January 2013), 49, 51.

17. Laura A. Bruno, "The Bequest of the Nuclear Battlefield: Science, Nature, and the Atom during the First Decade of the Cold War," *Historical Studies in the Physical and Biological Sciences* 33, no.2 (2003): 237–260, here 246; W. G. Van Dorn, *Ivy-Mike: The First Hydrogen Bomb* (Bloomington, IN, 2008), 13, 36, 43–44, 170–171; Wellerstein, "Declassifying the Ivy Mike Film (1953)."

18. Clarkson, *History of Operation Castle*, 10, 54.

19. Clarkson, *History of Operation Castle*, 4–8.

20. Clarkson, *History of Operation Castle*, 6; Martha Smith-Norris, *Domination and Resistance: The United States and the Marshall Islands during the Cold War* (Honolulu, 2016), 44–50; Kunkle and Ristvet, *Castle Bravo*, 17.

21. Kunkle and Ristvet, *Castle Bravo*, 30–31.

22. Clarkson, *History of Operation Castle*, 220–229.

23. Kunkle and Ristvet, *Castle Bravo*, 88; Clarkson, *History of Operation Castle*,79–80, 81, 135.

24. Clarkson, *History of Operation Castle*, 44–47, 108.

25. Kunkle and Ristvet, *Castle Bravo*, 31; Clarkson, *History of Operation Castle*,119.

26. Clarkson, *History of Operation Castle*, 121, 181; *Operation Castle: Radiological Safety, Final Report*, vol.2 (ADA995409, 1985), K2, https://apps.dtic.mil/dtic/tr/fulltext/u2/a995409.pdf; Clark and Cahn, "We Were Trapped by Radioactive Fallout."

27. Walmer E. Strope quoted in "Castle- Bravo Nuclear Test Fallout Cover-Up," https://glasstone.blogspot.com/2010/09/castle-bravo-nuclear-test-fallout-cover.html.

28. *Operation Castle: Radiological Safety*, vol.2, K 3; Clarkson, *History of Operation Castle*, 118.

29. Kunkle and Ristvet, *Castle Bravo*, 51–52.

30. *Operation Castle: Radiological Safety*, vol.2, K 1–2, https://apps.dtic.mil/dtic/tr/fulltext/u2/a995409.pdf.

31. Clark and Cahn, "We Were Trapped by Radioactive Fallout"; *Operation Castle: Radiological Safety*, vol.2, K 3.

32. *Operation Castle: Radiological Safety*, vol.2, K 3.

33. *Operation Castle: Radiological Safety*, vol.2, K 3, 4.

34. Keith M. Parsons and Robert A. Zaballa, *Bombing the Marshall Islands: A Cold War Tragedy* (Cambridge, 2017), 56–57; "Race for the Superbomb," transcript, *American Experience*, PBS, https://www.pbs.org/wgbh/americanexperience/films/bomb/#transcript; "World's Biggest Bomb,"transcript, *Secrets of the Dead*, PBS, https://www.pbs.org/wnet/secrets/the-worlds-biggest-bomb-watch -the-full-episode/863/; Bill Bryson, *The Life and Times of Thunderbolt Kid: A Memoir* (New York, 2006), 123–124.

35. Clarkson, *History of Operation Castle*, 121–123.

36. Clark and Cahn, "We Were Trapped by Radioactive Fallout."

37. Clarkson, *History of Operation Castle*, 121; *Operation Castle: Radiological Safety, Final Report*, vol.2 (ADA995409, 1985), K 4.

38. Kunkle and Ristvet, *Castle Bravo*, 109; *Operation Castle: Radiological Safety*, vol.2, K 4.

39. Kunkle and Ristvet, *Castle Bravo*, 107, 109.

40. Kunkle and Ristvet, *Castle Bravo*, 109; *Operation Castle: Radiological Safety*, vol.2, K 4.

41. Kunkle and Ristvet, *Castle Bravo*, 111–112; *Operation Castle: Radiological Safety*, vol.2, K 6.

42. *Operation Castle: Radiological Safety*, vol.2, K 7; Kunkle and Ristvet, *Castle Bravo*, 112.

43. Kunkle and Ristvet, *Castle Bravo*, 115; *Operation Castle: Radiological Safety*, vol. 2, K 8-9; Clarkson, *History of Operation Castle*, 121, 126; Operation CASTLE Commander's Report, https://archive.org/details/CastleCommandersReport1954.

44. Jack Niedenthal, *For the Good of Mankind: A History of the People of Bikini and Their Islands* (Boulder, CO: Bravo Publishers, 2001).

45. Keith M. Parsons and Robert A. Zaballa, *Bombing the Marshall Islands*, 74; Jane Dibblin, *Day of Two Suns: U.S. Nuclear Testing and the Pacific Islanders* (New York, 1998), 25.

46. Stewart Firth, *Nuclear Playground* (Sydney, 1987), 16.

47. Parsons and Zaballa, *Bombing the Marshall Islands*, 73–74; Dibblin, *Day of Two Suns*, 24–25.

48. *Operation Castle: Radiological Safety*, vol.2, K 7; Kunkle and Ristvet, *Castle Bravo*, 115.

49. Kunkle and Ristvet, *Castle Bravo*, 115; *Operation Castle: Radiological Safety*, vol.2, K 9; Clarkson, *History of Operation Castle*, 127.

50. Kunkle and Ristvet, *Castle Bravo*, 122–124; *Operation Castle: Radiological Safety*, vol.2, K 9; Clarkson, *History of Operation Castle*, 127–128.

51. Kunkle and Ristvet, *Castle Bravo*, 130; Clarkson, *History of Operation Castle*, 127–128.

52. Kunkle and Ristvet, *Castle Bravo*, 130.

53. Clarkson, *History of Operation Castle*, 54, 137.

54. "264 Exposed to Atom Radiation After Nuclear Blast in Pacific," *New York Times*, March 12, 1954, 1.

55. Clarkson, *History of Operation Castle*, 110; Beverly Deepe Keever, "The Largest Nuclear Bomb in U.S. History Still Shakes Rongelap Atoll and Its Displaced People 50 Years Later," *The Other News: Voices Against the Tide*, February 4, 2005, https://www.other-news.info/2005/02/the-largest-nuclear-bomb-in-

us-history-still-shakes-rongelap-atoll-and-its-displaced-people-50-years-later-beverly-deepe-keever/.

56. "264 Exposed to Atom Radiation After Nuclear Blast in Pacific," *New York Times*, March 12, 1954, 1.

57. Ralph E. Lapp, *The Voyage of the Lucky Dragon* (New York, 1958), 6–26; Mark Schreiber, "Lucky Dragon's Lethal Catch," *Japan Times*, March 18, 2012.

58. Schreiber, "Lucky Dragon's Lethal Catch."

59. Matashichi Ōishi, *The Day the Sun Rose in the West: Bikini, the Lucky Dragon, and I* (Honolulu, HI, 2011), 18–19.

60. Clarkson, *History of Operation Castle*, 136.

61. Lapp, *The Voyage of the Lucky Dragon*, 27–54; Kunkle and Ristvet, *Castle Bravo*, 27; James R. Arnold, "Effects of Recent Bomb Tests on Human Beings," *Bulletin of the Atomic Scientists* 10, no.9 (1954): 347–348.

62. Arnold, "Effects of Recent Bomb Tests on Human Beings," 347–348; Parsons and Zaballa, *Bombing the Marshall Islands*, 67–68.

63. Schreiber, "Lucky Dragon's Lethal Catch."

64. Lora Arnold, *Britain and the H- Bomb* (London, 2001), 19–20.

65. "Statement of Lewis Strauss," March 22, 1955, *AEC-FCDA Relationship: Hearings Before the Subcommittee on Security of the Joint Committee on Atomic Energy* (Washington, DC, 1955), 6–9; Wellerstein, *Restricted Data*, 247–248.

66. Arnold, *Britain and the H-Bomb*, 20; "H-Bomb Can Wipe Out Any City Strauss Reports after Tests," *New York Times*, April 1, 1954, 1.

67. Parsons and Zaballa, *Bombing the Marshall Islands*, 71–72.

68. Wellerstein, "Declassifying the Ivy Mike Film (1953)"; "Operation Castle,1954," Film produced by Joint Task Force 7, https://www.youtube.com/watch?v=kfbHwj71k48.

69. Clarkson, *History of Operation Castle*, 132, 135–137.

70. Clarkson, *History of Operation Castle*, 140; "Operation Castle, 1954-Pacific Proving Ground," The Nuclear Weapon Archive, http://nuclearweaponarchive.org/Usa/Tests/Castle.html.

71. "Operation Castle, 1954-Pacific Proving Ground"; Timothy J. Jorgensen,

Strange Glow: The Story of Radiation (Princeton, NJ, 2016), 170–73; Rhodes, *Dark Sun*, 541–543.

72. Clarkson, *History of Operation Castle*, 130, 190–191.

73. Smith- Norris, *Domination and Resistance*, 80–82.

74. Clarkson, *History of Operation Castle*, 143; Smith-Norris, *Domination and Resistance*, 82–83.

75. Clarkson, *History of Operation Castle*, 143; Kunkle and Ristvet, *Castle Bravo*, 112.

76. Smith-Norris, *Domination and Resistance*, 83.

77. Clarkson, *History of Operation Castle*, 131–132; Smith-Norris, *Domination and Resistance*, 86–90; Kunkle and Ristvet, *Castle Bravo*, 119–120; A Permanent Exhibit "The Republic of the Marshall Islands and the United States: A Strategic Partnership: The History of the RMI's Bilateral Relationship with the United States," https://web.archive.org/web/20160424042410/ http://www.rmiembassyus.org/Nuclear%20Issues.htm.

78. Firth, *Nuclear Playground*, 18; Calin Georgescu, "Report of the Special Rapporteur on the Implications for Human Rights of the Environmentally Sound Management and Disposal of Hazardous Substances and Wastes," Mission to the Marshall Islands (March 27–30, 2012) and the United States of America (April 24–27, 2012), 5, https://www.ohchr.org/Documents/HRBodies/HRCouncil/RegularSession/Session21/A-HRC-21-48-Add1_en.pdf; "Zhertvy amerikanskikh ispytanii atomnogo i vodorodnogo oruzhiia," *Pravda*, July 8, 1954, 3.

79. "Atomnoe oruzhie dolzhno byt' zapreshcheno," *Pravda*, February 8, 1955.

80. Milton S. Katz, *Ban the Bomb: A History of SANE, the Committee for a Sane Nuclear Policy, 1957–1985* (New York, 1986), 14–15; Ralph E. Lapp, "Civil Defense Faces New Peril," *Bulletin of the Atomic Scientists* 9 (*November* 1954): 349–351; Ralph Lapp, "Radioactive Fallout," *Bulletin of the Atomic Scientists* 1 (February 1955): 45–51.

81. "The Russell-Einstein Manifesto, London, 9 July 1955," *Student Pugwash, Michigan*, http://umich.edu/~pugwash/Manifesto.html.

82. Smith-Norris, *Domination and Resistance*, 50–613; Fradkin, *Fallout*, 91; Firth,

Nuclear Playground, 42; Louis Henry Hempelman, Clarence C. Lushbaugh, and George L. Voelz, "What Has Happened to the Survivors of the Early Los Alamos Nuclear Accidents?" Conference for Radiation Accident Preparedness, Oak Ridge, TN, October 19, 1979 (Los Alamos Scientific Laboratory, October 2, 1979), https://www.orau.org/ptp/pdf/accidentsurvivorslanl.pdf; https://web.archive.org/web/20130218012525/ http://www.dtra.mil/documents/ntpr/factsheets/Upshot_Knothole.pdf.

83. Schreiber, "Lucky Dragon's Lethal Catch"; Kunkle and Ristvet, *Castle Bravo*, 129.

84. Smith-Norris, *Domination and Resistance*, 75–77, 86–92.

85. James N. Yamazaki with Louise B. Fleming, *Children of the Atomic Bomb: An American Physician's Memoir of Nagasaki, Hiroshima and the Marshall Islands* (Durham, NC, 1995), 109–112; Firth, *Nuclear Playground*, 41; Kate Brown, *Manual for Survival: A Chernobyl Guide to the Future* (New York, 2019), 244–245.

86. Robert A. Conard, "Fallout: The Experiences of a Medical Team in the Care of Marshallese Population Accidentally Exposed to Fallout Radiation," iii, https://inis.iaea.org/collection/NCLCollectionStore/_Public/23/053/23053209.pdf?r=1&r=1; Steven L. Simon, Andre Bouville, and Charles E. Land, "Fallout from Nuclear Weapons Tests and Cancer Risks: Exposures 50 Years Ago Still Have Health Implications Today That Will Continue into the Future," *American Scientist* 94, no.1 (January 2006): 48–57; Parsons and Zaballa, *Bombing the Marshall Islands*, 79–82.

87. Firth, *Nuclear Playground*, 19–20; Smith-Norris, *Domination and Resistance*, 61–74.

88. Firth, *Nuclear Playground*, 46–48, 67–69; Smith- Norris, *Domination and Resistance*, 92–95; A Permanent Exhibit "The Republic of the Marshall Islands and the United States: A Strategic Partnership."

第二章　北极奇光：克什特姆

1. Gerard J. DeGroot, *The Bomb: A Life* (Cambridge, MA, 2005),167–168,193–194; Alex Wellerstein, "A Hydrogen Bomb by Any Other Name," *New*

Yorker, January 8, 2016; "Soviet Hydrogen Bomb Program," Atomic Heritage Foundation, https://www.atomicheritage.org/history/soviet-hydrogen-bomb-program .

2. "Resumption of Nuclear Tests by Soviet Union," *Department of State Bulletin* 35, pt.1 (September 10, 1956): 422–428, here Appendix, 425–427.

3. Iu. V. Gaponov, "Igor' Vasil'evich Kurchatov: The Scientist and Doer (January 12, 1903–February 7, 1960)," *Physics of Atomic Nuclei* 66, no.1 (2003): 3–7.

4. DeGroot, *The Bomb*, 125–130; Vladimir Gobarev, *Sekretnyi atom* (Moscow, 2006), 75; "Institut Kurchatova poluchil dokumenty iz arkhiva SVR po atomnomu proektu SSSR," *RIA Novosti*, July 17, 2019, https://ria.ru/20190917/1558762897.html.

5. E. O. Adamov, V. K. Ulasevich, and A. D. Zhirnov, "Patriarkh reaktorostroeniia," *Vestnik rossiiskoi akademii nauk* 69, no.10 (1999): 914–928, here 916–917.

6. "Kyshtym," Moi gorod. Narodnaia ėntsiklopediia gorodov i regionov Rosiii, http://www.mojgorod.ru/cheljab_obl/kyshtym/index.html; "Gorod s osoboi sud'boi," Ozerskii gorodskoi okrug, http://www.ozerskadm.ru/city/history/index.php .

7. Kate Brown, *Plutopia: Nuclear Families, Atomic Cities, and the Great Soviet and American Plutonium Disasters* (New York, 2013), 87–123; David Holloway, *Stalin and the Bomb: The Soviet Union and Atomic Energy, 1939–1956* (New Haven, CT, 1996), 184–189.

8. "Dokladnaia zapiska I. V. Kurchatova, B. G. Muzurukova, E. P. Slavskogo na imia L. P. Berii ob osushchestvlenii reaktsii v pervom promyshlennom reaktore kombinata no. 817 pri nalichii vody v tekhologicheskikh kanalakh," June 11, 1948; *Atomnyi proekt SSSR. Dokumenty i materialy*, ed. L. D. Riabev, vol.2, *Atomnaia bomba, 1945–1954*, bk.1 (Moscow, 1999), 635–636; Mikhail *Grabovskii, Plutonieva zona* (Moscow, 2002), 20.

9. V. I. Shevchenko, "Kak prostoi rabochii," in *Tvortsy atomnogo veka. Slavskii E. P.* (Moscow, 2013), 84–86; B. V. Brokhovich, *Slavskii E. P. Vospominaniia sosluzhivtsa* (Ozersk/Cheliabinsk 65, 1995), 18; Zhores Medvedev and Roi Medvedev, *Izbrannye proizvedeniia* (Moscow, 2005), 336.

10. *Kurchatovskii Institut. Istoriia iadernogo proekta* (Moscow, 1998), 65; E. P.

Slavskii, "Nashei moshchi, nashei sily boiatsia," *Nezavisimaia gazeta*, April 4, 1998, 16.

11. Gennady Gorelik, "The Riddle of the Third Idea: How Did the Soviets Build a Thermonuclear Bomb So Suspiciously Fast?" *Scientific American*, August 21, 2011; Department of State Bulletin 35, pt. 1 (September 10, 1956): 428; A. V. Artizov, "Poslednee interv'iu E. P. Slavskogo," in *Tvortsy atomnogo veka. Slavskii E. P.* (Moscow, 2013), 381–382.

12. Richard Lourie, *Sakharov: A Biography* (Lexington, MA, 2018).

13. Andrei Sakharov, *Memoirs* (New York, 1990), 98–100, 190–192.

14. Brown, *Plutopia*, 115–123, 214; *Sources and Effects of Ionizing Radiation*, 2008 Report to the General Assembly, United Nations Scientific Committee on the Effects of Atomic Radiation. 2011. Annex C: Radiation exposures in accidents, 3, https://web.archive.org/web/20130531015743/http:/www.unscear.org/docs/reports/2008/11-80076_Report_2008_Annex_C.pdf.

15. Brown, *Plutopia*, 189–196; Vladislav Larin, *Kombinat "Maiak," problema na veka* (Moscow, 2001), 34–42; Vitalii Tolstikov and Irina Bochkareva, "Likvidatsiia posledstvii radiatsionnykh avarii na Urale po vospominaniiam ikh uchastnikov," *Vestnik Tomskogo gosudarstvennogo universiteta* 405 (2016): 137–141, here 137; V. I. Utkin et al., *Radioaktivnye bedy Urala* (Ekaterinburg, 2000), 66–71.

16. Larin, *Kombinat "Maiak,"* 42–44; Thomas B. Cochran, Robert Standish Norris, and Kristen L. Suokko, "Radioactive Contamination at Chelyabinsk-65, Russia," *Annual Review of Energy and the Environment* 18, 1 (November 2003): 507–528, here, 511–515.

17. James Mahaffey, *Atomic Accidents: A History of Nuclear Meltdowns and Disasters from the Ozark Mountains to Fukushima* (New York, 2014), 282–283; Larin, *Kombinat "Maiak,"* 42–44.

18. Valerii Ivanovich Komarov in Sled 57-go goda. Sbornik vospominanii likvidatorov avarii 1957 goda na PO "Maiak" (Ozersk, 2007), 30–37.

19. Valentina Dmitrievna Malaia (Cherevkova) in Sled 57-go goda, 42–43; Mariia Vasil'evna Zhonkina in Sled 57-go goda, 56.

20. Igor Fedorovich Serov in Sled 57-go goda, 44–47; Semen Fedorovich Osotin

and Lidiia Pavlovna Sokhina in *Sled 57-go goda,* 13–14; M. Filippova, "Ozerskoi divizii– 55, [v/ch 3273]," *Pro Maiak, August* 25, 2006, 3, http://www.lib.csu. ru/vch/1/1999_01/009.pdf; http://libozersk.ru/pbd/ozerskproekt/politics/ filippova.html; Vitalii Tolstikov and Viktor Kuznetsov, *Iadernoe nasledie na Urale: Istoricheskie otsenki i dokumenty* (Ekaterinburg, 2017), 132.

21. Petr Ivanovich Triakin in *Sled 57-go goda,* 20–21.

22. Valery Kazansky, "Maiak Nuclear Accident Remembered," *Moscow News,* September 19, 2007, 12.

23. Tolstikov and Kuznetsov, *Iadernoe nasledie na Urale,* 132; Osotin and Sokhina in *Sled 57-go goda,* 13–14.

24. Kazansky, "Maiak Nuclear Accident Remembered."

25. Vladimir Alekseevich Matiushkin in Sled 57-go *goda,*144–145; Nikolai Nikolaevich Kostesha in *Sled 57-go goda,* 57–60.

26. Tolstikov and Kuznetsov, *Iadernoe nasledie na Urale,* 133.

27. Tolstikov and Kuznetsov, *Iadernoe nasledie na Urale,* 134.

28. Vitalii Tolstikov and Viktor Kuznetsov, "Iadernaia katastrofa 1957 goda na Urale," *Magistra Vitae: élektronnyi zhurnal po istoricheskim naukam i arkheologii* 1, no.9 (1999): 84–95, here 86, https://cyberleninka.ru/article/n/yadernaya-katastrofa-1957-goda-na-urale; Nikolai Stepanovich Burdakov in *Sled 57-go goda,* 74–75.

29. Valentina Dmitrieva Malaia (Cherevkova), 43; Dim Iliasov in *Sled 57- go goda,* 64–65.

30. Il'ia Mitrofanovich Moshin, 70; Gurii Vasil'evich Baimon in *Sled 57-go goda,* 192.

31. Anatolii Vasil'evich Dubrovskii in *Sled 57-go goda,* 195–200.

32. Komarov in Sled 57-go *goda,* 36; "Semenov Nikolai Anatolievich," *Geroi atomnogo proekta* (Sarov, 2005), 334–335.

33. Brokhovich, *Slavskii,* 27; "N. S. Khrushchev. Khronologiia 1953–1964. Sostavlena po ofitsial'nym publikatsiiam. 1957 god," in Nikita Khrushchev, *Vospominaniia: vremia, liudi, vlast'* (Moscow, 2016), vol.2.

34. Anatolii D'iachenko, *Opalennye pri sozdanii iadernogo shchita Rodiny* (Moscow, 2009), 227.

35. Sakharov, *Memoirs*, 213.

36. Brokhovich, *Slavskii*, 20–21; P. A. Zhuravlev, "Moi Atomnyi vek," in *Tvortsy atomnogo veka, Slavskii*, 91.

37. Burdakov in *Sled 57-go goda*, 78.

38. "Mekhaniki na likvidatsii avarii," 38; Burdakov in *Sled 57-go goda*, 77.

39. Petr Ivanovich Triakin in Sled *57-go goda*, 20; Tolstikov and Kuznetsov, *Iadernoe nasledie na Urale*, 148.

40. Tolstikov and Kuznetsov, *Iadernoe nasledie na Urale*, 52; Tolstikov and Bochkareva, "Likvidatsiia posledstvii radiatsionnykh avarii na Urale,"139–140.

41. Evgenii Ivanovich Andreev in *Sled 57-go goda*, 87–88.

42. Iurii Aleksandrovich Burnevskii in *Sled 57-go goda*, 180.

43. Dim Fatkulbaianovich Il'iasov, 65; Burnevskii in *Sled 57-go goda*, 180; Tolstikov and Kuznetsov, *Iadernoe nasledie na Urale*, 148.

44. "Mekhaniki na likvidatsii avarii," 39; Vasilii Ivanovich Moiseev in *Sled 57-go goda*, 68.

45. Sokhina in *Sled 57-go goda*, 12–13.

46. Tolstikov and Kuznetsov, *Iadernoe nasledie na Urale*, 148; Brown, *Plutopia*, 234; "Shtefan Petr Tikhonovich," *Geroi strany*, http://www.warheroes.ru/hero/hero. asp?Hero_id=13972.

47. Mikhail Gladyshev, *Plutonii dlia atomnoi bomby*, 43; Mariia Vasil'evna Zhonkina in *Sled 57-go goda*, 56.

48. Tolstikov and Kuznetsov, *Iadernoe nasledie na Urale*, 167, 171, 193; Nikolai Nikolaevich Kostesha in *Sled 57-go goda*, 59; Mikhail Kel'manovich Sandratskii, in *Sled 57-go goda*, 93.

49. Vasilii Ivanovich Shevchenko in *Sled 57-go goda*, 29.

50. Boris Mitrofanovich Semov in *Sled 57-go goda*, 107–108.

51. Tolstikov and Kuznetsov, *Iadernoe nasledie na Urale*, 154–159; Tolstikov and Bochkareva, "Likvidatsiia posledstvii radiatsionnykh avarii na Urale," 137.

52. Tolstikov and Kuznetsov, *Iadernoe nasledie na Urale*, 194.

53. R. R. Aspand'iarova, "Avtomobilisty-likvidatory," in *Sled 57-go goda*, 51–52; Iurii Andreevich Shestakov in Sled 57-go goda, 98; Matiushkin in *Sled 57-go goda*, 145.

54. Sokhhina in *Sled 57-go goda*, 16; Konstantin Ivanovich Tikhonov in *Sled 57-go goda*, 103; Barmin in *Sled 57-go goda*, 193; Brown, *Plutopia*, 236; Tolstikov and Kuznetsov, *Iadernoe nasledie na Urale*, 194.

55. Brown, *Plutopia*, 235–236.

56. Brown, *Plutopia*, 236–237; Tolstikov and Kuznetsov, *Iadernoe nasledie na Urale*, 195.

57. "Kyshtymskaia avariia. Ural'skii Chernobyl'," *Nash Ural, May* 30, 2019.

58. Barmin in *Sled 57-go goda*, 192.

59. Tolstikov and Kuznetsov, *Iadernoe nasledie na Urale*, 196–197.

60. Tolstikov and Kuznetsov, *Iadernoe nasledie na Urale*, 218.

61. Brown, *Plutopia*, 240; Tolstikov and Kuznetsov, *Iadernoe nasledie na Urale*, 45, 149–151, 220.

62. Brokhovich, *Slavskii*, 28.

63. Tolstikov and Kuznetsov, *Iadernoe nasledie na Urale*, 220, 224–225.

64. Gennadiii Vasil'evich Sidorov in *Sled 57-go goda*, 122–124; Tolstikov and Kuznetsov, *Iadernoe nasledie na Urale*, 176, 271.

65. Sidorov in *Sled 57-go goda*, 125–126; Leonid Ivanovich Zaletov in *Sled 57-go goda*, 127–128; Tolstikov and Kuznetsov, *Iadernoe nasledie na Urale*, 173.

66. Tolstikov and Kuznetsov, *Iadernoe nasledie na Urale*, 216, 222–225; Zaletov in *Sled 57-go goda,* 127.

67. Brown, *Plutopia*, 241–246; Utkin et al., *Radioaktivnye bedy Urala*, 68; Regina Khissamova and Sergei Poteriaev, "Zhizn' v radioaktivnoi zone. 60 let posle Kyshtymskoi katastrofy," *Nastoiashchee vremia*, https://www.currenttime.tv/a/28769685.html.

68. Tolstikov and Kuznetsov, *Iadernoe nasledie na Urale*, 213, 214.

69. Tolstikov and Kuznetsov, *Iadernoe nasledie na Urale*, 274–281.

70. Sokhina in *Sled 57-go goda*, 18; Tolstikov and Kuznetsov, *Iadernoe nasledie na Urale*, 135–137.

71. "Akt komissii po rassledovaniiu prichin vzryva v khranilishche radioaktivnykh otkhodov kombinata 817," in Tolstikov and Kuznetsov, *Iadernoe nasledie na Urale*, 138–146; Sokhina in *Sled 57-go goda*, 17–18.

72. "Prikaz direktora gosudarstvennogo ordena Lenina khimicheskogo zavoda

imeni Mendeleeva," November 15, 1957, in Tolstikov and Kuznetsov, *Iadernoe naledie na Urale*, 138; Nikolai Alekseevich Sekretov in *Sled 57-go goda*, 185; "Dem'ianovich Mikhail Antonovich," *Ėntsiklopadiia Cheliabinskoi oblasti*, http://chel-portal.ru/?site=encyclopedia&t=Demyanovich&id=2632.

73. Komarov in *Sled 57-go goda*, 37.

74. Brown, *Plutopia*, 244; Tolstikov and Kuznetsov, *Iadernoe naledie na Urale*, 285.

75. Utkin et al., *Radioaktivnye bedy Urala*, 66–71; *Cheliabinskaia oblast'. Likvidatsiia posledstvii radiatsionnykh avarii*, ed. A. V. Akleev (Cheliabinsk, 2006),49–51; Tolstikov and Kuznetsov, *Iadernoe naledie na Urale*, 231; Brown, *Plutopia*, 239–246; Khissamova and Poteriaev, "Zhizn' v radioaktivnoi zone."

76. Tolstikov and Kuznetsov, *Iadernoe naledie na Urale*, 201–202.

77. Tolstikov and Kuznetsov, *Iadernoe naledie na Urale*, 285–298; "Kyshtymskaia avariia. Ural'skii Chernobyl'," *Nash Ural*, May 30, 2019; Pavel Raspopov, "Vostochno-ural'skii radiatsionnyi zapovednik," *Uraloved*, April 22, 2011.

78. Daria Litvinova, "Human rights activist forced to flee Russia following TV 'witch-hunt'," *The Guardian*, October 20, 2015; Izol'da Drobina, "Iadovitoe oblako prishlo s Maiaka," *Novaia gazeta*, September 29, 2020.

79. Cochran, Norris, and Suokko, "Radioactive Contamination at Chelyabinsk-65, Russia," 522.

第三章　英国烈火：温茨凯尔

1. Letter from Prime Minister Macmillan to President Eisenhower, London, October 10, 1957, *Foreign Relations of the United States (FRUS), 1955–1957, Western Europe and Canada*, vol.27, no.304.

2. Paul Dickson, *Sputnik: The Shock of the Century* (New York, 2001), 108–190.

3. Paul H. Septimus, *Nuclear Rivals: Anglo- American Atomic Relations, 1941–1952* (Columbus, OH, 2000), 9–93.

4. Septimus, *Nuclear Rivals*, 72–198; John Baylis, *Ambiguity and Deterrence:British Nuclear Strategy 1945–1964* (New York, 1995), 67–240; Margaret Gowing, assisted by Lorna Arnold, *Independence and Deterrence: Britain and Atomic Energy*,

1945–1952, vol.1, *Policy Making* (London, 1974).

5. Letter from Prime Minister Macmillan to President Eisenhower, London, October 10, 1957; Nigel J. Ashton, "Harold Macmillan and the 'Golden Days' of Anglo-American Relations Revisited, 1957–63," *Diplomatic History* 29, no.4 (September 2005): 691–723, here 699–702.

6. Gowing and Arnold, *Independence and Deterrence*, 1: 87–159, 168.

7. Gowing and Arnold, *Independence and Deterrence*, 1: 16–193.

8. "Cabinet. Atomic Energy. Note of a Meeting of Ministers held at No.10 Downing Street, S.W.1., on Friday, 26th October, 1946, at 2.15 p.m.," in Peter Hennessy, *Cabinets and the Bomb* (London, 2007), 45–46; John Baylis and Kristan Stoddart, *The British Nuclear Experience: The Roles of Beliefs, Culture and Identity* (Oxford, 2015), 32.

9. Septimus, *Nuclear Rivals*, 55–71.

10. Margaret Gowing, "Lord Hinton of Bankside, O. M., F. Eng. 12 May 1901–22 June 1983," *Biographical Memoirs of Fellows of the Royal Society* 36 (December 1990): 218–239.

11. Lorna Arnold, *Windscale 1957: Anatomy of a Nuclear Accident*, 3d ed. (New York, 2007), 8–11.

12. John Harris interviewed in "Windscale: Britain's Biggest Nuclear Disaster," 2007 BBC Documentary, https://www.youtube.com/watch?v=d5cDiqVHW7Y; G.A. Polukhin, *Atomnyi pervenets Rossii. PO "Maiak." Istoricheskie ocherki* (Ozersk, 1998), 1: 83–137; Kate Brown, *Plutopia:Nuclear Families, Atomic Cities, and the Great Soviet and American Plutonium Disasters* (New York, 2013), 121–122.

13. Jean McSorley, *Living in the Shadow: The Story of the People of Sellafield* (London, 1990), 13, 23.

14. "Windscale: Britain's Biggest Nuclear Disaster."

15. Richard Rhodes, *The Making of the Atomic Bomb* (New York, 1988), 497–500, 547–548, 557–560.

16. Gowing and Arnold, *Independence and Deterrence*, 1: 190–193; Arnold, *Windscale 1957*, 9–11.

17. James Mahaffey, *Atomic Accidents. A History of Nuclear Meltdowns and Disasters:*

From the Ozark Mountains to Fukushima (New York, 2014), 160–163; Arnold, Windscale 1957, 15–16.

18. Rhodes, The Making of the Atomic Bomb, 439–442; Mahaffey, Atomic Accidents, 164–165, 169; Arnold, Windscale 1957, 12–13.

19. Arnold, Windscale 1957, 13–15; Mahaffey, Atomic Accidents, 165–166.

20. Arnold, Windscale 1957, 17–18.

21. Gowing and Arnold, Independence and Deterrence, 1: 449–450; Septimus, Nuclear Rivals, 188–198; Lorna Arnold and Mark Smith, Britain, Australia and the Bomb: The Nuclear Tests and Their Aftermath (New York, 2006), 29–48.

22. "Queen Visits Calder Hall" (1956) Newsreel, https://www.youtube.com/watch?v=ey9envpF_TE; Gowing, "Lord Hinton of Bankside, O. M., F. Eng. 12 May 1901–22 June 1983," 230–232.

23. Gowing and Arnold, Independence and Deterrence, 1: 193, 446; Arnold, Windscale 1957, 41.

24. Arnold, Windscale 1957, 7–18, 32, 34–35; Mahaffey, Atomic Accidents, 167–168.

25. Arnold, Windscale 1957, 35.

26. Arnold, Windscale 1957, 36–37.

27. Arnold, Windscale 1957, 15, 30–31.

28. William Penney et al., "Report on the Accident at Windscale No. 1 Pile on 10 October 1957," Journal of Radiological Protection 37, no.3 (2017): 780–796, here 780; Arnold, Windscale 1957, 33–34, 42; Mahaffey, Atomic Accidents, 172.

29. Arnold, Windscale 1957, 44–46.

30. Kara Rogers, "1957 Flu Pandemic," Encyclopedia Britannica, https://www.britannica.com/event/Asian-flu-of-1957 .

31. Penney, "Report on the Accident," 783; Mahaffey, Atomic Accidents, 173.

32. Penney, "Report on the Accident," 784; Arnold, Windscale 1957, 47–48; Mahaffey, Atomic Accidents, 173–175; Roy Herbert, "The Day the Reactor Caught Fire," New Scientist (October 14, 1982): 84–86, here 85.

33. Wilson in McSorley, Living in the Shadow, 1–2.

34. Arnold, Windscale 1957, 49; Mahaffey, Atomic Accidents, 175–176; Wilson in

McSorley, *Living in the Shadow*, 2.

35. Arnold, *Windscale 1957*, 49; Mahaffey, *Atomic Accidents*,175–176; Wilson in McSorley, *Living in the Shadow*, 1.

36. Tom Tuohy in McSorley, *Living in the Shadow*, 4, 12; David Fishlock, "Thomas Tuohy: Windscale Manager Who Doused the Flames of the 1957 Fire," *Independent,* March 26, 2008.

37. Arnold, *Windscale 1957*, 15, 17; Tuohy in McSorley, *Living in the Shadow*, 4; Fishlock, "Thomas Tuohy"; Tuohy in "Windscale: Britain's Biggest Nuclear Disaster."

38. Penney, "Report on the Accident," 788; Tuohy in McSorley, *Living in the Shadow*, 5, 10; Tuohy interviewed in "The Man Who Saved Cumbria," Two-part documentary, ITV production, pt.1 (2007).

39. Tuohy in McSorley, *Living in the Shadow*, 5.

40. Tuohy in McSorley, *Living in the Shadow*, 6; Arnold, *Windscale 1957*, 50.

41. Tuohy in McSorley, *Living in the Shadow*, 6.

42. Penney, "Report on the Accident," 788; Tuohy in McSorley, *Living in the Shadow*, 7.

43. Neville Ramsden in "The Man Who Saved Cumbria," pt.1 (2007).

44. Arnold, *Windscale 1957*, 50; Tuohy in "The Man Who Saved Cumbria," pt.2 (2007).

45. Tuohy in McSorley, *Living in the Shadow*, 7; Arnold, *Windscale 1957*, 51.

46. Tuohy in McSorley, *Living in the Shadow*, 7; Penney, "Report on the Accident," 788; Arnold, *Windscale 1957*, 50–51.

47. Jack Coyle in McSorley, *Living in the Shadow*, 11.

48. Tuohy in McSorley, *Living in the Shadow*, 8–9; Arnold, *Windscale 1957*, 51.

49. Tuohy in McSorley, *Living in the Shadow*, 9; Alan Daugherty in "The Man Who Saved Cumbria," pt. 2 (2007); Arnold, *Windscale 1957*, 50.

50. Tuohy in McSorley, *Living in the Shadow*, 9; Arnold, *Windscale 1957*, 52.

51. Arnold, *Windscale 1957*, 58–59.

52. Arnold, *Windscale 1957*, 50; Emergency Site Procedure at Windscale, Appendix VII, *Windscale 1957*, 176–177; Hartley Howe, "Accident at Wind-scale: The World's First Atomic Alarm," *Popular Science* (October 1958): 92–95.

53. Penney, "Report on the Accident," 790; Arnold, *Windscale 1957*, 53–54.

54. Arnold, *Windscale 1957*, 50; McSorley, *Living in the Shadow*, 13–14.

55. Arnold, *Windscale 1957*, 43.

56. Arnold, *Windscale 1957*, 49; "Persians Cannot Run Refinery," *Canberra Times*, October 6, 1951; Stephen Kinzer, *All the Shah's Men: An American Coup and the Roots of Middle East Terror* (New York, 2008), 62–82.

57. Herbert, "The Day the Reactor Caught Fire," 86; "Uranium Rods Overheated in Pile," *Whitehaven News*, October 11, 1957; "Windscale: Britain's Biggest Nuclear Disaster."

58. "No Public Danger Announcement," *West Cumberland News*, October 12, 1957.

59. McSorley, *Living in the Shadow*, 12; "Windscale: Britain's Biggest Nuclear Disaster"; Howe, "Accident at Windscale," 93–94.

60. Herbert, "The Day the Reactor Caught Fire," 84.

61. Arnold, *Windscale 1957*, 43–44.

62. Herbert, "The Day the Reactor Caught Fire," 86; "The Man Who Saved Cumbria," pt. 2 (2007); Arnold, *Windscale 1957*, 69.

63. Arnold, *Windscale 1957*, 53; Herbert, "The Day the Reactor Caught Fire," 86.

64. McSorley, *Living in the Shadow*, 12; Arnold, *Windscale 1957*, 70.

65. Penney, "Report on the Accident," 791; Arnold, *Windscale 1957*, 55–58; Howe, "Accident at Windscale," 94–95.

66. McSorley, *Living in the Shadow*, 13; Herbert, "The Day the Reactor Caught Fire," 87; Penney, "Report on the Accident," 792.

67. Arnold, *Windscale 1957*, 60.

68. Arnold, *Windscale 1957*, 63–66; Lord Sherfield, "William George Penney, O. M., K. B. E. Baron Penney of East Hendred, 24 June 1909–3 March 1991," *Biographical Memoirs of Fellows of the Royal Society* 39 (1994): 282–302.

69. Arnold, *Windscale 1957*, 67, 77.

70. "Windscale: Britain's Biggest Nuclear Disaster."

71. Arnold, *Windscale 1957*, 173; "Windscale: Britain's Biggest Nuclear Disaster"; Penney, "Report on the Accident," 787.

72. Penney, "Report on the Accident," 785, 792–793; Arnold, *Windscale 1957*,

84–85: "Prime Minister's to Washington," *Commons and Lords Hansard,the Official Report of Debates in Parliament*, HL Debates, October 29, 1957,vol.205, cc 545–546.

73. Arnold, *Windscale 1957*, 62, 82–83; "Windscale: Britain's Biggest Nuclear Disaster."

74. Arnold, *Windscale 1957*, 80– 81; Steve Lohr, "Britain Suppressed Details of' 57 Atomic Disaster," *New York Times*, January 2, 1988; Baylis and Stoddart, *The British Nuclear Experience*, 82.

75. "Windscale Atomic Plant Accident," *Commons and Lords Hansard, the Official Report of Debates in Parliament*, HL Debates, November 21, 1957, vol.206, cc 448–457.

76. "Windscale: Britain's Biggest Nuclear Disaster."

77. Wilfrid E. Oulton, *Christmas Island Cracker: An Account of the Planning and Execution of the British Thermonuclear Bomb Tests, 1957* (London,1987).

78. Baylis and Stoddart, *The British Nuclear Experience*, 83; "Windscale: Britain's Biggest Nuclear Disaster."

79. A. C. Chamberlain, "Environmental impact of particles emitted from Windscale piles, 1954–1957," *Science of the Total Environment* 63 (May 1987): 139–160; M. J. Crick and G. S. Linsley, *"An assessment of the radiological impact of the Windscale reactor fire October 1957,"* International Journal of Radiation Biology and Related Studies 46 (November 1984): 479–506. For a comparison of Windscale radiation release with the Three Mile Island, Chernobyl, and Fukushima fallouts, see Daniel Kunkel and Mark G. Lawrence, "Global risk of radioactive fallout after major nuclear reactor accidents," *Atmospheric Chemistry and Physics*, 12(9) (May 2012): 4245–4258, here, 4247.

80. Chamberlain, "Environmental impact of particles emitted from Windscale piles, 1954–1957"; A. Preston, J. W. R. Dutton, and B. R. Harvey, "Detection, Estimation and Radiological Significance of Silver-110m in Oysters in the Irish Sea and the Blackwater Estuary," *Nature* 218 (1968):689–690.

81. "The Man Who Saved Cumbria," pt. 2 (2007).

82. Penney, "Report on the Accident," 789–790.

83. McSorley, *Living in the Shadow*, 3.

84. McSorley, *Living in the Shadow*, 9–10; Fishlock, "Thomas Tuohy"; "Windscale: Britain's Biggest Nuclear Disaster"; Penney, "Report on the Accident," 792.

85. McSorley, *Living in the Shadow*, 14–15; D. McGeoghegan, S. Whaley, K. Binks, M. Gillies, K. Thompson, D. M. McElvenny, "Mortality and cancer registration experience of the Sellafield workers known to have been involved in the 1957 Windscale accident: 50 year follow-up," *Journal of Radiological Protection* 30, no. 3 (2010): 407–431.

86. "The incidence of childhood cancer around nuclear installations in Great Britain," 10th Report, Committee on Medical Aspects of Radiation in the Environment (2005), https://assets.publishing.service.gov.uk/ government/uploads/system/uploads/attachment_data/file/304596/ COMARE10thReport.pdf.

87. Arnold, *Windscale 1957*, 159–160, 163; Robin McKie, "Sellafield: the most hazardous place in Europe," *The Guardian*, April 18, 2009.

88. "Demolition starts on Windscale chimney," Sellafield Ltd. and Nuclear Decommissioning Authority, February 28, 2019, https://www.gov.uk/ government/news/demolition-starts-on-windscale-chimney; Paul Brown, "Windscale's terrible legacy," *The Guardian*, August 25, 1999.

89. McSorley, *Living in the Shadow*, 14–15; "UK decommissioning agency lays out plans to 2019," *World Nuclear News*, January 6, 2016, https://www. world-nuclear-news.org/C-UK-decommissioning-agency-lays-out-plans- to-2019-06011501.html; Sue Reid, "Britain's nuclear inferno: How our own Government covered up Windscale reactor blaze that's caused dozens of deaths and hundreds of cancer cases," *The Mail on Sunday*, March 19, 2011.

第四章　和平之核：三里岛

1. William G. Weart, "Eisenhower Hails Atoms for Peace. He Dedicates Shippingport Unit, First for Commercial Use, by Remote Control," *New York Times*, May 27, 1958, 16.

2. "British Claim First," *New York Times*, May 27, 1958, 16; V. Emelianov, "Atomnuiu energiiu na sluzhbu miru i progressu," *Pravda*, August 31, 1956, 3.

3. Paul R. Josephson, *Red Atom: Russia's Nuclear Power Program from Stalin to*

Today (Pittsburgh, PA, 2005), 54–55; Sonja D. Schmid, *Producing Power: The Pre-Chernobyl History of the Soviet Nuclear Industry* (Cambridge, MA, 2015), 46, 102; "UK Marks 60th Anniversary of Calder Hall," *World Nuclear News*, October 18, 2016, https://world-nuclear-news.org/Articles/UK-marks-60th-anniversary-of-Calder-Hall .

4. *Historic Achievement Recognized: Shippingport Atomic Power Station, A National Engineering Historical Landmark* (Pittsburgh, PA, 1980); "Atoms for Peace," *New York Times*, May 27, 1958, 30; Address by Mr. Dwight D. Eisenhower, President of the United States of America, to the 470th Plenary Meeting of the United Nations General Assembly, Tuesday, December 8, 1953, International Atomic Energy Agency, https://www.iaea.org/about/history/atoms-for-peace-speech; Ira Chernus, *Eisenhower's Atoms for Peace* (College Station, TX, 2002), XI–XIX, 79–118.

5. Hon. Chet Holifield, "Extension of Remarks, Dedication of Atomic Nuclear Power Plant," *Congressional Record*, Appendix, May 29, 1958, A4977.

6. "The Price- Anderson Act," Center for Nuclear Science and Technology Information, https://cdn.ans.org/policy/statements/docs/ps54-bi .pdf; David M. Rocchio, "The Price-Anderson Act: Allocation of the Extraordinary Risk of Nuclear Generated Electricity: A Model Punitive Damage Provision," *Boston College Environmental Affairs Law Review* 14, no.3 (1987): 521–560; "Atoms for Peace," *New York Times*, May 27, 1958, 30.

7. Norman Polmar and Thomas B. Allen, *Rickover: Father of the Nuclear Navy* (Washington, DC, 2007); Theodore Rockwell, *The Rickover Effect: How One Man Made A Difference* (Bloomington, IN, 2002), 115–198.

8. Harold Denton in "Meltdown at Three Mile Island," American Experience Documentary, PBS, 1999, https://www.youtube.com/watch?v=D8W5hq5dsZ4&t=1009s; cf. Enhanced Transcript, http://www.shoppbs.pbs.org/wgbh/amex/three/filmmore/transcript/transcript1.html.

9. *The History of Nuclear Energy*, Department of Energy (Washington, DC, n.d.), 14–17; "Nuclear Power in the USA," World Nuclear Association, https://www.world-nuclear.org/information-library/country-profiles/countries-t-z/usa-nuclear-power.aspx; J. Samuel Walker, *Three Mile Island: A Nuclear Crisis in*

Historical Perspective (Berkeley, 2004), 3–7.

10. Luke Phillips, "Nixon's Nuclear Energy Vision," October 20, 2016, *Richard Nixon Foundation*, https://www.nixonfoundation.org/2016/10/26948/; Denton in "Meltdown at Three Mile Island," https://www.youtube.com/watch?v=D8W5hq5dsZ4&t=1009s.

11. Walker, *Three Mile Island*, 7–9; Steven L. Del Sesto, "The Rise and Fall of Nuclear Power in the United States and the Limits of Regulation," Technology in Society 4, no. 4 (1982): 295–314; James Mahaffey, *Atomic Awakening: A New Look at the History and Future of Nuclear Power* (New York, 2010), notes 222, 223; "Nuclear Energy in France," France Embassy in Washington, DC, https://franceintheus.org/spip.php?article637.

12. "The China Syndrome," AFI Catalogue of Feature Films, https://catalog.afi.com/Catalog/moviedetails/56125 .

13. Sue Reilly, "A Disaster Movie Comes True," *People* (April 16, 1979).

14. John G. Fuller, *We Almost Lost Detroit* (New York, 1976); Charles Perrow, *Normal Accidents: Living with High-Risk Technologies* (Princeton, NJ, 1999), 50–54; Marsha Freeman, "Who Killed U.S. Nuclear Power?" *21st Century Science and Technology Magazine* (Spring 2001), https://21sci-tech.com/articles/spring01/nuclear_power .html; Walker, *Three Mile Island*, 4, 20–28.

15. "The China Syndrome," AFI Catalogue of Feature Films; David Burnham, "Nuclear Experts Debate 'The China Syndrome,'" *New York Times*, March 18, 1979, D1; Natasha Zaretsky, *Radiation Nation: Three Mile Island and the Political Transformation of the 1970s* (New York, 2018), 69–70? [notes 43–44].

16. "The Babcock & Wilcox Company," *Encyclopedia.com*, https://www.encyclopedia.com/books/politics-and-business-magazines/babcock-wilcox-company; "A Corporate History of Three Mile Island," Three Mile Island Alert, http://www.tmia.com/corp.historyTMI; Walker, *Three Mile Island*, 43–50.

17. *Accident at the Three Mile Island Nuclear Powerplant: Oversight Hearings before the Task Force of the Subcommittee on Energy and the Environment of the Committee on Interior and Insular Affairs, House of Representatives, Ninety-Sixth Congress, First Session. Hearings Held in Washington, DC, May 9, 10, 11, and 15, 1979,*

119–120, 149, 159.

18. *Accident at the Three Mile Island Nuclear Powerplant*, 122–125, 160.

19. "Three Mile Island Accident," World Nuclear Association, https://www.world-nuclear.org/information-library/safety-and-security/safety-of-plants/three-mile-island-accident.aspx; James J. Duderstadt and Louis J. Hamilton, *Nuclear Reactor Analysis* (New York, 1976), 91–92; Walker, *Three Mile Island*, 71–72.

20. Mahaffey, *Atomic Accidents*, 343–345.

21. *Report of the President's Commission on the Accident at Three Mile Island* (Washington, DC, 1979), 27–28; *Accident at the Three Mile Island Nuclear Powerplant: Oversight Hearings*, 134; James Mahaffey, *Atomic Accidents. A History of Nuclear Meltdowns and Disasters: From the Ozark Mountains to Fukushima* (New York, 2014), 344; Walker, *Three Mile Island*, 74.

22. *Accident at the Three Mile Island Nuclear Powerplant: Oversight Hearings*, 131–132; Mahaffey, *Atomic Accidents*, 330.

23. Mahaffey, *Atomic Accidents*, 346; Mahaffey, *Atomic Awakening*, 315; Walker, *Three Mile Island*, 76–77.

24. Mahaffey, *Atomic Awakening*, 315; *Report of the President's Commission*, 26–28.

25. *Accident at the Three Mile Island Nuclear Powerplant: Oversight Hearings*, 144.

26. *Report of the President's Commission*, 28; *Accident at the Three Mile Island Nuclear Powerplant: Oversight Hearings*, 175; Mahaffey, *Atomic Accidents*, 346–347.

27. *Accident at the Three Mile Island Nuclear Powerplant: Oversight Hearings*, 137; Mahaffey, *Atomic Accidents*, 330–332, 348; Walker, *Three Mile Island*, 76.

28. *Accident at the Three Mile Island Nuclear Powerplant: Oversight Hearings*, 172–173; Walker, *Three Mile Island*, 78.

29. *Accident at the Three Mile Island Nuclear Powerplant: Oversight Hearings*, 176; Mahaffey, *Atomic Accidents*, 347; Walker, *Three Mile Island*, 77.

30. *Accident at the Three Mile Island Nuclear Powerplant: Oversight Hearings*, 169,

172.

31. *Accident at the Three Mile Island Nuclear Powerplant: Oversight Hearings,* 176–179, 182–183; Mahaffey, *Atomic Accidents,* 348–349; Walker, *Three Mile Island,* 78–79.

32. *Accident at the Three Mile Island Nuclear Powerplant: Oversight Hearings,* 186–187; Walker, *Three Mile Island,* 79.

33. Bob Lang in "Meltdown at Three Mile Island," American Experience Documentary, Enhanced Transcript, http://www.shoppbs.pbs.org/wgbh/amex/three/filmmore/transcript/transcript1.html .

34. *Accident at the Three Mile Island Nuclear Powerplant: Oversight Hearings,* 183–184.

35. *Accident at the Three Mile Island Nuclear Powerplant: Oversight Hearings,* 144, 188.

36. Mahaffey, *Atomic Accidents,* 350–351; *Accident at the Three Mile Island Nuclear Powerplant: Oversight Hearings,* 190, 202, 204; Walker, *Three Mile Island,* 79.

37. Walker, *Three Mile Island,* 81–82.

38. Walker, *Three Mile Island,* 80–82; Dick Thornburgh, *Where the Evidence Leads: An Autobiography* (Pittsburgh, PA, 2003); "Dick Thornburgh," Dick Thornburgh Papers, University of Pennsylvania, http://thornburgh.library.pitt.edu/biography.html .

39. Walker, *Three Mile Island,* 82; Mike Pintek in "Meltdown at Three Mile Island," American Experience Documentary, Enhanced Transcript.

40. *Reporting of Information Concerning the Accident at Three Mile Island,* Committee on Interior and Insular Affairs of the US House of Representatives, Ninety-Seventh Congress, First Session, March 1981 (Washington, DC, 1981), 105–106, 123, 127.

41. *Report of the President's Commission,* 126.

42. Walker, *Three Mile Island,* 82–83; William Scranton in "Meltdown at Three Mile Island," American Experience Documentary, Enhanced Transcript.

43. Walker, *Three Mile Island,* 86–87; Scranton in "Meltdown at Three Mile Island," American Experience Documentary, Enhanced Transcript; *Reporting of*

Information Concerning the Accident at Three Mile Island, 110,115; Report of the President's Commission, 129.

44. Report of the President's Commission, 131; Walker, Three Mile Island, 97–99; Donald Janson, "Radiation Released at the Nuclear Power Plant in Pennsylvania," New York Times, March 29, 1979, A1, D22.

45. Reporting of Information Concerning the Accident at Three Mile Island,115–117; Scranton in "Meltdown at Three Mile Island," American Experience Documentary, Enhanced Transcript; Walker, Three Mile Island, 108; Report of the President's Commission, 135.

46. Walker, Three Mile Island, 109–113; Report of the President's Commission, 134.

47. Report of the President's Commission, 139; Ben A. Franklin, "Conflicting Reports Add to Tension," New York Times, March 31, 1979, A1 and A8; Walker, Three Mile Island, 127–129.

48. Dick Thornburgh in "Meltdown at Three Mile Island," American Experience Documentary, Enhanced Transcript.

49. Report of the President's Commission, 140; Zaretsky, Radiation Nation, 77–81.

50. Walker, Three Mile Island, 115–118, 130; Thornburgh in "Meltdown at Three Mile Island," American Experience Documentary, Enhanced Transcript.

51. Report of the President's Commission, 138; Walker, Three Mile Island, 123–124.

52. Walker, Three Mile Island, 130–136; Franklin, "Conflicting Reports Add to Tension"; Thornburgh in "Meltdown at Three Mile Island," American Experience Documentary, Enhanced Transcript.

53. Walker, Three Mile Island, 137.

54. Richard D. Lyons, "Children Evacuated," New York Times, March 31, 1979, 1; "Meltdown at Three Mile Island," American Experience Documentary, Enhanced Transcript.

55. Zaretsky, Radiation Nation, 68–70.

56. Zaretsky, Radiation Nation, 70–72.

57. Report of the President's Commission, 29; Walker, Three Mile Island, 140–145;

Lyons, "Children Evacuated."

58. Walker, *Three Mile Island*, 151–155.

59. Lyons, "Children Evacuated"; Bob Dvorchak and Harry Rosenthal, "AP Was There: Three Mile Island Nuclear Plant Accident," *AP News*, May 30, 2017, https://apnews.com/ca23009ea5b54f21a3fed04065cacc7e/AP-WAS-THERE:-Three-Mile-Island-nuclear-power-plant-accident; Walker, *Three Mile Island*, 138–139.

60. Marsha McHenry in "Meltdown at Three Mile Island," American Experience Documentary, Enhanced Transcript.

61. Dvorchak and Rosenthal, "AP Was There"; Walker, *Three Mile Island*, 138–139; Ken Myers in "Meltdown at Three Mile Island," American Experience Documentary, Enhanced Transcript.

62. *Report of the President's Commission*, 143.

63. Walker, *Three Mile Island*, 155–170; Richard Thornburgh press conference in "Meltdown at Three Mile Island," American Experience Documentary, Enhanced Transcript.

64. Jimmy Carter, *Why Not the Best? The First Fifty Years* (Fayetteville, AR, 1996), 53–57.

65. Gordon Edwards, "Reactor Accidents at Chalk River: The Human Fallout," Canadian Coalition for Nuclear Responsibility, http://www.ccnr.org/paulson_legacy.html .

66. Carter, *Why Not the Best?*, 54; Carter, *A Full Life: Reflections at Ninety* (New York, 2015), 64–65.

67. Mahaffey, *Atomic Accidents*, 94–102.

68. Carter, *A Full Life*, 64–65; Jimmy Carter, "Nuclear Energy and World Order," Address at the United Nations, May 13, 1976, http://www2.mnhs.org/library/findaids/00697/pdfa/00697-00150-$2pdf; Walker, *Three Mile Island*, 132–133.

69. Walker, *Three Mile Island*, 119–121, 145–148; Denton in "Meltdown at Three Mile Island," American Experience Documentary, Enhanced Transcript.

70. Pintek in "Meltdown at Three Mile Island," American Experience Documentary, Enhanced Transcript.

71. Walker, *Three Mile Island*, 147–150, 153–155; 167–169.

72. Walker, *Three Mile Island*, 170.

73. Mike Gray in "Meltdown at Three Mile Island," American Experience Documentary, Enhanced Transcript.

74. Richard D. Lyons, "Carter Visits Nuclear Plant; Urges Cooperation in Crisis; Some Experts Voice Optimism," *New York Times*, April 2, 1979, A1, A14.

75. Denton in "Meltdown at Three Mile Island," American Experience Documentary, Enhanced Transcript.

76. Watson, *Three Mile Island*, 183–186.

77. Lyons, "Carter Visits Nuclear Plant"; Lyons, "Bubble Nearly Gone," *New York Times*, April 3, 1979, A1.

78. Steven Rattner, "Carter to Ask Tax on Oil and Release of Price Restraints," *New York Times*, April 3, 1979, 1; Walker, *Three Mile Island*, 210.

79. Terence Smith, "President Names Panel to Assess Nuclear Mishap," *New York Times*, April 12, 1979, A1; "The Kemeny Commission's Duty," *New York Times*, April 15, 1979; Seth Faison, "John Kemeny, 66, Computer Pioneer and Educator," *New York Times*, December 27, 1992.

80. Ronald M. Eytchison, "Memories of the Kemeny Commission," *Nuclear News*, March 2004, 61–62; David Laprad, "From a Potato Farm, to the White House, to Signal Mountain," *Hamilton County Herald*, March 26, 2010.

81. Eytchison, "Memories of the Kemeny Commission."

82. *Report of the President's Commission*, 11.

83. *Report of the President's Commission*, 8, 17.

84. *Report of the President's Commission*, 98.

85. *Report of the President's Commission*, 14; Zaretsky, *Radiation Nation*, 92–94.

86. *Report of the President's Commission*, 12; Walker, *Three Mile Island*, 231, 234–237; Zaretsky, *Radiation Nation*, 89.

87. Eytchison, "Memories of the Kemeny Commission"; Walker, *Three Mile Island*, 209–225.

88. Mahaffey, *Nuclear Awakening*, 316–317; Peter T. Kilborn, "Babcock and Wilcox Worried," *New York Times*, April 2, 1979, A1.

89. Eytchison, "Memories of the Kemeny Commission"; Lyons, "Bubble Nearly Gone."

90．Mahaffey, *Atomic Accidents*, 355–356; Mahaffey, *Nuclear Awakening*, 316–317; Roger Mattson in "Meltdown at Three Mile Island," American Experience Documentary, Enhanced Transcript; "Three Mile Island –Unit 2," United States Nuclear Regulatory Commission, https://www.nrc.gov/info-f inder/decommissioning/power-reactor/three-mile-island-unit-$2html'.

91．"Three Mile Island Nuclear Station, Unit 1," United States Nuclear Regulatory Commission; "Three Mile Island Unit 1 to Shut Down by September 30, 2019," Exelon Newsroom, May 8, 2019, https://www.exeloncorp.com/newsroom/three-mile-island-unit-1-to-shut-down-by-september-30-2019; Taylor Romine, "The Famous Three Mile Island Nuclear Plant Is Closing," *CNN*, September 19, 2019, https://www.cnn.com/2019/09/19/us/nuclear-three-mile-island-closing/index.html; Diane Cardwell and Jonathan Soble, "Westinghouse Files for Bankruptcy, in Blow to Nuclear Power," *New York Times*, March 29, 2017.

第五章　末日灾星：切尔诺贝利

1．Iu. S. Osipov, "A. P. Aleksandrov i Akademiia nauk," in A. P. Aleksandrov, *Dokumenty i vospominaniia* (Moscow, 2003), 111–117.

2．Anatolii Aleksandrov, "Perspektivy ėnergetiki," *Izvestiia*, April 10, 1979, 2–3.

3．Gennadii Gerasimov, "Uroki Garrisberga," *Sovetskaia kultura*, April 17, 1979; Cf. "K avarii v Garrisburge," *Pravda*, April 2, 1954, 5; "V pogone za pribyliami," *Pravda Ukrainy*, April 3, 1979; "Skonchalsia diplomat i zhurnalist-mezhdunarodnik Gennadii Gerasimov," *RIA Novosti*, July 17, 2010, https://ria.ru/20100917/276562069.html.

4．"Vystuplenie tov. L. I. Brezhneva na Plenume TsK KPss," *Pravda*, November 28, 1979, 1–2; Paul R. Josephson, *Red Atom: Russia's Nuclear Power Program from Stalin to Today* (Pittsburgh, PA, 2005), 46.

5．Anatolii Aleksandrov, "Nauchno- tekhnicheskii progress i atomnaia ėnergetika," *Problemy mira i sotsializma*, 1979, no.6: 15–20; E. O. Adamov, V.K.Ulasevich, and A. D. Zhirnov, "Patriarkh reaktorostroeniia," *Vestnik Rossiiskoi akademii nauk* 69, no.10 (1999): 914–928; Josephson, Red Atom, 22–25.

6．N. Dollezhal and Iu. Koriakin, "Iadernaia ėnergetika: dostizheniia, problemy," *Kommunist*, 1979, no.14: 69; cf. N. Dollezhal and Iu. Koriakin, "Nuclear Energy:

Achievements and Problems," *Problems in Economics* 23 (June 1980): 3–20; Josephson, *Red Atom*, 43–44.

7. Dollezhal and Koriakin, "Nuclear Energy: Achievements and Problems," 6; Joan T. Debardeleben, "Esoteric Policy Debate: Nuclear Safety Issues in the Soviet Union and German Democratic Republic," *British Journal of Political Science* 15, no.2 (April 1985): 227–253; Nikolai Dollezhal, *U istokov rukotvornogo mira (zapiski konstruktora)* (Moscow, 2010), 194–196.

8. Adamov et al., "Patriarkh reaktorostroeniia," 916–917; David Holloway, *Stalin and the Bomb: The Soviet Union and Atomic Energy, 1939–1956* (New Haven, CT, 1996), 184–189.

9. Sonja D. Schmid, *Producing Power: The Pre-Chernobyl History of the Soviet Nuclear Industry* (Cambridge, MA, 2015), 97, 99, 102–103; Josephson, *Red Atom*, 26–28; "Pervaia v mire AĖS," Fiziko- ėnergeticheskii institut im. A. I. Leipunskogo, https://www.ippe.ru/history/1ae; Adamov et al., "Patriarkh reaktorostroeniia," 917–918.

10. Dollezhal, *U istokov rukotvornogo mira*, 155–157, 221–222; Alvin M. Weinberg and Eugene P. Wigner, *The Physical Theory of Neutron Chain Reactors* (Chicago, 1958).

11. Schmid, *Producing Power*, 100; *A Companion to Global Environmental History*, ed. J. R. McNeill and Erin Stewart Mauldin (New York, 2012), 308.

12. Schmid, *Producing Power*, 103–108; Josephson, *Red Atom*, 28–32, 37–43.

13. Schmid, *Producing Power*, 127; Dollezhal, *U istokov rukotvornogo mira*, 160–161, 225–226.

14. Dollezhal, *U istokov rukotvornogo mira*, 161–162; Thomas Filburn and Stephan Bullard, *Three Mile Island, Chernobyl and Fukushima: Curse of the Nuclear Genie* (Cham, 2016), 46–48.

15. Schmid, *Producing Power*, 110–111; Dollezhal, *U istokov rukotvornogo mira*, 224–225.

16. Schmid, *Producing Power*, 114, 120; Dollezhal, *U istokov rukotvornogo mira*, 161.

17. Dollezhal, *U istokov rukotvornogo mira*, 161; James Mahaffey, *Atomic Accidents: A History of Nuclear Meltdowns and Disasters from the Ozark Mountains to*

Fukushima (New York, 2014), 357–358.

18. Sonja D. Schmid, "From 'Inherently Safe' to 'Proliferation Resistant': New Perspectives on Reactor Designs," *Nuclear Technology* 207, no.9 (2021): 1312–1328.

19. Serhii Plokhy, *Chernobyl: The History of a Nuclear Catastrophe* (New York, 2020), 27, 31–33.

20. Plokhy, *Chernobyl*, 32–34; Schmid, *Producing Power*, 116.

21. Schmid, *Producing Power*, 114–115; Mahaffey, *Atomic Accidents*, 358.

22. Mahaffey, *Atomic Accidents*, 358–461.

23. Lina Zernova, "Leningradskii Chernobyl'," *Bellona*, April 4, 2016, https://bellona.ru/2016/04/04/laes75/; Vitalii Borets, "Kak gotovilsia vzryv Chernobylia," Pripiat.com Sait goroda Pripiat, http://pripyat.com/articles/kak-gotovilsya-vzryv-chernobylya-vospominaniya-vibortsa.html; "Avariia na bloke no. 1 Leningradskoi AĖS (SSSR), sviazannaia s razrusheniem tekhnologicheskogo kanala," Radiatsionnaia bezopasnost' naseleniia Rossiiskoi Federatsii, MChS Rossii, http://rb.mchs.gov.ru/mchs/radiation_accidents/m_other_accidents/1975_god/Avarija_na_bloke_1_Leningradskoj_AJES_SS.

24. M. Borisov, "Chto meshaet professionalizmu," *Isvestiia*, February 27, 1984, 2.

25. Plokhy, *Chernobyl*, 24–26; Adam Higginbotham, *Midnight in Chernobyl: The Untold Story of the World's Greatest Nuclear Disaster* (New York, 2019), 7–24.

26. Higginbotham, *Midnight in Chernobyl*, 76–78.

27. Plokhy, *Chernobyl*, 76–77; Higginbotham, *Midnight in Chernobyl*, 77–78; Yurii Trehub in Yurii Shcherbak, *Chernobyl': Dokumental'noe povestvovanie* (Moscow, 1991).

28. Mahaffey, *Atomic Accidents*, 362; Zhores Medvedev, *The Legacy of Chernobyl* (New York and London, 1990), 14–19.

29. Medvedev, *The Legacy of Chernobyl*, 13; Higginbotham, *Midnight in Chernobyl*, 75.

30. Igor Kazachkov in Shcherbak, *Chernobyl'*, 366; Nikolai Kapran, *Chernobyl': mest' mirnogo atoma* (Kyiv, 2005), 312–313.

31. Plokhy, *Chernobyl*, 64, 69–70; Higginbotham, *Midnight in Chernobyl*, 69–70; Kazachkov in Shcherbak, *Chernobyl'*, 34.

32. Plokhy, *Chernobyl*, 72–73; Mahaffey, *Atomic Accidents*, 363–364.

33. Razim Davletbaev, "Posledniaia smena," in *Chernobyl' desiat' let spustia:neizbezhnost' ili sluchainost'* (Moscow, 1995), 381–382.

34. Anatolii Diatlov, *Chernobyl': Kak èto bylo* (Moscow, 2003), 31.

35. Kazachkov and Trehub in Shcherbak, *Chernobyl'*, 367, 370; Mahaffey, *Atomic Accidents*, 363.

36. Plokhy, *Chernobyl*, 78–81.

37. Diatlov, *Chernobyl': Kak èto bylo*, 30.

38. Diatlov, *Chernobyl': Kak èto bylo*, 31; Plokhy, *Chernobyl*, 82–84; Mahaffey, *Atomic Accidents*, 364–365.

39. Davletbaev, "Posledniaia smena," 371.

40. Borys Stoliarchuk in "Vyzhivshii na ChAÈS-o rokovom èksperimente i doprosakh KGB," KishkiNA, July 14, 2018, https://www.youtube.com/watch?v=uPRyciXh07k.

41. "Sequence of Events-Chernobyl Accident," World Nuclear Association, https://www.world-nuclear.org/information-library/safety-and-security/safety-of-plants/appendices/chernobyl-accident-appendix-1-sequence-of-events.aspx; Mahaffey, *Atomic Accidents*, 366–367.

42. Diatlov, *Chernobyl': Kak èto bylo*, 8, 49.

43. Davletbaev, "Posledniaia smena," 371.

44. Diatlov, *Chernobyl': Kak èto bylo*, 50–54; Plokhy, *Chernobyl*, 105–109.

45. Stoliarchuk in "Vyzhivshii na ChAÈS."

46. Diatlov, *Chernobyl': Kak èto bylo*, 53.

47. Stoliarchuk in "Vyzhivshii na ChAÈS."

48. Svetlana Alexievich, *Voices from Chernobyl: The Oral History of a Nuclear Disaster* (New York, 2005), 5–8; Plokhy, *Chernobyl*, 87–110, 144–149.

49. Brokhovich, *Slavskii E. P. Vospominaniia*, 53.

50. Valerii Legasov, "Avariia na ChAÈS i atomnaia ènergetika SSSR," *Skepsis: Nauchno- prosvetitel'skii zhurnal*, https://scepsis.net/library/id_3203.html.

51. Legasov, "Avariia na ChAÈS"; A. N. Makukhin, "Srochnoe donesenie," April

26, 1986; Chernobyl'. Dokumenty. The National Security Archive, The George Washington University, https://nsarchive2.gwu.edu/rus/text_files/ Perestroika/1986-04-26.pdf.

52. Legasov, "Avariia na ChAĖS"; Plokhy, *Chernobyl*, 128–132.

53. Plokhy, *Chernobyl*, 132–142, 150–155.

54. Higginbotham, *Midnight in Chernobyl*, 153–163.

55. William Taubman, *Gorbachev: His Life and Times* (New York, 2017), 169–170, 238.

56. Minutes of the Politburo Meeting of July 3, 1986, in *V Politbiuro TsK KPSS: Po zapisiam Anatoliia Cherniaeva, Vadima Medvedeva, Georgiia Shakhnazarova, 1985–1991* (Moscow, 2006), 61–66; Iu. A. Izraėl', "O posledstviiakh avarii na Chernobyl'skoi AĖS," April 27, 1986, National Security Archive, https://constitutions.ru/?p=23420; https://nsarchive2.gwu.edu/rus/text_files/ Perestroika/1986-04-27.Report.pdf.

57. Vypiska iz protokola no. 7 zasedaniia Politbiuro, April 28, 1986, Informatsiia ob avarii na Chernobyl'skoi atomnoi ėlektrostantsii 26 aprelia 1986 g., Gorbachev Foundation Archive, https://nsarchive2.gwu.edu/rus/text_files/ Perestroika/1986-04-28.Politburo.pdf; Text of the official announcement in "Avarii na Chenobyl'skoi AĖS ispolniaetsia 30 let," Mezhdunarodnaia panorama, April 25, 2016; Higginbotham, *Midnight in Chernobyl*, 172–174.

58. Plokhy, *Chernobyl*, 1–3; Higginbotham, *Midnight in Chernobyl*, 170–172.

59. Kate Brown, *Manual for Survival: An Environmental History of the Chernobyl Disaster* (New York, 2019), 33–37.

60. Luther Whitington, "Chernobyl Reactor Still Burning," UPI Archives, April 29, 1986, https://www.upi.com/Archives/1986/04/29/Chernobyl-reactor-still-burning/9981572611428/.

61. Kost' Bondarenko, "Shcherbytsky Live. Chto nuzhno znat' o znamenitom lidere sovetskoi Ukrainy," Strana.UA, February 17, 2018, https://strana.ua/ articles/istorii/124635-shcherbitskij-live-chto-nuzhno-znat-o-znamenitom-lidere-sovetskoj-ukrainy-kotoromu-sehodnja-by-ispolnilos-100-let.html; Higginbotham, *Midnight in Chernobyl*, 182–184; *Chornobyl's'ke dos'ie KGB. Suspil'ni nastroi. ChAES u postavariinyi period. Zbirnyk dokumentiv pro katastrofu*

na Chornobyl's'kii AES, comp. Oleh Bazhan, Volodymyr Birchak, and Hennadii Boriak (Kyiv, 2019), 47.

62. Plokhy, *Chernobyl*, 165; Higginbotham, *Midnight in Chernobyl*, 185–186; Igor' Elokov, "Chernobyl'skii 'Tsiklon.' 20 let nazad Moskvu moglo nakryt' radioaktivnoe oblako," *Rossiiskaia gazeta*, April 21, 2006.

63. Katie Canales, "Photos show what daily life is really like inside Chernobyl's exclusion zone, one of the most polluted areas in the world," *Business Insider*, April 20, 2020, https://www.businessinsider.com/what-daily-life-inside-chernobyls-exclusion-zone-is-really-like-2019-4#the-chernobyl-exclusion-zone-is-now-the-officially-designated-exclusion-zone-in-ukraine-$2.

64. "Protokol no.3 zasedaniia operativnoi gruppy Politbiuro," May 1, 1986, Chernobyl'. Dokumenty. National Security Archive, https://nsarchive2.gwu.edu/rus/text_files/Perestroika/1986-05-01.Minutes.pdf; V.I. Andriianov and V.G. Chirskov, *Boris Shcherbina* (Moscow, 2009).

65. Plokhy, *Chernobyl*, 197, 201, 204–207.

66. Plokhy, *Chernobyl*, 215; Higginbotham, *Midnight in Chernobyl*, 208–210.

67. Legasov, "Avariia na ChAĖS"; Higginbotham, *Midnight in Chernobyl*,196–197, 210–212.

68. Plokhy, *Chernobyl*, 208; Elokov, "Chernobyl'skii 'Tsiklon' "; Vasilii Semashko, "Osazhdalis' li 'chernobyl'skie oblaka' na Belarus'?" *Belorusskie novosti*, April 23, 2007, https://naviny.by/rubrics/society/2007/04/23/ic_articles_116_150633.

69. Iulii Andreev, "Neschast'ia akademika Legasova," Lebed'. Nezavisimyi bostonskii al'manakh, October 2, 2005, http://lebed.com/2005/art4331.htm.

70. Legasov, "Avariia na ChAĖS"; "Ot Fantomasa do Makkeny: kinokritik Denis Gorelov-o liubimykh zarubezhnykh fil'makh sovetskikh kinozritelei," Seldon News, July 29, 2019; Rafael' Arutiunian, "Kitaiskii sindrom," Skepsis, https://scepsis.net/library/id_710.html.

71. "Mikhail Gorbachev ob avarii na Chernobyle," BBC, April 24, 2006, http://news.bbc.co.uk/hi/russian/news/newsid_4936000/4936186.stm; Higginbotham, *Midnight in Chernobyl*, 191–195.

72. Higginbotham, *Midnight in Chernobyl*, 239–260; Plokhy, *Chernobyl*, 249–266;

Iu. M. Krupka and S. H. Plankova, "Zakon Ukrainy 'Pro status i sotsial'nyi zakhyst hromadian, iaki postrazhdaly vnaslidok Chornobyl's'koi katastrofy, 1991,' " *Iurydychna entsyklopediia*, ed. Iu. S. Shemchuchenko (Kyiv, 1998), 2; Adriana Petryna, *Life Exposed: Biological Citizens and Chernobyl* (Princeton, 2003), 107–114, 130–148.

73. "Statement on the Implications of the Chernobyl Nuclear Accident," Tokyo, May 5, 1986, G-7 Information center, Munk School of Global Affairs and Public Policy, University of Toronto, http://www.g7.utoronto.ca/summit/1986tokyo/chernobyl.html .

74. Plokhy, *Chernobyl*, 196–197, 228–229; Higginbotham, *Midnight in Chernobyl*, 236–238; Nikolai Ryzhkov to the Central Committee, May 14, 1986, National Security Archive, https://nsarchive2.gwu.edu/rus/text_files/Perestroika/1 986.05.14percent20Ryzhkovpercent20Memorandumpercent20onpercent2 0Chernobyl.pdf; "Chernobyl'skaia katastrofa v dokumentakh Politbiuro TsK KPSS," Rodina, 1992, no.1: 84–85; Minutes of the Meeting of the Politburo Operational Group, May 10, 1986, National Security Archive, 2, https://nsarchive2.gwu.edu/rus/text_files/Perestroika/1986-05-10.Politburo.pdf; Brown, *Manual for Survival*, 102–110.

75. Alla Iaroshinskaia, *Chernobyl' 20 let spustia: prestuplenie bez nakazaniia* (Moscow, 2006), 448; Higginbotham, *Midnight in Chernobyl*, 270–274; Taubman, *Gorbachev*, 241–242.

76. Anatolii Aleksandrov, Autobiography, in *Fiziki o sebe*, ed. V. Ia. Frenkel' (Leningrad, 1990), 277–283, here 282.

77. *V Politbiuro TsK KPSS*, 62.

78. Svetlana Samodelova, "Kak ubivali akademika Legasova, kotoryi provel sobstvennoe rassledovanie Chernobyl'skoi katastrofy," *Moskovskii komsomolets*, April 25, 2017; Higginbotham, *Midnight in Chernobyl*, 275–277, 321–326.

79. Oleksii Breus in "Rozsekrechena istoriia. Choornobyl': shcho vstanovylo rozsliduvannia katastrofy?" Suspil'ne movlennia, April 28, 2019, https://www.youtube.com/watch?v=G2qulMBzjmI&f bclid=IwAR2Qqd7E9a7J66NqsIVUo QwUK0r0wJtseHOmmxkl1xu368wLYBKKYk8o8kY; Igor'Gegel' , "Sudebnoe

ėkho tekhnogennykh katastrof v pechati," *Mediaskop* 2011, no.2, http://www. mediascope.ru/en/node/834.

80. *Chornobyl's'ke dos'ie KGB*, 216–217, 237; Higginbotham, *Midnight in Chernobyl*, 314–320.

81. *Chernobyl'skaia avariia. Doklad Mezhdunarodnoi konsul'tativnoi gruppy po iadernoi bezopasnosti*, INSAG-7, dopolnenie k INSAG-1 (Vienna, 1993), 29–31; Higginbotham, *Midnight in Chernobyl*, 346–349.

82. "Mikhail Gorbachev ob avarii na Chernobyle," BBC, April 24, 2006; Taubman, *Gorbachev*, 242.

83. Jane I. Dawson, *Econationalism: Anti- Nuclear Activism and National Identity in Russia, Lithuania and Ukraine* (Durham, NC, 1996), 59–60; Plokhy, *Chernobyl*, 285–330.

84. Plokhy, *The Last Empire: The Final Days of the Soviet Union* (New York, 2014), 295–387.

85. "Nuclear Power in Ukraine," World Nuclear Association, https://www.world-nuclear.org/information-library/country-profiles/countries-t-z/ukraine.aspx; "World Nuclear Industry Status Report," https://www.worldnuclearreport. org/; "RBMK Reactors," World Nuclear Association, https://www.world-nuclear.org/information-library/nuclear-fuel-cycle/nuclear-power-reactors/ appendices/rbmk-reactors.aspx; Aria Bendix, "Russia still has 10 Chernobyl-style reactors that scientists say aren't necessarily safe," Business Insider, June 4, 2019, https://www.businessinsider.com/could-chernobyl-happen-again-russia-reactors-2019-$2.

86. Kim Hjelmgaard, "Chernobyl Impact Is Breathtakingly Grim," *USA Today*, April 17, 2016; Paulina Dedaj, "Chernobyl's $1.7B Nuclear Confinement Shelter Revealed after Taking 9 Years to Complete," *Fox News*, July 3, 2019, https:// www .foxnews .com/world/chernobyl-nuclear-confinement-shelter-revealed .

87. Mary Mycio, *Wormwood Forest: A Natural History of Chernobyl* (Washington, DC, 2005), 217–242; David R. Marples, "The Decade of Despair," *Bulletin of the Atomic Scientists* 52, no.3 (May–June 1996): 20–31; Judith Miller, "Chernobyl-Here's What I Saw, Heard and Felt When I Visited the Site Last Year," *Fox News*, May 2, 2020, https://www.foxnews.com/opinion/chernobyl-

site-judith-miller.amp?cmpid=prn_newsstand .

88. Brown, *Manual for Survival*, 240–248; Georg Steinhauser, Alexander Brandl, Alexander and Thomas Johnson, "Comparison of the Chernobyl and Fukushima nuclear accidents: A review of the environmental impacts," *Science of the Total Environment* 470–471 (2014): 800–817, here 803; Brian Dunning, "Fukushima vs Chernobyl vs Three Mile Island," *Skeptoid Podcast* #397, January 14, 2014, https://skeptoid .com/episodes/4397; "Chernobyl: Assessment of Radiological and Health Impact 2002 Update of Chernobyl: Ten Years On," Nuclear Energy Agency, https://www.oecd-nea. org/rp/chernobyl/c0e.html.

89. Keiji Suzuki, Norisato Mitsutake, Vladimir Saenko, Shunichi Yamashita, "Radiation signatures in childhood thyroid cancers after the Chernobyl accident: Possible roles of radiation in carcinogenesis," *Cancer Science* 106, no.2 (February 2015): 127–133.

90. Brown, *Manual for Survival*, 227–276.

91. Brown, *Manual for Survival*, 249–264; German Orizaola, "Chernobyl Has Become a Refuge for Wildlife 33 Years After the Nuclear Accident," *The World*, May 13, 2019, https://www.pri.org/stories/2019-05-13/chernobyl-has-become-refuge-wildlife-33-years-after-nuclear-accident; "Chernobyl: the true scale of the accident," *World Health Organization*, https://www.who.int/mediacentre/news/releases/2005/pr38/en/; Steinhauser et al., "Comparison of the Chernobyl and Fukushima nuclear accidents," 808; "Chernobyl Cancer Death Toll Estimate More Than Six Times Higher Than the 4000 Frequently Cited, According to a New UCS Analysis," Union of Concerned Scientists, April 22, 2011; "The Chernobyl Catastrophe. Consequences on Human Health," Greenpeace 2006; Charles Hawley and Stefan Schmitt, "Greenpeace vs. the United Nations: The Chernobyl Body Count Controversy, " *Spiegel International,* April 18, 2006.

第六章　核子海啸：福岛

1. Gerald M. Boyd, "Leaders in Tokyo Set to Denounce Acts of Terrorism: Nuclear Safety," *New York Times*, May 5, 1986, A1.

2. Clyde Haberman, "5 Missiles, Discharged Shortly Before Reagan Visit, Miss the Target," *New York Times*, May 5, 1986, A1; Susan Chira, "Tokyo Subway Traffic Disrupted by a Series of Small Explosions," *New York Times*, May 6, 1986, A1.

3. Boyd, "Leaders in Tokyo Set to Denounce Acts of Terrorism: Nuclear Safety."

4. "Japan Downplayed Chernobyl Concerns at G-7 for Energy Policy's Sake, Documents Show," *Japan Times*, December 20, 2017.

5. *U.S. Department of State Bulletin*, no. 2112 (July 1986): 4–5; *Economic Summits, 1975–1986: Declarations* (Rome, 1987): 145–146; "Statement on the Implications of the Chernobyl Nuclear Accident," Tokyo, May 5, 1986, G-7 Information Center, Munk School of Global Affairs and Public Policy, University of Toronto, http://www.g8.utoronto.ca/summit/1986tokyo/chernobyl.html.

6. "Japan Downplayed Chernobyl Concerns at G-7 for Energy Policy's Sake"; "Nuclear Power in Japan," World Nuclear Association, https://www.world-nuclear.org/information-library/country-profiles/countries-g-n/japan-nuclear-power.aspx; "IAEA Warned Japan Over Nuclear Quake Risk: WikiLeaks," *Indian Express*, March 17, 2011.

7. Mayako Shimamoto, "Abolition of Japan's Nuclear Power Plants?: Analysis from a Historical Perspective on Early Cold War, 1944–1955," in *Japan Viewed from Interdisciplinary Perspectives: History and Prospects*, ed. Yoneyuki Sugita (Lanham, MD, 2015), 264–266; John Swenson-Wright, *Unequal Allies: United States Security and Alliance Policy Toward Japan, 1945–1960* (Stanford, CA, 2005), 150–186.

8. Swenson-Wright, *Unequal Allies*, 182–183; "Atomic Energy Basic Act," Act No.186 of December 19, 1955, Japanese Law Translation, http://www.japaneselawtranslation.go.jp/law/detail/?ft=1&re=01&dn=1&x=0&y=0&co=01&ia=03&ja=04&ky=%E5%8E%9F%E5%AD%90%E5%8A%9B%E5%9F%BA%E6%9C%AC%E6%B3%95&page=3; Mari Yamaguchi, "Yasuhiro Nakasone: Japanese Prime Minister at Height of Country's Economic Growth," *Independent*, December 21, 2019.

9. Kennedy Maize, "A Short History of Nuclear Power in Japan," *Power*, March 14, 2011, https://www.powermag.com/blog/a-short-history-of-nuclear-power-in-japan/.

10. Nobumasa Akiyama, "America's Nuclear Nonproliferation Order and Japan-US Relations," Japan and the World, Japan Digital Library (March 2017), 3–5, http://www2.jiia.or.jp/en/digital_library/world.php; "Tokai no. 2 Power Station," The Japan Atomic Power Company, http://www.japc.co.jp/english/power_stations/tokai2.html.

11. "The Boiling Water Reactor (BWR)," United States Nuclear Regulatory Commission, https://www.nrc.gov/reading-rm/basic-ref/students/animated-bwr.html.

12. Kiyonobu Yamashita, "History of Nuclear Technology Development in Japan," AIP Conference Proceedings 1659, 020003 (2015): 6–7, https://aip.scitation.org/doi/pdf/10.1063/1.4916842; James Mahaffey, *Atomic Accidents: A History of Nuclear Meltdowns and Disasters: From the Ozark Mountains to Fukushima* (New York and London, 2014), 380–383.

13. *The Fukushima Daiichi Accident: Description and Context of the Accident*, Technical Volume 1/5 (Vienna, 2015), 59–64; TEPCO, Tokyo Electric Power Company Holdings, History, https://www7.tepco.co.jp/about/corporate/history-$2html; David Lochbaum, Edwin Lyman, Susan Q. Stranahan, and the Union of Concerned Scientists, *Fukushima: The Story of a Nuclear Disaster* (New York and London, 2014), 40–41.

14. Takafumi Yoshida, "Interview: Former Member of 'Nuclear Village' Calls for Local Initiative to Rebuild Fukushima," *Asahi Shimbun*, Japan Disasters Digital Archive, Reischauer Institute of Japanese Studies, Harvard University, August 7, 2013, http://jdarchive.org/en/item/1698290.

15. Yoshida, "Interview: Former Member of 'Nuclear Village' Calls for Local Initiative to Rebuild Fukushima"; "Action Alert: Japanese Activists Ask for Support," November 23, 1990, World International Service on Energy, https://web.archive.org/web/20120326134237/; http://www.klimaatkeuze.nl/wise/monitor/342/3418.

16. "TEPCO Chairman, President Announce Resignations Over Nuclear Coverups," *Japan Times*, September 2, 2002; Masanori Makita, Naotaka Ito, and Mirai Nagira, "Ex- TEPCO Chairman Sorry for Nuke Accident but Says He Was Not in Control of Utility in 2011," *The Mainichi*, October 30, 2018;

Stephanie Cooke, *In Mortal Hands: A Cautionary History of the Nuclear Age* (New York, 2009), 388.

17. "Operator of Fukushima Nuke Plant Admitted to Faking Repair Records," *Herald Sun*, March 20, 2011.

18. Mahaffey, *Atomic Accidents*, 378–379.

19. Lochbaum et al, *Fukushima*, 52–54; "TEPCO Chairman Blames Politicians, Colleagues for Fukushima Response," *Asahi Shimbun*, Japan Disasters Digital Archive, May 14, 2012, http://jdarchive.org/en/item/1516986; Mahaffey, *Atomic Accidents*, 387–391; "Putting Tsunami Countermeasures on Hold at Fukushima Nuke Plant 'Natural': ex-TEPCO VP," *The Mainichi*, October 20, 2018.

20. M9.1-2011 Great Tohoku Earthquake, Japan, Earthquake Hazards Program, https://earthquake.usgs.gov/earthquakes/eventpage/official20110311054624120_30/executive#executive .

21. Lochbaum et al., *Fukushima*, 1–3; Mahaffey, *Atomic Accidents*, 377, 390; "Police Countermeasures and Damage Situation Associated with 2011 Tohoku District," National Police Agency of Japan Emergency Disaster Countermeasures Headquarters, https://www.npa.go.jp/news/other/earthquake2011/pdf/higaijokyo_e.pdf.

22. Ryusho Kadota, *On the Brink: The Inside Story of Fukushima Daiichi* (Kumamoto: Kurodahan Press, 2014), 7–16.

23. Kadota, *On the Brink*, 7–16; Mahaffey, *Atomic Accidents*, 388–390; Lochbaum et al., *Fukushima*, 3–5.

24. *The Fukushima Nuclear Accident Independent Investigation Commission Report* (Tokyo, 2012), chap.2, 1–2; Mahaffey, *Atomic Accidents*, 391–392.

25. Kadota, *On the Brink*, 17–33; Lochbaum et al., *Fukushima*, 3, 10–12; Airi Ryu and Najmedin Meshkati, "Onagawa: The Japanese Nuclear Power Plant That Didn't Melt Down on 3/11," *Bulletin of the Atomic Scientists*, March 10, 2014.

26. Kadota, *On the Brink*, 17–33.

27. Kadota, *On the Brink*, 33–48; Tatsuyuki Kobori, "Report: Fukushima Plant Chief Kept His Cool in Crisis," *Asahi Shimbun*, Japan Disaster Digital Archive,

December 28, 2011, http://jdarchive.org/en/item/1532037.

28. Lochbaum et al., *Fukushima*, 16–17, 22; Kadota, *On the Brink*, 43.

29. "Tokyo: Earthquake During Parliament Session," March 11, 2011, https://www.youtube.com/watch?v=RGrddjwY8zM; "What Went Wrong: Fukushima Flashback a Month after Crisis Started," *Asahi Shimbun*, Japan Disasters Digital Archive, November 4, 2011, http://jdarchive.org/en/item/1516215; Naoto Kan, *My Nuclear Nightmare: Leading Japan through the Fukushima Disaster to a Nuclear-Free Future* (Ithaca, NY, 2017), 28–29.

30. "Kan: Activist, Politico, Mah-jongg Lover," *Yomiuri Shimbun*, June 5, 2010, https://web.archive.org/web/20120318215002/http:/news.asiaone.com/News/Latest+News/Asia/Story/A1Story20100605-220351.html.

31. Hideaki Kimura, "The Prometheus Trap. 5 days in the Prime Minister's Office," *Asahi Shimbun*, Japan Disasters Digital Archive, March 9, 2012, http://jdarchive.org/en/item/1516701; Kan, *My Nuclear Nightmare*, 2, 30–31.

32. "Statement by Prime Minister Naoto Kan on Tohoku district-off the Pacific Ocean Earthquake," Friday, March 11 at 4:55 p.m., 2011 [Provisional Translation], Speeches and Statements by the Prime Minister, Prime Minister of Japan and His Cabinet, https://japan.kantei.go.jp/kan/statement/201103/11kishahappyo_e.html.

33. Lochbaum et al., *Fukushima*, 16–18.

34. Kan, *My Nuclear Nightmare*, 3; Kimura, "The Prometheus Trap."

35. "What Went Wrong."

36. Kimura, "The Prometheus Trap."

37. Lochbaum et al., *Fukushima*, 24; "Diet Panel Blasts Kan for Poor Approach to Last Year's Nuclear Disaster," *Asahi Shimbun*, Japan Disasters Digital Archive, June 9, 2012, http://jdarchive.org/en/item/1517072; Kimura, "The Prometheus Trap."

38. Lochbaum et al., *Fukushima*, 41–42; "What Went Wrong."

39. "What Went Wrong."

40. Kimura, "The Prometheus Trap"; Kobori, "Report: Fukushima Plant Chief Kept His Cool in Crisis"; Kan, *My Nuclear Nightmare*, 43–45; Lochbaum et al., *Fukushima*, 24.

41．Kimura, "The Prometheus Trap"; Lochbaum et al., *Fukushima*, 25.

42．Kimura, "The Prometheus Trap"; "What Went Wrong."

43．Kimura, "The Prometheus Trap."

44．Kan, *My Nuclear Nightmare*, 48; "Nuke Plant Director: 'I Thought Several Times that I would Die,' " *Asahi Shimbun*, Japan Disasters Digital Archive, November 13, 2011, http://jdarchive.org/en/item/1531834.

45．Kimura, "The Prometheus Trap"; "Report Says Kan's Meddling Disrupted Fukushima Response," *Asahi Shimbun*, February 29, 2012, Japan Disasters Digital Archive, http://jdarchive.org/en/item/1516636.

46．Kimura, "The Prometheus Trap"; "Report Says Kan's Meddling Disrupted Fukushima Response."

47．Kan, *My Nuclear Nightmare*, 52; "What Went Wrong"; Kimura, "The Prometheus Trap."

48．Kimura, "The Prometheus Trap"; Lochbaum et al., *Fukushima*, 31–33, 57,60; Mahaffey, *Atomic Accidents*, 395–396.

49．"Fukushima reactor 1 explosion (March 12 2011- Japanese nuclear plant blast)," https://www.youtube.com/watch?v=psAuFr8Xeqs.

50．"Nuke Plant Director: 'I Thought Several Times that I would Die' "; "Fukushima reactor 1 explosion (March 12, 2011)."

51．Kimura, "The Prometheus Trap"; Lochbaum et al., *Fukushima*, 59.

52．Lochbaum et al., *Fukushima*, 55–57; Mahaffey, *Atomic Accidents*, 396; "Fukushima Daiichi Accident," World Nuclear Association, https://www.world-nuclear.org/information-library/safety-and-security/safety-of-plants/fukushima-daiichi-accident.aspx.

53．Mahaffey, *Atomic Accidents*, 380–384.

54．Lochbaum et al., *Fukushima*, 60; Kimura, "The Prometheus Trap."

55．Lochbaum et al., *Fukushima*, 60–61; Kimura, "The Prometheus Trap"; "Nuke Plant Manager Ignores Bosses, Pumps in Seawater after Order to Halt," *Asahi Shimbun*, May 27, 2011, Japan Disasters Digital Archive, http://jdarchive.org/en/item/1516396.

56．Toshihiro Okuyama, Hideaki Kimura, and Takashi Sugimoto, "Inside Fukushima: How Workers Tried but Failed to Avert a Nuclear Disaster," *Asahi*

Shimbun, Japan Disasters Digital Archive, October 14, 2012, http://jdarchive. org/en/item/1517417.

57. Okuyama et al., "Inside Fukushima"; "Nuke Plant Director: 'I Thought Several Times that I would Die.' "

58. Lochbaum et al., *Fukushima*, 72–73; Mahaffey, *Atomic Accidents*, 396–397; Kimura, "The Prometheus Trap."

59. Lochbaum et al., *Fukushima*, 74–75; "Video Shows Disorganized Response to Fukushima Accident," *Asahi Shimbun*, Japan Disasters Digital Archive, August 7, 2012, http://jdarchive.org/en/item/1517276 .

60. "Video Shows Disorganized Response to Fukushima Accident."

61. "Diet Panel Blasts Kan for Poor Approach to Last Year's Nuclear Disaster,"*Asahi Shimbun*, Japan Disasters Digital Archive, June 10, 2012, http://jdarchive.org/ en/item/1517072; Hideaki Kimura, Takaaki Yorimitsu, and Tomomi Miyazaki, "Plaintiffs Seek Preservation of TEPCO Teleconference Videos," *Asahi Shimbun*, Japan Disasters Digital Archive, June 28, 2012, http://jdarchive.org/ en/item/1517135.

62. Kan, *My Nuclear Nightmare*, 80–84; Yoichi Funabashi, *Meltdown: Inside the Fukushima Nuclear Crisis* (Washington, DC, 2021), 136–140; "Video Shows Disorganized Response to Fukushima Accident"; Kimura, "The Prometheus Trap"; "Ex-Fukushima Nuclear Plant Chief Denies 'Pullout' in Video," *Asahi Shimbun*, Japan Disasters Digital Archive, August 12, 2012, http://jdarchive. org/en/item/1517286; "TEPCO Chairman Blames Politicians, Colleagues for Fukushima Response."

63. Funabashi, *Meltdown*, 140–143; Kimura, "The Prometheus Trap."

64. Kan, *My Nuclear Nightmare*, 86–87; Kimura, "The Prometheus Trap"; Funabashi, *Meltdown*, 145.

65. Kan, *My Nuclear Nightmare*, 3, 14.

66. Kan, *My Nuclear Nightmare*, 86–87; Kimura, "The Prometheus Trap."

67. Funabashi, *Meltdown*, 145–146.

68. Lochbaum et al., *Fukushima*, 74–75; Mahaffey, *Atomic Accidents*, 397.

69. Lochbaum et al., *Fukushima*, 75–76; "Nuke Plant Director: 'I Thought Several Times that I would Die' "; "Japan Earthquake: Explosion at Fukushima Nuclear

Plant," https://www.youtube.com/watch?v=OO_w8tCn9gU; Tatsuyuki Kobori, Jin Nishikawa, and Naoya Kon, "Remembering 3/11: Fukushima Plant's 'Fateful Day' Was March 15," *Asahi Shimbun*, Japan Disasters Digital Archive, March 8, 2012, http://jdarchive.org/en/item/1516688 .

70. Kimura, "The Prometheus Trap"; Kobori et al., "Remembering 3/11."

71. Kan, *My Nuclear Nightmare*, 95–99; Mahaffey, *Atomic Accidents*, 397–398; "What Went Wrong."

72. Mahaffey, *Atomic Accidents*, 397–398.

73. "Fukushima Plant Chief Defied TEPCO Headquarters to Protect Workers," *Asahi Shimbun*, Japan Disasters Digital Archive, December 1, 2012, http://jdarchive.org/en/item/1517505.

74. "Timeline for the Fukushima Daiichi Nuclear Power Plant Accident," Nuclear Energy Agency, https://www.oecd-nea.org/news/2011/NEWS-04.html.

75. Takashi Sugimoto and Hideaki Kimura, "TEPCO Failed to Respond to Dire Warning of Radioactive Water Leaks at Fukushima," *Asahi Shimbun*, Japan Disasters Digital Archive, December 1, 2012, http://jdarchive.org/en/item/1517504; "Timeline for the Fukushima Daiichi Nuclear Power Plant Accident."

76. "Timeline for the Fukushima Daiichi Nuclear Power Plant Accident"; "Nuke Plant Director: 'I Thought Several Times that I would Die.' "

77. "Fukushima Nuclear Chief Masao Yoshida Dies," *BBC News*, July 10, 2013, https://www.bbc.com/news/world-asia-23251102; https://www.bbc.com/news/world-asia-23251102.

78. Geoff Brumfiel, "Fukushima Reaches Cold Shutdown, but Milestone is More Symbolic than Real," *Nature*, December 16, 2011; "Mid-and-Long-Term Roadmap towards the Decommissioning of Fukushima Daiichi Nuclear Power Units 1-4," TEPCO, December 21, 2011 [Provisional Translation],http://www.tepco.co.jp/en/press/corp-com/release/betu11_e/images/111221e10.pdf; https://www.oecd-nea.org/news/2011/NEWS-04.html; "Timeline for the Fukushima Daiichi Nuclear Power Plant Accident."

79. "2.4 trillion Yen in Fukushima Crisis Compensation Costs to be Tacked Onto Power Bills," *The Mainichi*, December 10, 2016.

80. Georg Steinhauser, Alexander Brandl, Alexander and Thomas Johnson, "Comparison of the Chernobyl and Fukushima Nuclear Accidents: A Review of the Environmental Impacts," *Science of the Total Environment* 470–471 (2014): 800–817, here 803; Brian Dunning, "Fukushima vs Chernobyl vs Three Mile Island," *Skeptoid Podcast* #397, January 14, 2014, https://skeptoid .com/episodes/4397; "Chernobyl: Assessment of Radiological and Health Impact 2002 Update of Chernobyl: Ten Years On," Nuclear Energy Agency, https://www.oecd-nea.org/rp/chernobyl/c0e .html; A. Hasegawa et al., "Health Effects of Radiation and Other Health Problems in the Aftermath of Nuclear Accidents, with an Emphasis on Fukushima," *The Lancet* 386, no.9992 (August 2015): 479–488; Abubakar Sadiq Aliyu, Nikolaos Evangeliou, Timothy Alexander Mousseau, Junwen Wu, and Ahmad Termizi Ramli, "An Overview of Current Knowledge Concerning the Health and Environmental Consequences of the Fukushima Daiichi Nuclear Power Plant (FDNPP) Accident," *Environment International* 85 (December 2015): 213–228, https://gala.gre.ac.uk/id/eprint/10140/1/(ITEM_10140)_steve_thomas_2013.pdf .

81. Steinhauser et al., "Comparison of the Chernobyl and Fukushima Nuclear Accidents"; Fuminori Tamba, "The Evacuation of Residents after the Fukushima Nuclear Accident," in *Fukushima: A Political and Economic Analysis of a Nuclear Disaster,* ed. Miranda A. Schreus and Fumikazu Yoshida (Sapporo: Hokkaido University Press, 2013), 89–108.

82. Jane Braxton Little, "Fukushima Residents Return Despite Radiation," *Scientific American,* January 16, 2019.

83. Jennifer Jett and Ben Dooley, "Fukushima Wastewater Will Be Released Into the Ocean, Japan Says," *New York Times,* April 12, 2021; Dennis Normile, "Japan Plans to Release Fukushima's Wastewater into the Ocean," *Science,* April 13, 2021.

84. "ENSI Report on Fukushima III: Lessons Learned," Swiss Federal Nuclear Safety Inspectorate, https://www.ensi.ch/en/ensi-report-on-fukushima-iii-lessons-learned/; "Organizational Issues of the Parties Involved in the Accident," The National Diet of Japan Fukushima Nuclear Accident Independent Investigation Commission, https://warp.da.ndl.go.jp/info:ndljp/

pid/3856371/naiic.go.jp/wp-content/uploads/2012/08/NAIIC_Eng_
Chapter5_web.pdf.

85. Magdalena Osumi, "Former TEPCO Executives Found Not Guilty of Criminal
    Negligence in Fukushima Nuclear Disaster," *Japan Times*, September 19, 2019;
    "High Court Orders TEPCO to Pay More in Damages to Fukushima Evacuees,"
    The Mainichi, March 13, 2020; "TEPCO ordered to pay minimal damages to
    Fukushima evacuees; Japan gov't liability denied," *The Mainichi*, December
    18, 2019; Motoko Rich, "Japan and Utility Are Found Negligent Again in
    Fukushima Meltdowns," *New York Times*, October 10, 2017.

86. "Liability for Nuclear Damage," World Nuclear Association, https://www.
    world-nuclear.org/information-library/safety-and-security/safety-of-plants/
    liability-for-nuclear-damage .aspx .

87. Miranda A. Schreus, "The International Reaction to the Fukushima Nuclear
    Accident and Implications for Japan," in *Fukushima*, ed. Miranda A. Schreus
    and Fumikazu Yoshida, 1–20, here 16–20; David Elliott, *Fukushima: Impacts
    and Implications* (New York, 2013), 16–30.

88. "Nuclear Power in Japan," World Nuclear Association, https://www.world-
    nuclear.org/information-library/country-profiles/countries-g-n/japan-nuclear-
    power.aspx; Steve Kidd, "Japan-is there a future in nuclear?" *Nuclear Engineering
    International*, July 4, 2018, https://www.neimagazine.com/opinion/
    opinionjapan-is-there-a-future-in-nuclear-6231610/; Ken Silverstein, "Japan
    Circling Back To Nuclear Power After Fukushima Disaster," *Forbes*, September
    8, 2017; Florentine Koppenborg, "Nuclear Restart Politics: How the 'Nuclear
    Village' Lost Policy Implementation Power," *Social Science Japan Journal* 24,
    no.1 (Winter 2021): 115–135.

89. Schreus, "The International Reaction to the Fukushima Nuclear Accident,"
    7–10; Fumikazu Yoshida, "Future Perspectives," in *Fukushima*, ed. Schreus and
    Yoshida, 113–116; Elliott, *Fukushima*, 32–37.

90. Mycle Schneide, Antony Froggatt et al., *The World Nuclear Industry Status
    Report 2013* (Paris and London, July 2013), 6; "Nuclear Power in the World
    Today," World Nuclear Association, https://www.world-nuclear.org/
    information-library/current-and-future-generation/nuclear-power-in-the-

world-today.aspx; Sean McDonagh, *Fukushima: The Death Knell for Nuclear Energy?* (Dublin, 2012).

后记：未来会怎样？

1. Ayesha Rascoe, "U.S. Approves First New Nuclear Plant in a Generation," *Reuters*, February 9, 2012, https://www.reuters.com/article/us-usa-nuclear-nrc/u-s-approves-first-new-nuclear-plant-in-a-generation-idUSTRE8182J720120209; Meghan Anzelc, "Gregory Jaczko, Ph.D. Physics, Commissioner, U.S. Nuclear Regulatory Commission," American Physical Society, https://www.aps.org/units/fgsa/careers/non-traditional/jaczko.cfm; David Lochbaum, Edwin Lyman, Susan Q. Stranahan, and the Union of Concerned Scientists, *Fukushima: The Story of a Nuclear Disaster* (New York, 2014), 89–96, 172–177.

2. Rascoe, "U.S. Approves First New Nuclear Plant in a Generation"; "Vogtle Electric Generating Plant, Unit 3 (Under Construction)," United States Nuclear Regulatory Commission, https://www.nrc.gov/reactors/new-reactors/col-holder/vog3.html; "Vogtle Electric Generating Plant, Unit 4 (Under Construction)," United States Nuclear Regulatory Commission, https://www.nrc.gov/reactors/new-reactors/col-holder/vog4.html .

3. "Our Mission," World Nuclear Association, https://www.world-nuclear.org/our-association/who-we-are/mission.aspx; "The Harmony Programme,"World Nuclear Association, https://world-nuclear.org/harmony; "Nuclear Power in the World Today," World Nuclear Association, https://www.world-nuclear.org/information-library/current-and-future-generation/nuclear-power-in-the-world-today.aspx .

4. Gregory Jaczko, *Confessions of a Rogue Nuclear Regulator* (New York, 2019), 163, 165.

5. "Outline History of Nuclear Energy," World Nuclear Association, https://www.world-nuclear.org/information-library/current-and-future-generation/outline-history-of-nuclear-energy.aspx; Thomas Rose and Trevor Sweeting, "Severe Nuclear Accidents and Learning Effects," IntechOpen, November 5, 2018, https://www.intechopen.com/books/statistics-growing-data-sets-and-growing-

demand-for-statistics/severe-nuclear-accidents-and-learning-effects.

6. James Mahaffey, *Atomic Accidents: A History of Nuclear Meltdowns and Disasters from the Ozark Mountains to Fukushima* (New York, 2014).

7. "International Nuclear and Radiological Event Scale (INES)," International Atomic Energy Agency, https://www.iaea.org/resources/databases/international-nuclear-and-radiological-event-scale; "Nuclear accidents-INES scale 1957–2011," Statista Research Department, May 12, 2011, https://www.statista.com/statistics/273002/the-biggest-nuclear-accidents-worldwide-rated-by-ines-scale/.

8. *International Nuclear Law in the Post- Chernobyl Period: A Joint Report by the OECD Nuclear Energy Agency and the International Atomic Energy Agency* (Vienna, 2006).

9. J. Schofield, "Nuclear Sharing and Pakistan, North Korea and Iran," in *Strategic Nuclear Sharing*, Global Issues Series (London, 2014).

10. Jeffrey Cassandra and M. V. Ramana, "Big Money, Nuclear Subsidies, and Systemic Corruption," *Bulletin of the Atomic Scientists*, February 12, 2021.

11. Dan Yurman and David Dalton, "China Keen to Match Pace Set by Russia in Overseas Construction," NucNET, The Independent Nuclear News Agency, January 23, 2020, https://www.nucnet.org/news/china-keen-to-match-pace-set-by-russia-in-overseas-construction-1-4-2020.

12. "Nuclear Power in the World Today," World Nuclear Association, https://www.world-nuclear.org/information-library/current-and-future-generation/nuclear-power-in-the-world-today.aspx; Ivan Nechepurenko and Andrew Higgins, "Coming to a Country Near You: A Russian Nuclear Power Plant," *New York Times*, March 21, 2020.

13. Bill Gates, *How to Avoid a Climate Disaster: The Solutions We Have and the Breakthroughs We Need* (New York, 2021), 118–119; Mahaffey, *Atomic Accidents*, 409.

14. Jaczko, *Confessions of a Rogue Nuclear Regulator*, 167.